U0191103

高等职业教育计算机类系列教材

SQL Server 2005 数据库应用技术

主　编　刘　宏　张晓云

副主编　朱　锋　邢　雪　赵艳妮

参　编　何怡芝　赵　魁　邢晓鹏

机械工业出版社

本书以 Microsoft 公司的 SQL Server 2005 数据库系统为平台，采用任务驱动下的分级训练模式编写，将 4 个贯穿始终的实例，分别应用于学习、练习、实训和应用教学过程中。内容涵盖数据库安装、使用、管理和维护各个层面的知识与技能，包括设计数据库、安装与配置 SQL Server 2005、使用 Transact-SQL 语言、创建与管理数据库和表、查询数据、使用视图与索引、使用存储过程和游标、使用触发器和事务、数据库的安全性管理、备份与还原数据库等。

本书按照职业能力要求和行业实用技术需求编写。坚持理论与实践一体化的原则，注重数据库应用的实际训练以及教学过程的可操作性。

本书可作为高职高专院校计算机相关专业教材，也可作为各种数据库技术培训教材及数据库开发人员的参考书。

为方便教学，本书配备电子课件等教学资源。凡选用本书作为教材的教师均可登录机械工业出版社教材服务网 www.cmpedu.com 免费下载。如有问题请致信 cmpgaozhi@sina.com，或致电 010-88379375 联系营销人员。

图书在版编目（CIP）数据

SQL Server 2005 数据库应用技术/刘宏，张晓云主编. —北京：机械工业出版社，2011.7（2023.8 重印）

ISBN 978-7-111-34477-3

Ⅰ.①S… Ⅱ.①刘…②张… Ⅲ.①关系数据库-数据库管理系统，SQL Server 2005-高等职业教育-教材 Ⅳ.①TP311.138

中国版本图书馆 CIP 数据核字（2011）第 084879 号

机械工业出版社（北京市百万庄大街 22 号 邮政编码 100037）
策划编辑：刘子峰 责任编辑：刘子峰
版式设计：张世琴 责任校对：纪 敬
封面设计：王伟光 责任印制：单爱军
北京虎彩文化传播有限公司印刷
2023 年 8 月第 1 版第 9 次印刷
184mm×260mm · 18 印张 · 441 千字
标准书号：ISBN 978-7-111-34477-3
定价：54.00 元

电话服务　　　　　　　　网络服务
客服电话：010-88361066　机 工 官 网：www.cmpbook.com
　　　　　010-88379833　机 工 官 博：weibo.com/cmp1952
　　　　　010-68326294　金 书 网：www.golden-book.com
封底无防伪标均为盗版　机工教育服务网：www.cmpedu.com

前　言

SQL Server 2005 是由 Microsoft 公司推出的基于客户机/服务器模式的新一代关系型数据库管理系统，以其易用性、可伸缩性和可靠性等方面的优异性能，已成为业界领先的数据库管理系统，在数据库开发和应用领域得到了广泛的应用。

本书针对高职教学的实际情况并结合课程特点，以适应职业需求为目标，以培养职业技能为主线，精心组织教学内容，设计教学过程，任务驱动，做学合一，符合学生的认知过程，具有较强的实用性和可操作性。

本书以 4 个学生易于理解的数据库为例，较为系统地阐述了数据库设计，数据库管理系统的安装、使用、管理和维护等方面的知识与技能。实例内容包括：

（1）学生选课数据库　用于在每个任务中阐述各种数据库概念和基本技能技巧。

（2）图书借阅数据库　用于任务实现，要求学生跟随书中的步骤，实现任务目标，以此强化对本任务所涉及的概念和技能的理解。

（3）考勤管理数据库　用于技能提高训练，希望学生仔细了解问题、解决问题，书中不再提供步步紧扣的提示与指导，以此提高学生灵活掌握知识的能力。

（4）学习记录数据库　用于应用提高训练，让学生将自己学习过程中积累的技巧以及习题的答案保存到数据库中，边学边用，在应用中体会数据库技术的优点与作用。

本书共分 11 章，在教学中可按章分任务进行，建议学时分配见下表。

学时分配表

模　块	学　时
第 1 章　设计数据库	8
第 2 章　安装与配置 SQL Server 2005	4
第 3 章　使用 Transact-SQL 语言	8
第 4 章　创建与管理数据库	4
第 5 章　创建与管理数据表	12
第 6 章　查询数据	12
第 7 章　使用视图与索引	8
第 8 章　使用存储过程和游标	8
第 9 章　使用触发器和事务	8
第 10 章　数据库的安全性管理	4
第 11 章　备份与还原数据库	4
合计	80

  本书由刘宏、张晓云任主编，朱锋、邢雪和赵艳妮任副主编，参加编写的还有何怡芝、赵魁和邢晓鹏。第 1 章由赵艳妮编写，第 2 章由何怡芝编写，第 3 章由赵魁编写，第 4 章由邢晓鹏编写，第 5 章由刘宏编写，第 6、11 章由朱锋编写，第 7、8 章由张晓云编写，第 9、10 章由邢雪编写。刘宏进行了最后的统改定稿工作。

  本书编写中，得到了陕西职业技术学院李耀辉副院长、杨建勋副院长、牟力克老师、袁杰老师以及南京铁道职业技术学院韩冬老师的大力支持与帮助，在此一并表示衷心的感谢。

  由于编者水平有限，书中纰漏和错误在所难免，敬请读者和专家批评指正。

编 者

目　　录

第1章

设计数据库

数据库技术是计算机科学中发展最快的技术之一，已被广泛应用于维护商业内部记录、在网络中为客户显示数据以及支持其他的商务处理。数据库同样出现在很多科学研究机构和行政事业单位的工作中。数据库技术已成为当今计算机信息系统的核心技术。本章主要介绍数据库设计的基本理论与方法。

——学习目标——

- 掌握数据库概念结构设计的基本方法。
- 掌握数据库逻辑结构设计的基本方法。
- 具备设计简单数据库系统的能力。

任务 1.1 数据库概念设计

任务目标

1）理解数据库设计的基本概念。
2）熟悉数据库设计的基本步骤。
3）掌握利用 E-R 图进行数据库概念设计的基本方法。

1.1.1 相关知识与技能

1. 数据（Data）

数据是描述客观事物的符号记录，是可以被鉴别的符号。数据不仅包括狭义的数值数据，还包括文字、声音、图形和图像等所有能传输到计算机中，并且能被计算机接受和处理的符号。例如，学生的学号、姓名、年龄、照片以及档案记录等。

人们通过解释、归纳、分析和综合等方法，从数据中所获得的有意义的内容称为信息。因此，数据是信息存在的一种形式，只有通过解释或处理才能成为对客观世界产生影响的有用信息。

2. 数据处理

数据处理是将收集到的各种形式的数据进行存储、整理、分类、检索、转换和传送等一系列加工，从而获得所需要的有价值的信息的过程。例如，通过一个人的出生日期可以推算出其年龄，结合参加工作时间等数据可以推算出其工龄信息。

3. 数据库（DataBase，DB）

数据库是指长期存储在计算机内的、有组织的、可共享的数据集合。它不仅包括数据本身，还包括数据之间的联系。数据库中的数据按照特定的数据模型进行组织和存储，具有冗余度低、资源共享性高和独立性高等特性，便于统一管理和控制。

4. 数据库管理系统（DataBase Management System，DBMS）

数据库管理系统是位于用户和操作系统之间的一层数据管理软件。它在操作系统的支持下，帮助用户创建、组织、使用、管理和维护数据库。数据库管理系统的基本功能包括以下几个方面：

1）数据定义功能。数据库管理系统提供数据定义语言（DDL），用户通过该语言来方便地定义数据库中的数据对象。

2）数据操纵功能。数据库管理系统提供数据操纵语言（DML），用户使用该语言操纵数据对象，实现对数据的查询、增加、删除和修改等操作。

3）数据库运行控制功能。数据库运行控制包括数据的安全性和完整性检查、并发控制、事务管理和系统监控等功能。

4）数据库建立和维护功能。数据库建立和维护包括数据库数据的建立、导入、存储、恢复和分析等功能。

5）数据通信功能。数据库管理系统提供分布式数据库或网络操作功能，以便与网络上的其他应用软件进行关联。

5. 数据库系统（Data Base System，DBS）

数据库系统是采用数据库技术进行数据处理的具有数据库管理功能的计算机系统，由硬件、软件、数据库和用户 4 部分构成。

1）硬件。计算机必须拥有足够大的内存来运行数据库系统，同时也应该有足够大的硬盘来存储数据库相关数据。

2）数据库。数据库是数据库系统的核心和管理对象，数据按照数据模型所提供的形式框架存放在数据库中。

3）软件。在操作系统的基础上运用数据库管理系统进行技术支持。

4）用户。在数据库系统中管理（数据库管理员）、开发（应用程序员）、使用数据库（终端用户）的相关人员。

数据库系统具有以下几个方面的特点：

1）结构化的数据。数据在数据库系统中进行集中、统一、有效的管理。数据库系统中，不仅要考虑一个应用的数据结构，还要考虑整个应用系统的数据结构，因此在数据描述上不仅要求清楚描述数据本身，还要很好地体现出数据之间的联系。由此可见，数据的结构化是数据库系统的主要特征。

2）较高的数据共享性。数据库中的数据可以被多个用户共享。数据的共享一般是并发的，即多个用户可以同时存取数据库中的数据，甚至可以同时访问数据库中同一个数据，从而提高数据利用率，减少数据冗余度，节约存储空间和时间。

3）较好的数据扩充性。数据库中的数据面向整个应用系统的特性决定了数据库系统需要具有较好的扩充性。在统一的数据集合上，可以根据实际需要增加新的应用来满足新的需求，并且不会对已有应用造成不良影响，这使得数据库系统具有弹性大和易扩充的特点。

4）较高的数据独立性。数据库系统中，数据的管理与程序的设计是彻底分离的，数据库系统中数据与用户的应用程序之间相互独立。数据和程序的相对独立性可以将数据的定义和描述从应用程序中分离出来。当数据的存储改变时，应用程序不需要改变，数据的存取由 DBMS 进行统一有效的管理，用户程序通过相关接口直接使用数据，不必考虑数据的具体存储形式等相关细节问题，从而简化了应用程序的编制，减少了应用程序的维护和修改量，提高了工作效率。

5）强化的数据控制保护。数据库中的数据必须在 DBMS 的指导下进行组织、使用、管理和维护。DBMS 必须提供数据的安全性保护、完整性控制、数据库恢复以及并发控制等方面的数据控制保护功能。

6. 数据模型（Data Model，DM）

数据模型是对数据进行抽象、表示和处理的工具。

现实世界中的各种对象只有数据化后，才能由计算机系统来处理这些代表现实世界的数据。为了把现实世界的具体事物及事物之间的联系转换成计算机能够处理的数据，必须采用某种数据模型来描述这些数据。

用户按照数据库提供的数据模型使用相关数据描述和操作语言便可以将数据存入数据库中，因此数据模型是用户和数据库之间相互交流的工具。

数据模型按不同应用层次分为概念数据模型、逻辑数据模型和物理数据模型。

（1）概念数据模型

概念数据模型简称概念模型或信息模型，是对现实世界有效和自然的模拟，与计算机和 DBMS 无关。其按用户的观点对数据和信息建模，强调其语义表达能力，概念简单清晰，易于用户理解。它是对现实世界的第一层抽象，是用户和数据库设计人员之间进行交流的工具。其典型代表就是实体—联系模型（Entity-Relationship Model，E-R 模型）。

概念数据模型的优点在于可以使数据库设计人员在设计初期集中注意力分析数据及其联系，而不必分散精力去考虑计算机系统和 DBMS 的相关技术问题。它只表示数据库存储了哪些数据，至于这些数据在数据库中如何实现存储等问题可以暂不考虑。

概念数据模型接近现实世界，简单清晰，容易理解，易于向逻辑数据模型转换，而且只有转换成逻辑数据模型才能在 DBMS 中实现。

（2）逻辑数据模型

逻辑数据模型简称逻辑模型，是计算机和 DBMS 实际支持的数据模型。逻辑模型可以清楚地表示出数据库中的数据及其结构，它是对现实世界的第二层抽象，主要有层次模型、网状模型和关系模型 3 种。

1）层次模型。数据库系统中最早出现的数据模型就是层次模型，其用树形层次结构来表示实体以及实体之间的联系，示意图如图 1-1 所示。

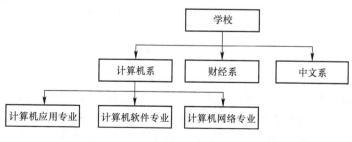

图 1-1

层次模型反映实体间一对多的联系，优点是层次分明，结构清晰；缺点是不能直接反映事物间多对多的联系，查询效率也比较低。

2）网状模型。网状模型是层次模型的拓展，网状模型的节点间可任意发生联系，因而可以表达各种复杂的联系，示意图如图 1-2 所示。

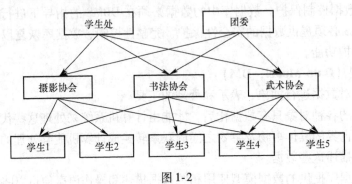

图 1-2

网状模型的优点是表达能力强，能够更直接反映现实世界事物之间多对多的联系；缺点是在概念上、结构上和使用上都比较复杂，数据独立性较差。

3）关系模型。关系模型是目前应用最广泛的一种数据模型，其将存放在数据库中的数据和它们之间的联系看做是一张二维表格。与层次模型和网状模型相比，关系模型的概念简单、清晰，并且具有严格的数据基础，形成了关系数据理论，操作也简易直观。关系模型将在后续章节详细介绍，在此不再赘述。

（3）物理数据模型

物理数据模型简称物理模型，是面向计算机物理表示的模型。物理模型用于存储结构和访问机制的更高层描述，它描述了数据是如何在计算机中存储的，如何表达记录结构、记录顺序和访问路径等信息。

7. 数据库设计的步骤

数据库设计是指对于一个给定的应用环境，构造最优的数据库模式并建立数据库，使之能够有效地存储数据。数据库设计的基本步骤如图 1-3 所示。

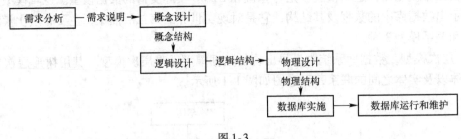

图 1-3

（1）需求分析阶段

需求分析的任务是通过详细调查现实世界要处理的对象（组织、部门、企业等），充分了解原系统（手工系统或计算机系统）工作概况，明确用户的各种需求，然后在此基础上确定新系统的功能。需求分析的重点是调查、收集与分析用户在数据管理中的信息要求、处理要求、安全性与完整性要求。

（2）概念设计阶段

概念设计需要将用户的信息需求进行综合、归纳和抽象，形成一个独立于任何具体 DBMS 和硬件的概念模型。

（3）逻辑设计阶段

逻辑设计阶段将概念模型转换成具体的数据库产品支持的逻辑数据模型，再对基本表进行优化，使其在功能、性能、完整性、一致性约束以及数据库扩充性等方面满足用户的各种要求。

（4）物理设计阶段

根据 DBMS 特点和处理要求选择最合适的物理存储结构（文件类型、索引结构、数据存放次序与位逻辑等）、存取方法和存取路径等，为逻辑模型建立一个完整的能实现的数据库结构。

（5）数据库实施阶段

数据库实施阶段，设计人员依据逻辑设计和物理设计的结果建立数据库，编制和调试应用程序，组织数据入库，并进行试运行。

（6）数据库运行和维护阶段

数据库应用系统经过试运行后，即可投入正式运行。在数据库系统运行过程中必须不断地收集和记录实际系统运行的数据，以便评价数据库系统的性能，进一步调整和修改数据库。在运行中，必须保持数据库的完整性，并能有效地处理数据库故障和进行数据库恢复。在运行和维护阶段，可能要对数据库结构进行修改或扩充。

8. 概念设计的步骤

（1）设计局部 E-R 图

明确现实世界中各实体及其属性、实体间联系以及对信息的制约条件等，给出各实体及其联系的局部描述，即数据库中的局部视图，由其逐步设计形成分 E-R 图。

（2）集成局部 E-R 图

将得到的多个分 E-R 图集成为一个全局 E-R 图，其中包括解决各分 E-R 图之间的冲突问题，进一步修改和重构，从而生成基本 E-R 图（即用户要描述的现实世界的概念数据模型）。

9. E-R 模型中相关概念

1）实体。实体指客观存在并可以相互区别的事物或概念，如学生和计算机系等实体。

2）属性。实体具有的每一个特征称为一个属性，如每个学生实体有学号、姓名、性别、籍贯、年龄、系别、专业和年级等属性。

3）实体型。具有相同属性的一类实体的性质和特征的结构描述，如学生（学号，姓名，性别，籍贯，年龄，系别，专业，年级）就是一个实体型。

4）实体集。实体集指若干同型实体的集合，如计算机学院的学生就是一个实体集。

5）关键字。能唯一地标识实体集中每个实体的属性集合称为关键字（码），如学号可以作为一个学校的学生实体集的关键字。

6）域。属性的取值范围称做域，如性别的域为集合 {男，女}。

7）联系。联系指 E-R 模型中反映的客观事物（实体）之间的关系。两个实体集之间的联系可以分为 3 类：

① 一对一联系（1:1）。对于实体集 A 中的每一个实体，实体集 B 中至多有一个（也可以没有）实体与之联系，反之亦然，则称实体集 A 与实体集 B 具有一对一联系，记为 1:1。例如，"班级"与"班长"两实体间是一对一联系，一个班级只能有一个班长，反之，一个班长只能在一个班级任职，如图 1-4a 所示。

② 一对多联系（1:n）。对于实体集 A 中的每一个实体，实体集 B 中有多个实体与之联系，反之，对于实体集 B 中的每一个实体，实体集 A 中至多有一个实体与之联系，则称实体集 A 与实体集 B 具有一对多联系，记为 1:n。例如，"车间"与"工人"两实体集间是一对多联系，一个车间有若干工人，反之，一个工人只能属于一个车间，如图 1-4b 所示。

③ 多对多联系（m:n）。对于实体集 A 中的每一个实体，实体集 B 中有多个实体与之联系，反之，对于实体集 B 中的每一个实体，实体集 A 中也有多个实体与之联系，则称实体集 A 与实体集 B 具有多对多联系，记为 m:n。例如，"学生"与"课程"两实体集间是多对多联系，一个学生可选修多门课程，反之，一门课程也可被多名学生选修，如图 1-4c 所示。

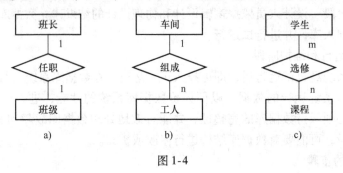

图 1-4

10. E-R 图符号约定

由前面 E-R 模型相关概念了解到 E-R 图主要由实体、属性和联系 3 个要素构成，其表示方法见表 1-1。

表 1-1　E-R 模型的符号约定

要　素	说　　　　明	E-R 图形符号	示　例
实体	用矩形表示，矩形内写明实体名	实体	学生
属性	用椭圆形表示，并用无向边将其与对应的实体连接	属性	姓名
联系	用菱形表示，菱形框内写明联系名，并用无向边与有关实体连接，同时在无向边旁标上联系的类型（1:1, 1:n 或 m:n）。如果一个联系具有属性，这些属性也要用无向边与该联系连接	联系	选修

11. 设计局部 E-R 模型

局部 E-R 模型设计指根据需求分析的结果，确定系统的实体，实体的属性，标识实体的码、联系，联系的属性以及联系的类型等，进而设计出相应的 E-R 模型。

（1）确定实体

依据需求分析的结果，确定系统中存在的实体。对于学生选课系统来说，主要有学生和课程两个实体。

（2）确定实体的属性及码（码用下划线标出）

一定要区分实体以及实体的属性，设计过程中可参照以下原则：

1）属性不再具有需要描述的性质。

2）属性必须是不可分的数据项。

3）属性不能包含其他属性。

4）属性不能与其他实体具有联系。

依据以上原则，对于学生选课系统来说，相关实体的属性及码如下：

1）学生（学号，姓名，性别，年龄，专业，出生日期，联系方式），E-R 图如图 1-5 所示。

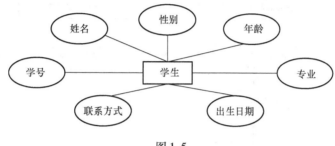

图 1-5

2）课程（课程号、课程名称、学分），E-R 图如图 1-6 所示。

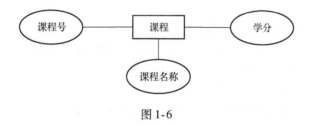

图 1-6

（3）确定实体间联系及联系的属性

依据需求分析的结果，考察任意两个实体间是否有联系，若有则进一步确定联系类型。学生选课系统中只有学生和课程两个实体，学生与课程之间是 m∶n 的选修联系，E-R 图如图 1-7 所示。

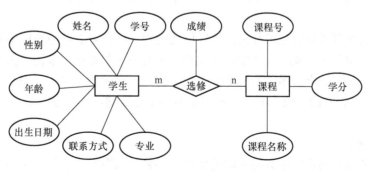

图 1-7

12. 设计全局 E-R 模型

各局部（分）E-R 图设计完成后，应该将所有的分 E-R 图进行综合合并，集成系统完整的 E-R 图。一个好的全局 E-R 模型不仅能反映用户需求，还应满足以下几个条件：

1）实体个数尽量少。

2）实体属性尽量少。

3）实体间联系无冗余。

因此，在集成时应消除不必要的冗余实体、属性和联系，注意解决各分 E-R 图之间的冲突，并且根据情况修改重构 E-R 图，如图 1-8 所示。

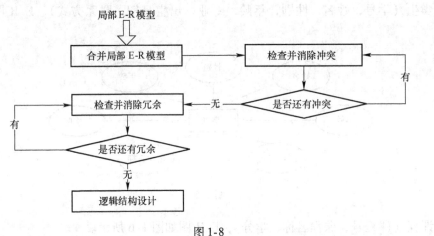

图 1-8

（1）综合局部 E-R 图，形成全局 E-R 图

对于学生选课系统，实体只有学生和课程两个，所以全局 E-R 图就是两个实体联系的 E-R 图，因此学生选课系统合并后的全局 E-R 图如图 1-7 所示。

（2）解决冲突，形成初始 E-R 图

各分 E-R 图之间的冲突主要有命名冲突、属性冲突和结构冲突 3 类。

1）命名冲突。

① 同名异义：不同含义的两个对象却有相同的名称。例如，"单位"在一个模型中代表职工所属的部门，在另一个模型中则可能代表尺度的衡量标准。

② 异名同义：含义相同的对象在不同 E-R 模型中具有不同的名称。例如，学生学习用书在学生模型中称为"课本"，在教师模型中可能被称为"教材"。

2）属性冲突。

① 属性值的类型或取值范围冲突：属性值的类型不同，或者取值范围不同。例如，"学号"在一个 E-R 模型中可能定义为字符串类型，在另一个模型中可能定义为整数类型。

② 属性取值单位冲突：属性取值单位不同。例如，学生的"成绩"属性在一个 E-R 模型中取值单位是百分制的分数，另一个模型中可能用分数的等级（优、良、及格和不及格）来表示。

3）结构冲突。

① 同一对象在不同应用中具有不同的抽象。例如，"课程"在某一局部应用中被当做实体，而在另一局部应用中则被当做属性。

② 同一对象在不同应用中属性组成不一致。同一实体在不同的局部 E-R 模型中属性个数和排列顺序可能有所不同，处理的方法是取其并集，并且依据具体情况调整顺序。

（3）修改与重构，生成基本 E-R 图

初步 E-R 图中仍存在冗余的数据和实体间联系，冗余使得数据库在数据完整性和一致性上难以保证，增加了数据库维护的难度。因此需进一步检查初始 E-R 图是否有冗余，如果存在则应消除。

对于学生选课系统来说，初步 E-R 图（图 1-7）中存在学生实体中"年龄"属性冗余。"年龄"属性可由"出生日期"推算出来，"年龄"属性属于冗余数据，应该去掉，因此无需对"年龄"属性再次进行存储。从而保证数据的一致性、及时性和有效性，节省存储空间。

图 1-7 经过修改重构后，形成基本 E-R 图如图 1-9 所示。

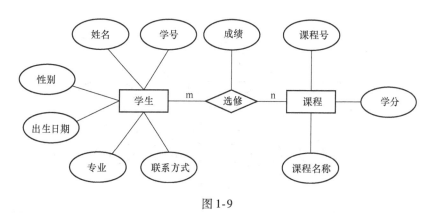

图 1-9

13. 全局 E-R 模式验证

对于形成的全局 E-R 模型，还需要根据下面几点进行验证，以确定是否需要进行进一步的改进。

1）全局 E-R 模型具有一致性，不存在相互矛盾。

2）全局 E-R 模型能够明确地反映出实体、实体的属性以及实体之间的联系。

3）全局 E-R 模型能够满足需求分析的所有需求。

此外，全局 E-R 模型最终还需要征求用户和相关人员的意见，进行评审和优化，从而形成最终的 E-R 模型，为下一步数据库逻辑设计提供基础依据。

1.1.2　任务实现

简化的图书借阅系统的主要功能是实现读者对图书的借阅和归还操作。

1. 设计局部 E-R 图

1）打开 Microsoft Word 软件。

2）分析图书借阅系统中存在的实体。

3）参考图 1-10 和图 1-11，确定实体属性及码，完成表 1-2。

4）确定实体间联系及联系的属性，参考图 1-12，绘制图书借阅系统 E-R 图。

表 1-2　实体属性及码

实体	属性	码
读者		
图书		

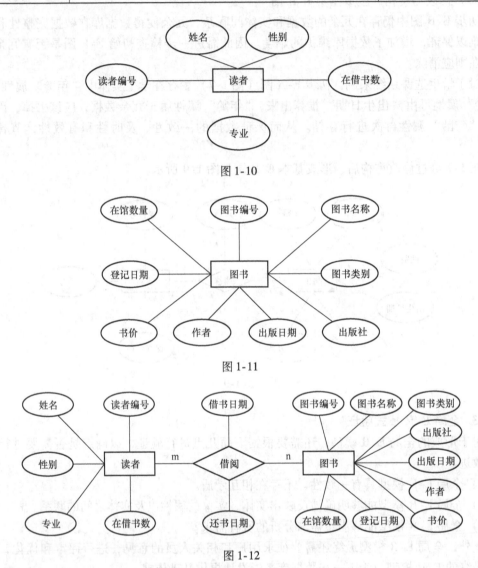

图 1-10

图 1-11

图 1-12

2. 保存文档

以"图书借阅数据库概念设计"为文件名保存文档。

任务 1.2　数据库逻辑设计

任务目标

1）理解数据库逻辑设计的基本概念。

2）掌握 E-R 模型向关系模型的转换方法。

3）掌握关系数据模型的优化技巧。

4）具备简单的数据库逻辑设计能力。

1.2.1 相关知识与技能

1. 逻辑设计

数据库概念设计中的 E-R 模型接近人的思维习惯，易于理解并与计算机具体实现无关。但计算机无关性也决定了没有一个 DBMS 可以直接支持 E-R 模型的实现，所以必须要将其转换成计算机能够实现的数据模型（层次、网状或关系数据模型），这个过程称为数据库逻辑设计。

2. 关系数据模型

关系数据模型是目前使用最广泛的一种数据模型。关系数据模型把概念模型中实体以及实体之间的各种联系均用关系来表示。从用户的观点来看，关系模型中数据的逻辑结构是一张二维表，它由行、列构成，如图 1-13 所示。

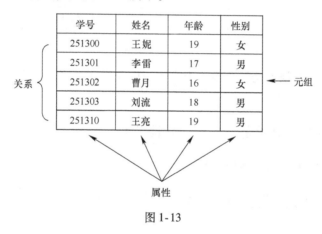

图 1-13

1）关系。每一个关系用一张二维表来表示，常称为表。每一张关系表都有一个区别于其他关系表的名称，称为关系名。关系是概念模型中同一类实体以及实体之间联系集合的数据模型表示。

2）元组。二维表中除表头外的非空行称为一个元组或记录。如图 1-13 所示有 5 行数据，也就有 5 个元组。

3）属性。二维表中的每一列即为一个属性，每个属性都有一个显示在每一列首行的属性名。在一个关系表中不能有两个同名属性。如图 1-13 所示有 4 列，对应 4 个属性（学号，姓名，年龄，性别）。关系的属性对应概念模型中实体型以及联系的属性。

4）域。域是属性的取值范围，即不同元组对同一属性的取值所限定的范围。例如，"性别"的域为集合｛男，女｝，属性"年龄"的变化范围是 15~30 岁。

5）键。键在关系模型中用来标识属性，主要包括下列类型。

① 候选键：属性或属性组合，其值能够唯一标识一个元组。

② 主键：在一个关系中可能有多个候选关键字，从中选择一个作为主关键字。例如，学生选课系统中，"学号"作为学生信息表的主键，如果用学生"姓名"作为主键则同名学

生将无法进行区分。

③ 外键：如果一个表中的字段不是本表关键字，而是另外一个表的关键字，则这个字段被称为外键。例如，教师授课信息表（表1-3）中"课程编号"不是本表的关键字，但它是课程信息表（表1-4）的关键字。因此"课程编号"是教师授课信息表的外键。

表1-3　教师授课信息表

教师编号	教师姓名	课程编号
100001	刘安	1501
100002	郭华	1502
100003	杜月	1501
100004	王琳	1503

表1-4　课程信息表

课程编号	课程名称
1501	SQL Server 数据库管理与开发
1502	C 语言程序设计
1503	计算机网络技术

6）关系模式。关系模式是概念模型中实体型以及实体型之间联系的数据模型表示。一般表示为：

关系名（属姓名1，属性名2，……，属性名n）

图1-13 所示数据表中的关系模式为：

学生信息表（学号，姓名，年龄，性别）

3. 关系运算

关系数据库系统至少应当支持3种关系运算，即选择、投影和连接。

（1）选择

选择是单目运算符，即对一个表进行的操作，从中选出符合给定条件的元组组成一个新表，其中的条件由逻辑表达式给出。它是从行的角度对关系进行运算，是关系的横向抽取。例如，在学生信息表（表1-5）中找出性别为"女"且平均成绩在60分以上的元组形成一个新表（表1-6），则属于选择操作。

表1-5　学生信息表

学号	姓名	性别	年龄	平均成绩
251300	王娜	女	19	86
251301	李平	男	17	89
251302	胡月	女	18	55
251303	张林	女	20	75

表 1-6　学生信息表选择运算结果

学号	姓名	性别	年龄	平均成绩
251300	王娜	女	19	86
251303	张林	女	20	75

（2）投影

投影也是单目运算符，从二维表中选出若干属性组成新的表，它是从列的角度对关系进行运算，是关系的垂直分解。例如，对学生信息表（表 1-5）中的"学号"、"姓名"和"平均成绩"进行投影操作，得到新表（表 1-7）。

表 1-7　学生信息表投影运算结果

学号	姓名	平均成绩
251300	王娜	86
251301	李平	89
251302	胡月	55
251303	张林	75

（3）连接

表的选择和投影运算分别从行和列两个方向上对一张表进行操作，而连接运算是对两张表进行操作。例如，对教师授课表（表 1-3）和课程信息表（表 1-4）两张表依据课程编号进行连接操作，得出新表（表 1-8）。

表 1-8　教师授课表与课程信息表连接结果

教师编号	教师姓名	课程编号	课程名称
100001	刘安	1501	SQL Server 数据库管理与开发
100002	郭华	1502	C 语言程序设计
100003	杜月	1501	SQL Server 数据库管理与开发
100004	王琳	1503	计算机网络技术

4. E-R 模型转换关系数据模型

E-R 模型可以向现有的各种数据库模型转换，不同的数据库模型有不同的转换规则。向关系模型转换的规则主要有：

1）一个实体类型转换成一个关系模式，实体的属性就是关系的属性，实体的码就是关系的码。

例如，从学生选课系统 E-R 图（图 1-9）中可以看出实体有"学生"和"课程"两个，根据一个实体转换成一个关系模型的原则确定能转换成两个关系模型，实体的属性为关系模型的属性，而实体的码是关系模型的码。

学生（学号，姓名，性别，出生日期，专业，联系方式）

课程（课程号，课程名称，学分）

其中每个带下划线的属性为关系的码。

2）一个 1:1 联系可以转换为一个独立的关系模式，也可以与联系的任意一端实体所对应的关系模式合并。如果转换为一个独立的关系模式，则与该联系相连的各实体的码以及联系本身的属性均转换为关系的属性，每个实体的码均是该关系的候选码。如果与联系的任意一端实体所对应的关系模式合并，则需要在该关系模式的属性中加入另一个实体的码和联系本身的属性。

例如，班长与班级是 1:1 联系，其 E-R 图如图 1-14 所示。

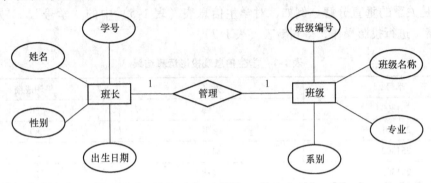

图 1-14

该 1:1 管理联系可以有以下两种转换方案：
①"管理"联系转换成一个独立的关系模式。

班长（<u>学号</u>，姓名，性别，出生日期）
班级（<u>班级编号</u>，系别，专业，班级名称）
管理（<u>学号</u>，<u>班级编号</u>）

②"管理"联系与"班长"实体合并。

班长（<u>学号</u>，姓名，性别，出生日期，班级编号）
班级（<u>班级编号</u>，系别，专业，班级名称）

3）一个 1:n 联系可以转换为一个独立的关系模式，也可以与联系的 n 端实体所对应的关系模式合并。如果转换为一个独立的关系模式，则与该联系相连的各实体的码以及联系本身的属性均转换为关系的属性，而联系的码为 n 端实体的码。如果与联系的 n 端实体所对应的关系模式合并，则需要在该关系模式的属性中加入 1 端实体的码和联系本身的属性。

例如，车间与工人是 1:n 联系，其 E-R 图如图 1-15 所示。

该 1:n 组成联系有以下两种转换方案。
①"组成"联系转换为一个独立的关系模式。

工人（<u>工号</u>，姓名，性别，工龄，工种）
车间（<u>车间编号</u>，车间名称）
组成（<u>工号</u>，车间编号）

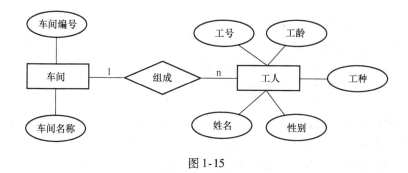

图 1-15

②"组成"联系与"工人"实体合并。

> 工人（<u>工号</u>，姓名，性别，工龄，工种，车间编号）
> 车间（<u>车间编号</u>，车间名称）

4）一个 m:n 联系转换为一个关系模式，与该联系相连的各实体的码以及联系本身的属性均转换为关系的属性，而关系的码为各实体码的组合。

例如，学生选课系统中，"选修"联系（图 1-9）是 m:n 联系，转换为如下关系模式，其中学号与课程号为关系的组合码。

> 学生（<u>学号</u>，姓名，性别，出生日期，专业，联系方式）
> 课程（<u>课程号</u>，课程名称，学分）
> 选修（<u>学号</u>，<u>课程号</u>，成绩）

5）三个或三个以上的实体间的多元联系转换为一个关系模式。与该多元联系相连的各实体的码以及联系本身的属性均转换为关系的属性，而关系的码为各实体码的组合。

例如，教师、课程和教材三个实体通过讲授联系起来，"讲授"联系是一个三元联系，其 E-R 图如图 1-16 所示。

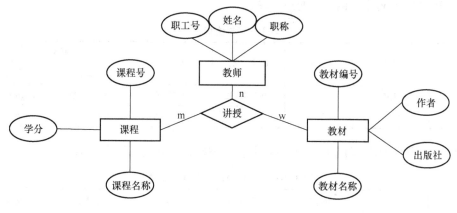

图 1-16

可以将该多元联系转换为如下关系模式，其中课程、教师和教材的码为关系的组合码。

教师（<u>职工号</u>，姓名，职称）
课程（<u>课程号</u>，课程名称，学分）
教材（<u>教材编号</u>，教材名称，作者，出版社）
讲授（<u>职工号</u>，<u>课程号</u>，<u>教材编号</u>）

6）具有相同码的关系模式可合并。考虑到系统中关系的个数，如果两个关系模式具有相同码，则可将其中一个关系模式的全部属性加入到另一个关系模式中，去掉其中的同义属性，并恰当地调整属性的次序，从而形成合并后新的关系模式。

例如，对于学生选课系统来说，将 E-R 图中的实体和联系进行相应的关系数据模型转换，最终可以形成如下的关系模型。

学生（<u>学号</u>，姓名，性别，出生日期，专业，联系方式）
课程（<u>课程号</u>，课程名，学分）
成绩（<u>学号</u>，<u>课程号</u>，成绩）

5. 关系数据模型的优化

由 E-R 模型转换得到的关系数据模型还需要进行相关的优化，确定数据间依赖关系，对数据依赖进行极小化处理，消除冗余联系（参考后面的范式规范化），确定范式级别，依据具体环境对某些关系模式进行合并或分解。

所谓规范化是指关系模型中的每一个关系模式都必须满足一定的要求。目前普遍用范式（Normal Form，NF）来表示关系模型的规范化程度，一般情况下数据模型至少规范到第三范式。

（1）第一范式（1NF）

第一范式要求关系模式中的每列必须是不可分割的原子项，即第一范式要求列不能够再分为其他几列，严禁"表中表"。

例如，学生选课系统的关系模型中存在学生（<u>学号</u>，姓名，性别，出生日期，专业，联系方式），但该实体中"联系方式"属性并不是不可分割的原子项，它还可以划分为"联系电话"和"邮箱地址"两项，见表 1-9。

表 1-9　学生信息表

学号	姓名	性别	出生日期	专业	联系方式	
					联系电话	邮箱地址
251300	王娜	女	1989-06-22	信息管理	13868562286	wngn@163.com
251301	李平	男	1990-08-16	信息管理	13566568782	lip@163.com

对表 1-9 进行 1NF 规范化处理，得到符合 1NF 的关系表，见表 1-10。

表 1-10　符合 1NF 的学生信息表

学号	姓名	性别	出生日期	专业	联系电话	邮箱地址
251300	王娜	女	1989-06-22	信息管理	13868562286	wngn@163.com
251301	李平	男	1990-08-16	信息管理	13566568782	lip@163.com

☀ **注意**

任何一个关系数据库中，第一范式（1NF）是对关系模式的基本要求，不满足第一范式（1NF）的数据库就不是关系数据库。

（2）第二范式（2NF）

第二范式（2NF）是在第一范式（1NF）基础上建立起来的，满足第二范式（2NF）则必须先满足第一范式（1NF）。第二范式要求表中所有非主关键属性完全依赖于主关键字。如果非关键字属性仅依赖主关键字的一部分，则可以将这个属性和其依赖的部分主键分解出来形成一个新的实体。

例如，存在表 1-11 所示的学生成绩信息表。

表 1-11　学生成绩信息表

学号	姓名	专业	课程编号	课程名称	学分	成绩
1011922	王雪	计算机应用	A101	法律	3	86
1011936	张强	信息管理	B102	大学英语	4	79

学生成绩信息表的关键字是组合关键字（学号，课程编号），第二范式要求所有的非主关键字完全依赖主关键字，但它们存在如下的依赖关系：

学号→（姓名，专业）

课程编号→（课程名称，学分）

（学号，课程编号）→成绩

可以看出，只有"成绩"属性完全依赖于主关键字，其余的都是依赖于其中的一个主关键字，因此不符合 2NF，需要对此进行第二范式的规范，即将学生成绩信息表（表 1-11）进行分解，形成学生信息表（表 1-12）、课程信息表（表 1-13）和成绩信息表（表 1-14）。

表 1-12　学生信息表

学号	姓名	专业
1011322	王雪	计算机应用
1016236	张强	信息管理

表 1-13　课程信息表

课程编号	课程名称	学分
A101	法律	3
B102	大学英语	4

表 1-14　成绩信息表

学号	课程编号	成绩
1011322	A101	86
1016236	B102	79

（3）第三范式（3NF）

第三范式则要消除非主关键字对主关键字的传递依赖，即满足第三范式的数据库表不应该存在这样的依赖关系：关键字段→非关键字段 x→非关键字段 y。

例如，存在表 1-15 所示的学生基本信息表。

表 1-15　学生基本信息表

学号	姓名	所在学院	学院名称	学院电话
1011322	马明刚	101	信息工程	86559623
1016236	张华敏	201	建筑工程	86559659

由于是单个关键字，没有部分依赖的问题，满足 2NF。但关系中存在传递依赖，即：

学号→所在学院→（学院名称，学院电话）

因此应该对表 1-15 继续进行分解，形成学生信息表（表 1-16）和学院信息表（表 1-17）。

表 1-16　学生信息表

学号	姓名	所在学院
1011322	马明刚	101
1016236	张华敏	201

表 1-17　学院信息表

所在学院	学院名称	学院电话
101	信息工程	86559623
201	建筑工程	86559659

对于学生选课系统来说，经过适当的规范化处理后，可以获得符合 3NF 的数据模型，见表 1-18。

表 1-18　学生选课系统的关系模型信息

数据性质	关系名	属　性
实体	学生	学号、姓名、性别、出生日期、专业、联系电话、邮箱地址
实体	课程	课程号、课程名称、学分
联系	选修	学号、课程号、成绩

6. 学生选课表结构

1）学生信息表。学生信息表用于存储学生的基本信息，结构见表 1-19。

2）课程信息表。课程信息表用于存储课程的相关信息，结构见表 1-20。

表 1-19　Students（学生信息表）

列名	数据类型	长度	可否为空	说明
sno	字符型	10	不可空	学号
sname	字符型	10	不可空	姓名
sex	字符型	2	可空	性别
birthday	日期型		可空	出生日期
professional	字符型	20	可空	专业
telephone	字符型	20	可空	联系电话
email	字符型	20	可空	邮箱地址

表 1-20　Course（课程信息表）

列名	数据类型	长度	可否为空	说明
cno	字符型	10	不可空	课程号
cname	字符型	20	不可空	课程名称
credit	整型		可空	学分

3）选修信息表。选修信息表用于存储学生选修课程的联系信息，结构见表 1-21。

表 1-21　Elective（选修信息表）

列名	数据类型	长度	可否为空	说明
sno	字符型	10	不可空	学号
cno	字符型	10	不可空	课程号
degree	整型		可空	成绩

1.2.2　任务实现

1. E-R 模型到关系数据模型的转换

1）打开 Microsoft Word 软件，新建文档。

2）将读者和图书实体转换成关系模式。

3）将读者与图书 m:n 联系转换到关系模式。

4）合并具有相同码的关系模式。

5）应用规范化方法进行关系模式的优化。

6）完成表 1-22，建立图书借阅数据库关系模型。

表 1-22　图书借阅系统的关系模型信息

关系名	属　　性	码
读者		
图书		
借阅		

2. 建立表结构

1）在 Word 文档中，参考表 1-23 建立读者信息表 Readersys。

表 1-23　Readersys（读者信息表）

列名	数据类型	长度	可否为空	说明
rno				读者编号
rname				姓名
sex				性别
professional				专业
borrownumber				在借书数

2）参考表 1-24 建立图书信息表 Booksys。

表 1-24　Booksys（图书信息表）

列名	数据类型	长度	可否为空	说明
bno				图书编号
bname				图书名称
category				图书类别
press				出版社
publicationdate				出版日期
author				作者
price				书价
register				登记日期
hallnumber				在馆数目

3）参考表 1-25 建立借阅信息表 Borrowsys。

表 1-25　Borrowsys（借阅信息表）

列名	数据类型	长度	可否为空	说明
rno				读者编号
bno				图书编号
borrowdate				借阅日期
returndate				还书日期

3. 保存文档

以"图书借阅系统数据库逻辑设计"为文件名保存文档。

技能提高训练

一、训练目的

1）灵活运用 E-R 模型的设计方法建立数据库概念结构模型。

2）熟练掌握 E-R 模型向关系模型的转换方法以及关系模型的优化方法。

二、训练内容

简化的考勤管理系统主要实现对员工考勤信息和工资信息的管理。

1. 设计 E-R 图

1）打开 Microsoft Word 软件，新建文档，分析考勤管理系统中存在的实体。

2）绘制各实体的 E-R 图。

3）确定各实体属性及码。

4）确定实体间联系及联系的属性。

5）参考图 1-17 所示绘制全局 E-R 图。

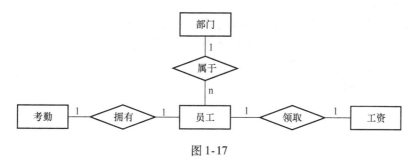

图 1-17

2. 设计关系模型

1）将实体转换到关系模式。

2）将联系转换到关系模式。

3）进行关系模式的优化。

4）建立考勤管理数据库关系模型。

3. 建立表结构

根据创建的模型建立考勤管理数据库中各个表的结构。

4. 保存文档

以"考勤管理系统数据库设计"为文件名保存文档。

习　　题

一、选择题

1. 数据库设计中的概念结构设计的工具是（　　）。

　　A. 数据模型　　　　　B. E-R 模型　　　　　C. 概念模型　　　　　D. 逻辑模型

2. 常见的数据模型是（　　）。

　　A. 层次模型、网状模型和关系模型　　　　B. 概念模型、实体模型和关系模型

　　C. 对象模型、外部模型和内部模型　　　　D. 逻辑模型、概念模型和关系模型

3. 关系数据库管理系统应该能实现专门的关系运算包括（　　）。

　　A. 排序、索引和统计　　　　　　　　　　B. 选择、投影和连接

　　C. 关联、更新和排序　　　　　　　　　　D. 显示、打印和制表

4. 关系数据模型中，二维表的列称为（　　）。

　　A. 记录　　　　　B. 元组　　　　　C. 属性　　　　　D. 主键

5. 实体之间联系分为（　　）类。

　　A. 2　　　　　B. 3　　　　　C. 4　　　　　D. 5

二、简答题

1. 简要总结数据库系统的特点。
2. 简述数据库设计的基本步骤。
3. 简述数据库概念设计的基本方法和步骤。
4. 简述 E-R 模型转换成关系模型的规则和方法。
5. 总结关系规范化的目的。

应 用 提 高

1）新建一个 Word 文档。
2）将本章任务实现过程中自己的体会与总结的技巧记录下来。
3）将本章技能提高训练过程中自己的体会与总结的技巧记录下来。
4）将本章习题的答案记录下来。
5）保存 Word 文档。

第2章

安装与配置SQL Server 2005

Microsoft SQL Server 2005 是美国微软公司推出的 Microsoft SQL Server 升级版本。它具有可靠性、可伸缩性、可用性、可建立数据仓库等特点，为广大用户在电子商务、信息技术和数据管理等方面提供了完整的数据库解决方案。本章主要学习 SQL Server 2005 的安装和配置以及各个组件工具的功能和使用。

学习目标

- 掌握 SQL Server 2005 的安装。
- 掌握 SQL Server 2005 的配置。
- 了解 SQL Server 2005 的管理方法。

任务2.1 安装 SQL Server 2005

任务目标

1）了解 SQL Server 2005 产品系列。

2）了解安装 SQL Server 2005 所需的硬件和软件需求。

3）掌握 SQL Server 2005 的安装方法。

2.1.1 相关知识与技能

1. SQL Server 2005

SQL Server 2005 是微软公司 2005 年发布的一款数据库平台产品，其包含了丰富的企业级的数据管理功能，还集成了分析、报表、集成和通知等功能。通过提供一个安全、可靠和高效的数据管理平台，增强企业组织中用户的管理能力，大幅提升管理效率并降低运行维护风险和成本。通过提供先进的商业智能平台满足众多客户对业务的实时统计分析、监控预测等多种复杂管理需求，推动企业管理信息化建设和业务发展。同时，SQL Server 2005 提供了一个极具扩展性和灵活性的开发平台，实现了 Internet 数据业务互联，将数据应用推向业务的各个领域。

2. SQL Server 2005 的体系结构

SQL Server 2005 采用客户机/服务器计算模型，即中央服务器用来存储数据库，该服务器可以被多台客户机访问，数据库应用的处理过程分布在客户机和服务器上。客户机/服务器计算模型分为两层的客户机/服务器结构和多层的客户机/服务器结构。

在两层的客户机/服务器系统中，客户机通过网络与运行 SQL Server 2005 实例的服务器相连，客户机用来完成数据表示和大部分业务逻辑的实现，服务器完成数据的存储，这种客户机被称为"胖客户机"。

在多层的客户机/服务器系统中，应至少要经过 3 个处理层：第一层是客户机，它只负责数据的表示；第二层是业务逻辑服务器，负责业务逻辑的实现，所有的客户机都可以对它进行访问；第三层是数据库。这种结构中的客户机被称为"瘦客户机"。Internet 应用就是三层结构的一个典型例子。

数据库系统采用客户机/服务器结构的优点主要表现在以下几个方面：

1）数据集中存储。数据集中存储在服务器上，而不是分开存储在客户机上，使所有用户都可以访问到相同的数据。

2）业务逻辑和安全规则可以在服务器上定义一次，而后被所有的客户机使用。

3）关系数据库服务器仅返回应用程序所需要的数据，从而减少网络流量。

4）节省硬件开销，因为数据都存储到服务器上，不需要在客户机上存储数据，所以客户机硬件不需要具备存储和处理大量数据的能力，同样，服务器不需要具备数据表示的功能。

5）数据集中存储在服务器上，容易备份和恢复。

3. SQL Server 2005 产品

SQL Server 2005 提供了多款不同版本来满足企业和个人独特的性能、运行及价格要求。客户可以根据应用程序的需要自由选择。

（1）企业版（Enterprise Edition，32 位和 64 位）

企业版达到了支持超大型企业进行联机事务处理、高度复杂的数据分析、数据仓库系统和网站所需的性能水平。企业版的全面商业智能和分析能力及其高可用性功能（如故障转移群集等），使它可以处理大多数关键业务。

企业版是最全面的 SQL Server 2005 版本，能够满足最复杂的要求，是超大型企业的理想选择。

这个版本对 CPU、内存容量及数据库大小没有限制。

（2）标准版（Standard Edition，32 位和 64 位）

标准版包括电子商务、数据仓库和业务流解决方案所需的基本功能。它是需要全面数据管理和分析平台的中小型企业的理想选择。

和企业版一样，标准版也对内存容量和数据库大小没有限制，因此只要操作系统和物理硬件支持，用户可以按照自己的需求来扩展它，但标准版最多支持 4 个 CPU。

（3）工作组版（Workgroup Edition，仅 32 位）

工作组版可以用做前端 Web 服务器，也可以用于部门或分支机构的运营。它包括 SQL Server 2005 产品系列的核心数据库功能。工作组版是理想的入门级数据库，具有性能可靠、功能强大且易于管理的特点，适合于对数据库在大小和用户数量上没有限制的小型企业使用。

工作组版支持 2 个 CPU，3GB 内存，数据库大小不限。

（4）开发版（Developer Edition，32 位和 64 位）

开发版允许开发人员在 SQL Server 2005 上生成任何类型的应用程序，包括企业版中的所有功能，但有许可限制，只能用于开发，不能用做生产数据库，是独立软件供应商、咨询人员、系统集成商、解决方案供应商以及创建和测试应用程序的企业开发人员的理想选择。

（5）精简版（Express Edition，仅 32 位）

精简版是一个免费、易用且便于管理的数据库。精简版与 Microsoft Visual Studio 2005 集成在一起，可以轻松开发功能丰富、存储安全、可快速部署的数据驱动应用程序，是低端服务器用户、创建 Web 需要的非专业开发人员以及创建客户端应用程序的编程爱好者的理想选择。

精简版支持 1 个 CPU，1GB 内存，数据库的最大容量为 4GB。

4. 安装、运行 SQL Server 2005 的硬件和软件需求

安装 SQL Server 2005 对系统硬件和软件有一定的要求，软件和硬件的不兼容性可能导致安装失败。所以，在安装之前必须弄清 SQL Server 2005 对软件和硬件的要求。

（1）硬件设备要求

表 2-1 列出了安装和运行 SQL Server 2005 的硬件要求。

表 2-1 安装和运行 SQL Server 2005 的硬件要求

SQL Server 2005	处理器类型	处理器速度	内存（RAM）
企业版 开发版 标准版	需要 Pentium Ⅲ 兼容处理器或更高速度的处理器	最低：600MHz 建议：1GHz 或更高	最小：512MB 建议：1GB 或更大 最大：操作系统的最大内存
工作组版	需要 Pentium Ⅲ 兼容处理器或更高速度的处理器	最低：600MHz 建议：1GHz 或更高	最小：512MB 建议：1GB 或更大 最大：操作系统的最大内存
精简版	需要 Pentium Ⅲ 兼容处理器或更高速度的处理器	最低：600MHz 建议：1GHz 或更高	最小：192MB 建议：512MB 或更高 最大：操作系统的最大内存

（2）软件要求

1）Internet 要求。表 2-2 列出了 SQL Server 2005 的 Internet 要求。

表 2-2 SQL Server 2005 的 Internet 要求

组件	要求
Internet 软件	所有 SQL Server 2005 的安装都需要 Microsoft Internet Explorer 6.0 SP1 或更高版本，但如果只安装客户端组件且不需要连接到要求加密的服务器，则 Internet Explorer 4.01（带 Service Pack 2）即可满足要求
Internet 信息服务（IIS）	安装 Microsoft SQL Server 2005 Reporting Services（SSRS）需要 IIS 5.0 或更高版本
ASP.NET 2.0	Reporting Services 需要 ASP.NET 2.0。安装 Reporting Services 时，如果尚未启用 ASP.NET，则 SQL Server 安装程序将启用 ASP.NET

2）操作系统要求。表 2-3 显示各种版本的 SQL Server 2005 对操作系统的要求。

表 2-3　SQL Server 2005 对操作系统的要求

Windows 操作系统	企业版	开发版	标准版	工作组版	精简版
Windows 2000 Professional Edition SP4	否	是	是	是	是
Windows 2000 Server SP4	是	是	是	是	是
Windows 2000 Advanced Server SP4	是	是	是	是	是
Windows XP Professional Edition SP2	否	是	是	是	是
Windows 2003 Server SP1	是	是	是	是	是
Windows 2003 Enterprise Edition SP1	是	是	是	是	是

2.1.2　任务实现

1）将安装光盘插入光驱，在光驱目录下，启动 splash. hta，打开如图 2-1 所示的安装界面。

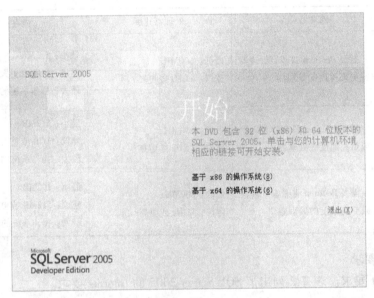

图 2-1

2）选择"基于 x86 的操作系统"选项，打开如图 2-2 所示的界面。

3）选择"服务器组件、工具、联机丛书和示例"选项，打开"最终用户许可协议"对话框，如图 2-3 所示。

4）阅读协议并勾选"我接受许可条款和条件"复选框，单击"下一步"按钮，打开如图 2-4 所示的"安装必备组件"对话框，安装程序将安装必备的软件。

5）待安装完成后，单击"下一步"按钮，打开如图 2-5 所示的"安装向导"对话框。

6）单击"下一步"按钮，打开"系统配置检查"对话框，如图 2-6 所示。界面中将会显示扫描安装 SQL Server 2005 计算机的系统配置结果，告知是否存在阻止安装程序运行的情况。

图 2-2

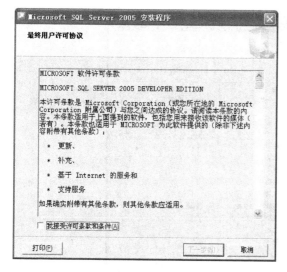

图 2-3

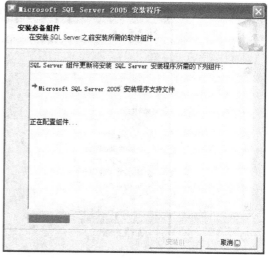

图 2-4

① 检查相关配置信息可单击 "帮助" 按钮。

② 若要中断扫描, 可单击 "停止" 按钮。

③ 若要查看检查结果的项目列表, 可单击 "筛选" 按钮, 然后在下拉列表菜单中选择类别。

④ 若要查看系统配置检查结果的报表, 可单击 "报告" 按钮, 然后在下拉菜单中选择相应的选项。

7) 单击 "下一步" 按钮, 打开 "注册信息" 对话框, 如图 2-7 所示。

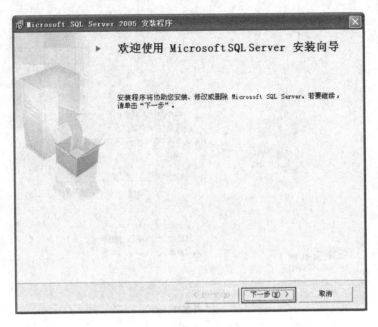

图 2-5

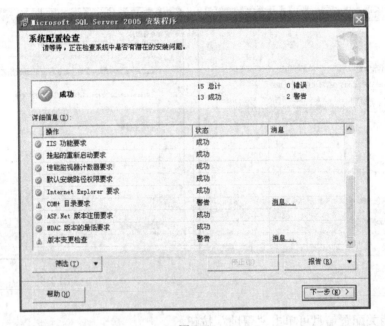

图 2-6

8）在相应的文本框内填写"姓名"、"公司名称"以及"注册号码"。单击"下一步"按钮，打开"要安装的组件"对话框，如图 2-8 所示。

9）选择要安装的组件，其中前五个是服务器端组件。

① "SQL Sever Database Services" 是数据库服务组件。

② "Analysis Services" 是分析服务组件。

③ "Reporting Services" 是报表服务组件。

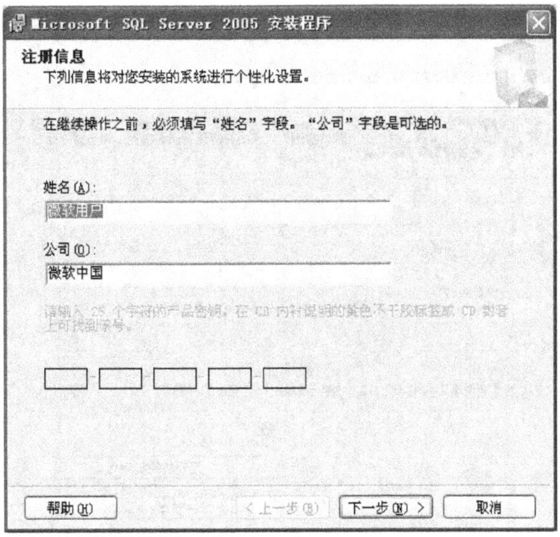

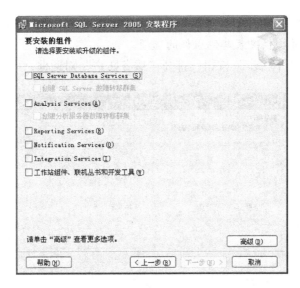

图 2-7

图 2-8

④ "Notification Services" 是通知服务组件。

⑤ "Integration Services" 是数据集成服务组件。

10）单击"下一步"按钮，打开"实例名"对话框，如图 2-9 所示。

11）为安装的软件选择默认实例或已命名的实例。在第一次安装时，只需要选择"默认实例"即可。

注意

单击"默认实例"单选按钮，将以计算机名作为实例名。计算机上必须没有默认实例，才可以安装新的默认实例。若要安装新的命名实例，单击"命名实例"单选按钮，然后在其下的文本框内输入一个唯一的实例名。

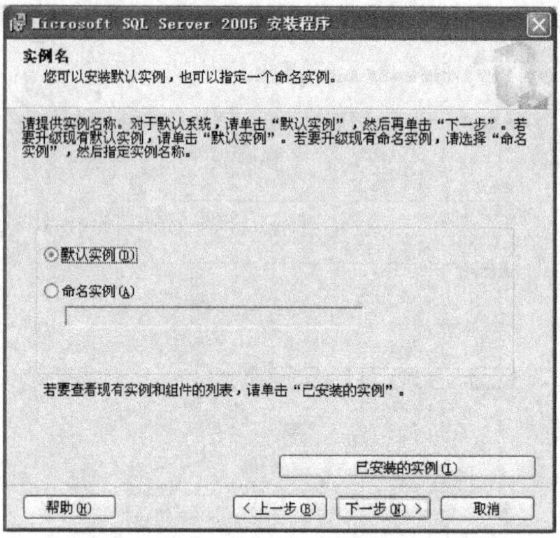

图 2-9

如果已经安装了默认实例或已命名实例，并且为安装的软件选择了现有实例，安装程序将升级所选的实例，并提供安装其他组件的选项。

12）完成后单击"下一步"按钮，打开"服务账户"对话框，如图 2-10 所示。

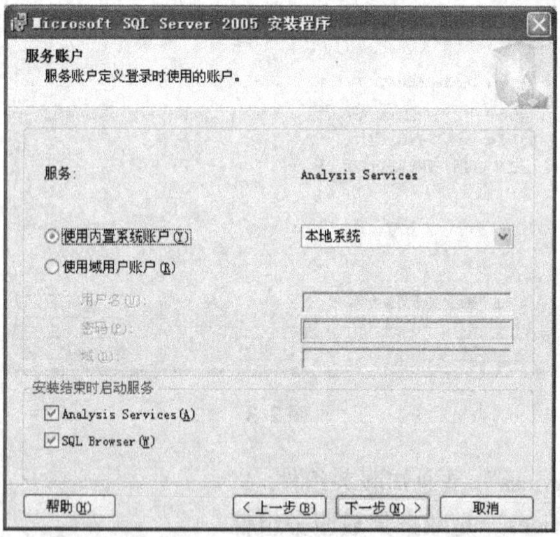

图 2-10

根据自己的需要指定用户名、密码和域名。这里单击"使用内置系统账户"单选按钮。

💡 注意

可以对所有服务使用同一个账户。根据需要，也可以为各个服务指定单独的账户。

13）然后单击"下一步"按钮，打开"身份验证模式"对话框，如图 2-11 所示。

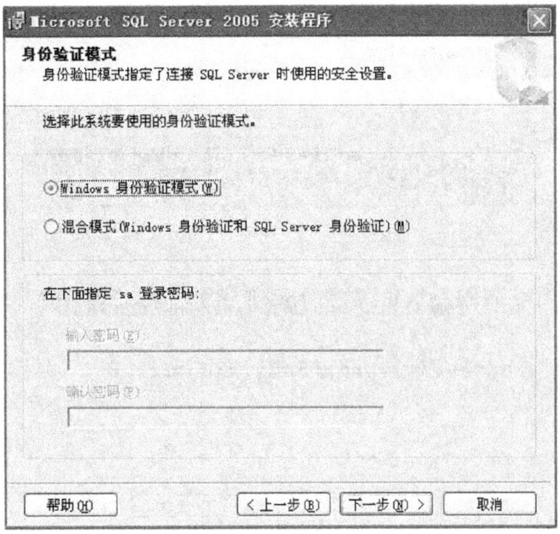

图 2-11

14）可以根据需要选择 Windows 身份验证模式和混合验证模式。

如果单击"Windows 身份验证模式"单选按钮，安装程序会创建一个 sa 账户，该账户在默认情况下是被禁用的。选择"混合模式"时，输入并确认系统管理员（sa）的登录名并设定密码。密码是抵御入侵者的第一道防线，因此设置密码对于系统安全是绝对必要的。

15）设置完成后单击"下一步"按钮，打开"排序规则设置"对话框，如图 2-12 所示。在此对话框可以设置服务器的排序方式。

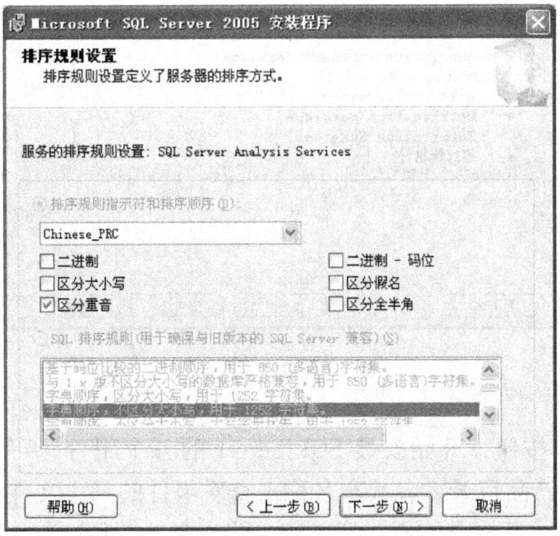

图 2-12

16）单击"下一步"按钮，打开"错误和使用情况报告设置"对话框，如图 2-13 所示。清除复选框可以禁用错误报告。

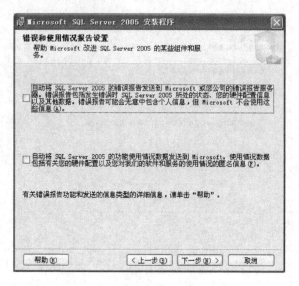

图 2-13

17）单击"下一步"按钮，打开"准备安装"对话框，如图 2-14 所示。在此对话框中可以查看要安装的 SQL Server 功能和组件的摘要。

图 2-14

18）单击"安装"按钮，开始安装 SQL Server 的各个组件，可以实时监控安装进度，在安装过程中可以单击产品目录或者状态名称来查看组件的日志文件，如图 2-15 所示。

19）在安装过程中，系统会提示"插入第二张光盘"，插入第二张光盘继续安装。当完成安装后，进入"完成 Microsoft SQL Server 安装"对话框，可以通过单击此对话框中提供的链接查看安装摘要日志。若要退出 SQL Server 安装向导，单击"完成"按钮，如图 2-16 所示。

图 2-15

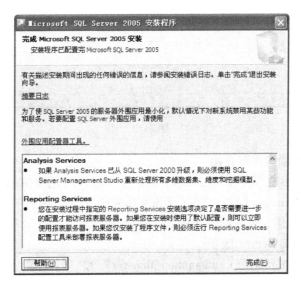

图 2-16

注意

SQL Server 安装完成后，系统会提示重新启动计算机，应立即进行操作。如果未能重新启动计算机，则可能导致以后运行安装程序失败。

任务 2.2　SQL Server 2005 的配置

任务目标

1）了解配置 SQL Server 2005 的基本方法。

2）掌握启动和停止 SQL Server 服务的方法。

2.2.1 相关知识与技能

1. SQL Server 配置管理器

SQL Server 配置管理器（SQL Server Configuration Manager）如图 2-17 所示，用于管理与 SQL Server 相关联的服务、配置 SQL Server 使用的网络协议以及从 SQL Server 客户端计算机管理网络连接配置。可以启动、暂停、恢复或停止服务，还可以查看或更改服务属性。

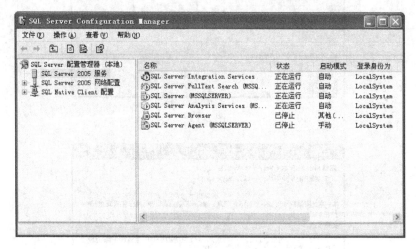

图 2-17

2. SQL Server 外围应用配置器

SQL Server 外围应用配置器如图 2-18 所示。使用外围应用配置器可以启用或禁用一些功能，如存储过程、Windows 服务、Web 服务和远程客户端连接等。可以对服务和协议进行配置，也可以启动、暂停、恢复或停止服务。

3. 启动和停止 SQL Server 服务

可以分别使用"SQL Server Configuration Manager"和"外围应用配置器"，启动和停止 SQL Server 服务。

（1）使用"SQL Server Configuration Manager"启动和停止 SQL Server 服务

使用"SQL Server Configuration Manager"启动和停止 SQL Server 服务的操作步骤如下：

1）在"开始"菜单中，执行"所有程序"→"Microsoft SQL Server 2005"→"配置工具"→"SQL Server Configuration Manager"命令，打开"SQL Server Configuration Manager"窗口。

2）在"SQL Server Configuration Manager"窗口中，选择"SQL Server 2005 服务"项。

3）在详细信息窗格中，右键单击"SQL Server（MSSQLSERVER）"选项，将弹出快捷菜单，如图 2-19 所示。

4）在弹出的快捷菜单中选择"启动"命令，可以启动该服务；选择"停止"命令，可以停止该服务；选择"暂停"命令，可以暂停该服务的运行；选择"恢复"命令，可以恢

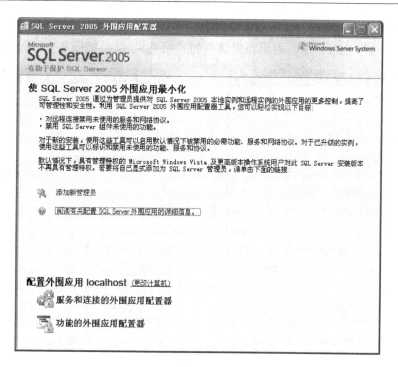

图 2-18

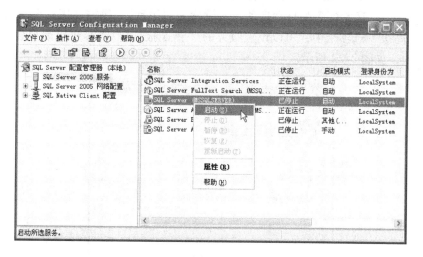

图 2-19

复暂停的服务；选择"重新启动"命令，可以停止并重新启动服务。

注意

　如果工具栏上和服务器名称旁的图标上出现绿色箭头，则指示服务器已成功启动。

　5）在快捷菜单中选择"属性"命令，将打开该服务的属性对话框，该对话框有"登录"、"服务"和"高级" 3 个选项卡，如图 2-20 所示。

　6）在"登录"选项卡中，可以设置登录该服务器的默认账户和密码。初始使用的是在安装 SQL Server 2005 过程中设置的账户和密码，即本地系统的内置账户。在此选项卡中还可以设置服务的启动、停止、暂停和重新启动。

7）在"服务"选项卡中，可以设置服务的"启动模式"，如图 2-21 所示。

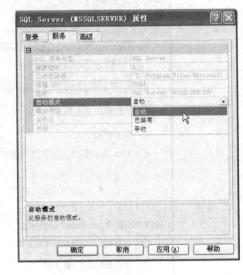

图 2-20   图 2-21

若设置为"自动"，则每次系统启动后，该服务立即被自动启动。在安装过程中，Microsoft SQL Server 通常配置为自动启动。若设置为"手动"，则需要用户手动启动该服务。

8）在"高级"选项卡中，可以设置服务的"错误报告"、"客户反馈报告"和"启动参数"等选项，如图 2-22 所示。

图 2-22

9）完成设置后，单击"确定"按钮关闭"SQL Server Configuration Manager"窗口即可。

（2）使用"外围应用配置器"启动和停止 SQL Server 服务

使用"外围应用配置器"启动和停止 SQL Server 服务的操作步骤如下：

1）在"开始"菜单中，执行"程序"→"Microsoft SQL Server 2005"→"配置工具"→"SQL Server 外围应用配置器"命令，打开图 2-23 所示对话框。

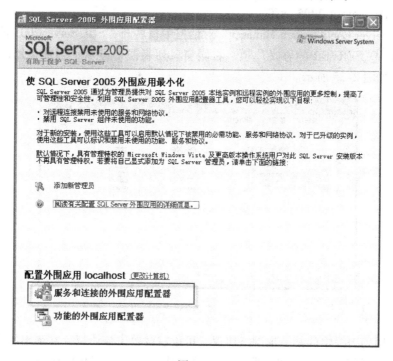

图 2-23

2）在"外围应用配置器"对话框中，单击"服务和连接的外围应用配置器"链接，打开如图 2-24 所示的"服务和连接的外围应用配置器"对话框。

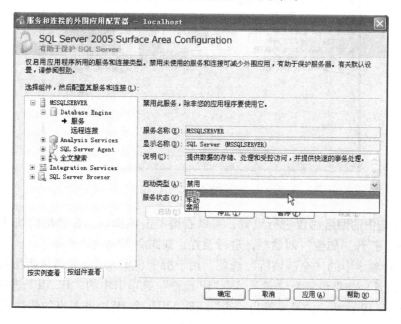

图 2-24

3）在对话框左侧展开"MSSQLSERVER"→"Database Engine"→"服务"节点，在"启动类型"下拉列表中可以选择启动类型。

4）单击"启动"或"停止"按钮，即可启动或停止 SQL Server 服务。

4. 配置 SQL Server 2005 网络

在"SQL Server Configuration Manager"对话框中，展开"SQL Server 2005 网络配置"节点，选择"MSSQLSERVER 的协议"项，右侧窗口列表框中显示了当前可用的协议名称及其运行状态，如图 2-25 所示。

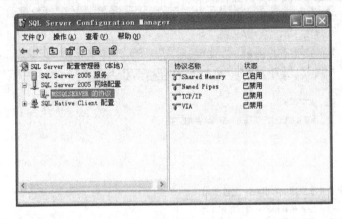

图 2-25

如果要启用列表框中的某一项网络协议，可以右键单击该协议，在弹出的快捷菜单中选择"启用"命令即可。相反，如要取消某一项网络协议时，用相同的方法，选择"禁用"命令即可，如图 2-26 所示。

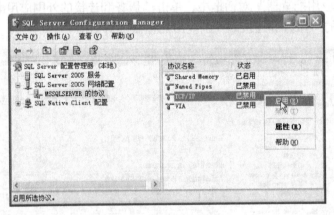

图 2-26

如果要对选中的网络协议进行设置，可以右键单击该协议，在弹出的快捷菜单中选择"属性"命令，打开"属性"对话框，进行设置，如图 2-27 所示。

"协议"选项卡中的"全部侦听"选项，用于指定 SQL Server 是否侦听所有绑定到计算机网卡的 IP 地址。如果设置为"是"，则"IP 地址"选项卡中的"IP All"选项属性框的设置将应用于所有 IP 地址；如果设置为"否"，则使用每个 IP 地址各自的属性窗口对各个 IP

地址进行配置。

　　使用 "IP 地址" 选项卡可配置特定 IP 地址的 TCP/IP 选项。当 IP All 打开时，仅 "TCP 动态端口" 和 "TCP 端口" 可用。SQL Server 的默认实例侦听端口是 1433。出于安全性原因或根据客户端应用程序的请求更改该端口，可以将命名实例配置为侦听动态端口，如图 2-28 所示。

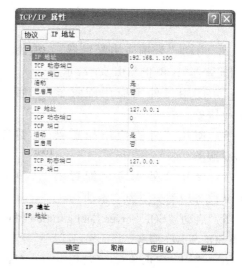

图 2-27　　　　　　　　　　　　　　　　　图 2-28

5. 配置 SQL Server 2005 本机客户端

　　在 "SQL Native Client 配置" 中配置的内容将在运行客户端程序的计算机上使用。在运行 SQL Server 的计算机上配置这些设置时，它们仅影响那些运行在服务器上的客户端程序。

　　同 "MSSQLSERVER 的协议" 类似，SQL Server 2005 本机客户端同样支持 4 种协议，配置方法也类似，如图 2-29 所示。

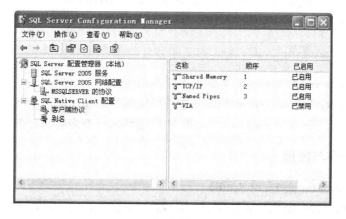

图 2-29

　　右键单击 "客户端协议" 项，在弹出的快捷菜单中选择 "属性" 命令，打开 "客户端协议属性" 对话框，如图 2-30 所示。

在"客户端协议属性"对话框中的"顺序"选项卡中可以查看和启用客户端协议。单击某个协议，再单击"启用"或"禁用"按钮，可以将所选协议移到"启用的协议"列表或"禁用的协议"列表中。

2.2.2 任务实现

1）启动"外围应用配置器"，使用"外围应用配置器"，停止 SQL Server 服务。

2）使用"外围应用配置器"，启动 SQL Server 服务。

3）使用"外围应用配置器"，暂停 SQL Server 服务。

4）使用"外围应用配置器"，改变 SQL Server 服务启动类型为"手动"。

图 2-30

5）启动"SQL Server Configuration Manager"，使用"SQL Server Configuration Manager"，停止 SQL Server 服务。

6）使用"SQL Server Configuration Manager"，启动 SQL Server 服务。

7）使用"SQL Server Configuration Manager"，改变 SQL Server 服务启动类型为"自动"。

8）使用"SQL Server Configuration Manager"，配置 SQL Server 2005 网络，启用"TCP/IP"。

9）使用"SQL Server Configuration Manager"，配置 SQL Server 2005 本机客户端，启用"TCP/IP"。

任务 2.3 使用 SQL Server Management Studio

任务目标

1）了解 SQL Server Management Studio 的基本组成。

2）熟悉 SQL Server Management Studio 中各组成的作用及功能。

3）掌握在 SQL Server Management Studio 中创建和执行查询的基本方法。

2.3.1 相关知识与技能

1. SQL Server Management Studio

SQL Server Management Studio 是 Microsoft SQL Server 2005 提供的一种新的集成环境，其将一组多样化的图形工具与多种功能齐全的脚本编辑器组合在一起，用于访问、配置、控制、管理和开发 SQL Server 的所有组件。

执行"开始"→"程序"→"SQL Server 2005"→"SQL Server Management Studio"命令，将打开"连接到服务器"对话框，如图 2-31 所示。

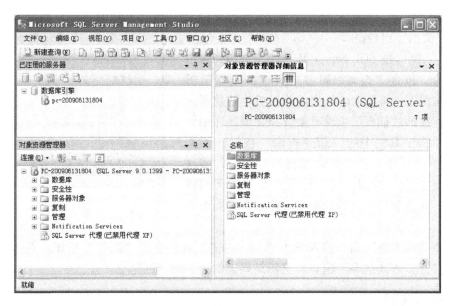

图 2-31

在"服务器类型"、"服务器名称"、"身份验证"组合框中输入或选择正确的方式后，单击"连接"按钮，即可打开"SQL Server Management Studio"窗口，如图 2-32所示。

图 2-32

2. SQL Server Management Studio 的基本组成

在默认的情况下，SQL Server Management Studio 有 3 个窗口部件，分别为"已注册的服务器"窗口，"对象资源管理器"窗口和"文档"窗口，如图 2-32 所示。

（1）"已注册的服务器"组件窗口

SQL Server Management Studio 允许管理多台服务器。在"已注册的服务器"组件窗口中，显示了注册服务器数据库引擎的名称信息，可以组织和管理经常访问的服务器。

使用"已注册的服务器"组件窗口，可以执行下列操作：

1）注册服务器以保留连接信息。

2）确定已注册的服务器是否正在运行。

3）将对象资源管理器和查询编辑器轻松地连接到已注册的服务器上。

4）编辑或删除已注册服务器的注册信息。

5）创建服务器组。

6）通过在"已注册的服务器名称"对话框中提供与"服务器名称"列表中不同的值，为已注册的服务器提供用户友好名称。

7）提供已注册服务器的详细说明。

8）提供已注册服务器组的详细说明。

9）导出已注册的服务器组。

10）导入已注册的服务器组。

（2）"对象资源管理器"组件窗口

对象资源管理器是 SQL Server Management Studio 的一个重要组件，可连接到数据库引擎实例、Analysis Services、Integration Services、Reporting Services 和 SQL Server Mobile。它提供了服务器中所有对象的视图，并具有管理这些对象的用户界面，如图 2-33 所示。

（3）"文档"组件窗口

"文档"窗口是 SQL Server Management Studio 中的最大部分，包含"查询编辑器"和"浏览器"窗口。默认情况下，将显示已与当前计算机上的数据库引擎实例连接的"摘要"（或对象资源管理器详细信息）页。单击工具栏中的"新建查询"按钮，"文档"窗口中将打开一个"查询编辑器"窗口，多次单击"新建查询"按钮，将会打开多个"查询编辑器"窗口，单击窗口上方的选项卡，可以在不同窗口中切换。

图 2-33

在"查询编辑器"窗口输入 SQL 语句，单击工具栏中的"执行"按钮，可执行该 SQL 语句，并打开"查询结果"窗口，显示结果，如图 2-34 所示。

2.3.2　任务实现

1）启动 SQL Server Management Studio，在"已注册的服务器"组件窗口中，右键单击服务器实例，在弹出的快捷菜单中分别选择"停止"和"启动"命令，停止和启动服务器。

2）在"已注册的服务器"组件窗口中，右键单击服务器实例，在弹出的快捷菜单中选择"属性"命令，打开"编辑服务器注册属性"对话框，如图 2-35 所示。

3）分别单击"常规"和"连接属性"选项卡，查看已注册的服务器信息。

4）在"对象资源管理器"组件窗口中，分别展开各个节点，了解服务器中各对象的信息。

5）打开"查询编辑器"窗口，在窗口中输入代码：

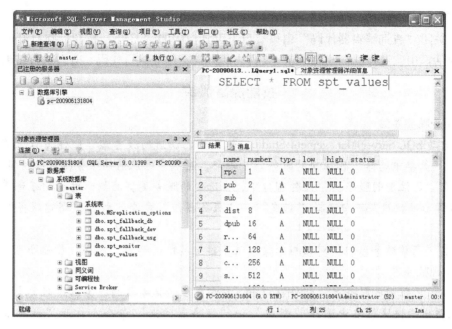

图 2-34

图 2-35

SELECT * FROM spt_monitor

6）在工具栏中"可用数据库"下拉列表中选择"master"数据库。

7）单击工具栏中的"分析"按钮，分析代码。

8）单击工具栏中的"执行"按钮，查看执行结果。

9）单击工具栏中的"保存"按钮，将代码保存到"monitor. sql"文件中。

10）关闭"查询编辑器代码"窗口，单击工具栏中的"打开"按钮，在打开的"选择文件"对话框中，选择"monitor. sql"文件，打开该文件并执行代码，查看执行结果。

技能提高训练

1. 注册服务器组

1）启动 SQL Server Management Studio，如果"已注册的服务器"组件窗口未显示，可在"视图"菜单中选择"已注册的服务器"命令，显示"已注册的服务器"组件窗口。

2）在"已注册的服务器"组件窗口中，在选定的服务类型的树形结构的根部单击鼠标右键，在弹出的快捷菜单中选择"新建"→"服务器组"命令，打开"新建服务器组"对话框。

3）在"新建服务器组"对话框中输入服务器组名称，单击"保存"按钮即可。

2. 注册服务器

1）在"已注册的服务器"组件窗口中，在希望注册服务器的服务器组名称上单击鼠标右键，在弹出的快捷菜单中选择"新建"→"服务器注册"命令，打开"新建服务器注册"对话框。

2）在"新建服务器注册"对话框中，填写服务器名称，选择相应的认证模式，输入用户名及密码，单击"保存"按钮，完成服务器注册。

3. 断开与连接对象资源管理器

1）在视图菜单中执行"文件"→"断开与对象资源管理器的连接"命令，将断开服务器与对象资源管理器的连接，查看"对象资源管理器"组件窗口的变化。

2）在视图菜单中执行"文件"→"连接对象资源管理器"命令，将打开"连接到服务器"对话框，在"服务器类型"、"服务器名称"、"身份验证"组合框中输入或选择正确的方式后，单击"连接"按钮，即可将服务器与对象资源管理器连接起来，查看"对象资源管理器"组件窗口的变化。

4. 使用文档与帮助

SQL Server 2005 为数据库开发和使用人员提供了资源丰富的学习平台。

1）在操作系统桌面上，执行"开始"→"Microsoft SQL Server 2005"→"文档和教程"→"教程"菜单命令，即可启动"文档和教程"学习平台。

2）在 SQL Server Management Studio 界面中，执行"帮助"→"教程"命令，也可启动"文档和教程"学习平台。

3）在 SQL Server Management Studio 的任意操作步骤中，单击"F1"键，也可打开上下文关联的帮助文档。

习　　题

一、选择题

1. 在 Windows XP 操作系统中，可以安装 SQL Server 2005 的（　　）。

　　A. 企业版　　　　　　B. 标准版　　　　　　C. 精简版　　　　　　D. 开发版

2. SQL Server 2005 服务器的启动模式有（　　）。

A. 手工启动、自启动和已禁用 3 种　　　B. 手工启动、自启动 2 种

C. 手工启动 1 种　　　　　　　　　　　D. 自启动 1 种

3. "对象资源管理器"组件窗口中显示（　　　）。

　　A. 查询代码　　　　　　　　　　　　B. 已注册的服务器组

　　C. 已注册的服务器　　　　　　　　　D. 服务器中所有对象的视图

4. 在"查询编辑器"窗口中输入的代码，保存成外部文件的扩展名为（　　　）。

　　A. . doc　　　　　B. . exe　　　　　C. . sql　　　　　D. . txt

5. 多用于学习的 SQL Server 2005 版本是（　　　）。

　　A. 企业版　　　　B. 开发版　　　　C. 标准版　　　　D. 精简版

二、简答题

1. 微软公司为客户提供了哪 5 种版本的 SQL Server 2005？

2. 简要总结启动和停止 SQL Server 服务的方法。

3. 简述 SQL Server Management Studio 的作用。

应 用 提 高

1）新建一个 Word 文档。

2）将本章任务实现过程中自己的体会或总结的技巧记录下来。

3）将本章技能提高训练过程中自己的体会或总结的技巧记录下来。

4）将本章习题的答案记录下来。

5）保存 Word 文档。

第3章

使用Transact-SQL语言

使用 Transact-SQL 语言进行程序设计是 SQL Server 的主要应用形式之一。不论是普通的客户机/服务器应用程序，还是 Web 应用程序，都必须对涉及数据库中数据进行的处理描述成 Transact-SQL 语句，并通过向服务器端发送才能实现与 SQL Server 的通信。本章将首先学习 Transact-SQL 语言的基本知识，然后在此基础上进一步学习函数和流程控制语句。

—— 学 习 目 标 ——

- 了解 Transact-SQL 语言组成。
- 掌握 Transact-SQL 编程基础知识。
- 综合运用变量、函数及流程控制语句等编写应用程序代码。

任务3.1 了解 Transact-SQL

任务目标

1）了解 Transact-SQL 语言的基本组成。

2）理解数据类型的定义。

3）掌握变量与运算符的基本使用方法。

3.1.1 相关知识与技能

1. Transact-SQL 语言

SQL 语言是关系型数据库领域中的标准化查询语言，能够针对数据库完成定义、查询、操纵和控制等功能。微软公司在 SQL 语言的基础上对其进行了大幅度的扩充，形成 Transact-SQL 语言（简称 T-SQL），使其功能更加完善，性能更加优良。

T-SQL 对于使用 SQL Server 非常重要，使用 T-SQL 编写程序可以完成所有的数据库管理工作，与 SQL Server 通信的所有程序都通过向数据库服务器发送 T-SQL 语句来进行通信。在使用 T-SQL 语言的过程中，用户不需要知道数据库中的数据是如何定义和怎样存储的，只需要知道表名与列名，即可从表中查询出需要的信息。

2. T-SQL 语言的语法约定

T-SQL 的语法约定见表 3-1。

例如，下面的语句中， ［PRIMARY］为可选语法项；< filespec > ［,...n］表示 < filespec > 可以重复 n 次，各项之间以逗号分隔；filespec 为标签；｛< filespec > ［,...n］｝

为必选语法项；< filespec >:: =为语法块的名称。

表 3-1　T-SQL 的语法约定

约定	用　　于
大写	T-SQL 关键字
| （竖线）	分隔括号或大括号中的语法项，只能使用其中一项
[ ]（方括号）	可选语法项，不必输入方括号
{ }（大括号）	必选语法项，不必输入大括号
[,...n]	指示前面的项可以重复 n 次，各项之间以逗号分隔
[...n]	指示前面的项可以重复 n 次，各项之间用空格分隔
<标签>:: =	语法块的名称。此规则用于对可在语句中的多个位置使用的过长语法段或语法单元进行分组和标记，可使用的语法块的每个位置由括在尖括号内的标签指示

```
CREATE DATABASE database_ name
[ ON [ PRIMARY ]
[ < filespec > [ ,...n ]
[ , < filegroup > [ ,...n ]]]
[ LOG ON { < filespec > [ ,...n ]} ]]
其中：
< filespec >:: =
( NAME = ' 逻辑文件名'
FILENAME = ' 物理文件名'
[ , SIZE = 初始大小]
[ , MAXSIZE = 文件的最大大小]
[ , FILEGROWTH = 增长比例])
< filegroup >:: = FILEGROUP 文件组名
```

3. 标识符

标识符用于标识服务器、数据库、数据库对象和变量等，创建时应遵循下列规则：

1）标识符的长度不超过 128 个字符。

2）标识符的第一个字符必须是字母、下划线（_）、@ 符号或者符号#。

3）后续字符可以是字母、数字、_ 、@ 、#或者 $ 。

4）不能包含空格或其他特殊字符。

5）不能使用 SQL Server 预留的单词。

例如，Student、_ P1、@ Name 和#ID 等都是正确的标识符，而 101ID、~ Name、User Name 和 IDENTITY 等都是不正确的标识符。

4. 批处理

批处理就是一个或多个 T-SQL 语句的集合，用户或应用程序一次将它发送给 SQL Server 2005，由 SQL Server 2005 编译成一个执行单元，此单元称为执行计划。

建立批处理如同编写 SQL 语句，区别在于它是多条语句同时执行的，所有的批处理命令都使用 GO 作为结束标志，当 T-SQL 的编译器扫描到某行的前两个字符是 GO 的时候，它会把 GO 前面的所有语句作为一个批处理送往服务器。

例如，下面的语句包含两个批处理。

```
PRINT  '系统当前时间：'
PRINT   GETDATE ()
GO
PRINT  '香港回归年数：'
PRINT   DATEDIFF (YEAR, '1997-7-1',   GETDATE ())
GO
```

由于批处理中的所有语句被当做是一个整体，因此若其中一个语句出现了编译错误，则该批处理内所有语句的执行都将被取消。

5. 脚本

脚本是将一个或多个批处理组织到一起的存在方式，可以在查询设计器中编辑、调试和执行。在查询设计器中执行的各个实例都可以称为一个脚本。

可以将脚本以文件的形式保存到磁盘上，这些文件称为脚本文件。脚本文件的扩展名为".sql"。使用脚本文件对重复操作或多台计算机之间交换 SQL 语句非常有用。

6. 注释

T-SQL 中的注释语句，也称为注解。注释内容通常是一些说明性文字，对程序的结构及功能给出简要的解释。注释语句不是可执行语句，不被系统编译，也不被程序执行。使用注释语句的目的是为了使程序代码易读易分析，也便于日后的管理和维护。

SQL Server 支持两种形式的程序注释语句。

1）行内注释：使用注释符"--"，注释语句写在"--"的后面，只能书写单行。

2）块注释：使用注释符"/*   */"，注释语句写在"/*"和"*/"之间，可以连续书写多行。

【例 3-1】合法的注释语句。

```
--打开 StudentElective 数据库
USE   StudentElective
GO
/*查询 Students 表中所有记录的 sname,
Birthday, professional, telephone 以及 email
字段的内容*/
```

7. 数据类型

SQL Server 可以识别多种不同的系统定义数据类型，还可以创建用户定义数据类型以满足特定需求。常用的系统定义数据类型如下。

（1）整数数据类型

整数数据类型是最常用的数据类型之一，由正整数和负整数所组成，例如，-12，0，5

和 2506。在 SQL Server 2005 中，整数型数据使用 bigint、int、smallint 和 tinyint 数据类型存储。bigint 数据类型可存储的数值范围比 int 数据类型大，int 数据类型比 smallint 数据类型的存储范围大，而 smallint 的数值范围又比 tinyint 类型大。各种类型的存储范围和占用的存储空间见表 3-2。

表 3-2　整数数据类型的存储范围

整型	存储范围和占用的存储空间
bigint	可以存储 $-2^{63} \sim 2^{63}-1$ 之间的数字，占据 8 字节存储空间
int	可以存储从 $-2^{31} \sim 2^{31}-1$ 范围之间的所有整数，占据 4 字节存储空间
smallint	可以存储从 $-2^{15} \sim 2^{15}-1$ 范围之间的所有整数，占据 2 字节存储空间
tinyint	可以存储从 0 ~ 255 范围之间的所有正整数

（2）精确数字数据类型

用于表示带固定精度和小数位数的数值数据类型，包括 decimal 和 numeric 两种类型。

1）decimal [（p [，s]）]：提供小数所需要的实际存储空间，可以存储 2 ~ 17 字节的从 $-10^{38}+1 \sim 10^{38}-1$ 之间的数值。

2）numeric [（p [，s]）]：与 decimal 数据类型几乎完全相同，区别是在表格中只有 numeric 型的数据可以带有 IDENTITY 关键字的列。

在上述两种类型中：

① p（精度）：最多可以存储的十进制数字的总位数，包括小数点左边和右边的位数。该精度必须是从 1 到最大精度 38 之间的值。默认精度为 18。

② s（小数位数）：小数点右边可以存储的十进制数字的最大位数。小数位数必须是从 0 到 p 之间的值（即 0 < = s < = p）。仅在指定精度后才可以指定小数位数。

例如，decimal（2，1）的有效长度为 2，小数位占 1 位。当插入数据"12.3"或"12"时会出现"数据溢出错误"的异常；插入"1.23"或"1.2345"会自动四舍五入成"1.2"；插入"2"会自动补成"2.0"，以确保 2 位的有效长度，其中包含 1 位小数。

（3）浮点数据类型

用于表示浮点数值数据的数值数据类型。由于浮点数据为近似值，因此数据类型范围内的所有值不一定都能精确地表示。

浮点数据类型主要包括 real 和 float 两种类型，存储范围见表 3-3。

表 3-3　浮点数据类型的存储范围

整型	存储范围和占用的存储空间
real	用于存储 7 位小数的十进制数据，所能够表示的范围为 - 3.40E + 38 到 3.40E + 38
float	可以精确到第 15 位小数，数据范围为 - 1.79E + 308 到 1.79E + 308

（4）字符数据类型

SQL Server 提供了 3 种字符数据类型，分别是 char、varchar 和 text。

1）char：最长可以容纳 8000 个字符，并且每个字符占用 1 字节的存储空间。使用 char 数据类型定义变量时，需要指定数据的最大长度。如果实际数据的字符长度小于指定长度时，剩余的字节用空格来填充。如果实际数据的长度超过了指定的长度，超出部分将会被删除。

2）varchar：该数据类型的使用方式与 char 数据类型类似。与 char 数据类型不同的是，varchar 数据类型所占用的存储空间由字符数据所占据的实际长度来确定。

3）text：该数据类型所能表示的最大长度为 $2^{31}-1$，当需要表示的数据类型长度超过 8000 时，可以采用 text 来处理可变长度的字符数据。

（5）日期/时间数据类型

日期和时间数据由有效的日期或时间组成。例如，有效日期和时间数据 "10 30 2009 10：51 AM"。日期/时间数据类型可以分为 datetime 和 smalldatetime 两类。

1）datetime：数据范围从 1753 年 1 月 1 日到 9999 年 12 月 31 日，可以精确到千分之一秒，此类型的数据占用 8 字节的存储空间。

2）smalldatetime：数据范围从 1900 年 1 月 1 日到 2079 年 6 月 6 日，可以精确到分，此类型的数据占 4 字节的存储空间。

（6）货币数据类型

货币数据表示正的或负的货币值。在 SQL Server 中使用 money 和 smallmoney 数据类型存储货币数据。货币数据存储的精确度为 4 位小数。

1）money：占据 8 字节存储空间，取值范围为 − 922 337 203 685 477.5808 至 922 337 203 685 477.5807，并且可以精确到万分之一货币单位。

2）smallmoney：占据 4 字节存储空间，取值范围为 − 214，748.3648 到 214，748.3647，可以精确到万分之一货币单位。

（7）二进制数据类型

二进制数据类型用于存储二进制数据，包括 binary 和 varbinary 两种。

1）binary：用于存储固定长度的二进制数据，表示数据的长度取值为 1~8000 字节。在输入数据时必须在数据前加上字符 "0X" 作为二进制标识。若输入的数据过长将会截掉其超出部分，若输入的数据位数为奇数则会在起始符号 "0X" 后添加一个 0。

2）varbinary：具有可变长度的特性，表示数据的长度也为 1~8000 字节，若输入的数据过长将会截掉其超出部分。当 binary 数据类型允许 NULL 值时，将被视为 varbinary 数据类型。

（8）逻辑数据类型

bit 数据类型占用 1 字节的存储空间，其值为 0 或 1，如果输入 0 或 1 以外的值将被视为 1。

☀ 注意

bit 类型不能定义为 NULL 值（所谓 NULL 值是指空值或无意义的值）。

（9）Unicode 字符数据类型

使用 Unicode 数据类型，列可存储由 Unicode 标准定义的任何字符，包含由不同字符集定义的所有字符。

1）nchar：存储固定长度（至多为 4000 个 Unicode 字符）的 Unicode 数据类型。

2）nvarchar：存储可变长度（至多为 4000 个 Unicode 字符）的 Unicode 数据类型，

3）ntext：与 text 类型相似，不同的是 ntext 类型采用 Unicode 标准字符集。

（10）用户定义的数据类型

除了使用系统提供的数据类型外，还可以根据需要自定义数据类型来定义表的列或声明变量，以保证这些列有相同的数据类型、长度和可空性。

自定义数据类型基于 Microsoft SQL Server 中提供的数据类型，当创建用户定义的数据类型时，必须提供数据类型的名称、所基于的系统数据类型和数据类型的可空性 3 个参数。

8. 常量

常量可以用来表示特定的数值，在程序运行过程中其值保持不变。根据不同的数据类型，常量的格式也会发生相应的变化。例如，数值常量 5.69，字符常量"请输入日期和时间："，日期时间常量 2010. 10. 10 等。

注意

如果在字符串中含有一个嵌入的引号时，为了避免发生混淆，用两个单引号代替嵌入的单引号。

9. 变量

变量是执行程序中必不可少的部分，它主要用来在程序运行过程中存储和传递数据。与常量不同，变量的值在程序运行过程中可以随时改变。使用变量必须遵守先声明后使用的原则。

变量包括局部变量与全局变量两种类型。

（1）局部变量

局部变量是作用域局限在一定范围内的变量，是用户自定义的变量，可用于临时存储数值。例如，可以作为计数器来计算循环执行的次数，或是控制循环执行的次数。局部变量被引用时要在其名称前加上标志"@"，而且必须先用 DECLARE 命令定义，最长为 128 个字符。

1）局部变量的声明。在使用一个局部变量之前，必须先声明该变量。声明局部变量的语法格式如下：

```
DECLARE  @变量名  变量类型   [, @变量名  变量类型, …n]
```

【例 3-2】定义两个整数类型的变量@ score 和@ age 以及字符串类型的变量@ name。

```
DECLARE  @ score  INT, @ age  INT
DECLARE  @ name  CHAR (12)
```

2）局部变量赋值。局部变量的初值为 NULL（空），可以使用 SELECT 或 SET 语句对变量进行赋值。

SELECT 语句的语法格式为：

```
SELECT  @变量名 = 表达式   [, @变量名 = 表达式] ……
```

SET 语句的语法格式为：

```
SET  @变量名 = 表达式
```

SET 语句一次只能给一个局部变量赋值，SELECT 语句则可以同时给一个或多个变量赋值。

【例 3-3】定义一个长度为 12 的字符串类型变量 @Departments，对该变量进行赋值为"部门"。

```
DECLARE  @Departments  CHAR （12）
SET  @Departments = '部门'
```

3）局部变量的输出。局部变量可以使用 SELECT 语句输出，还可以使用 PRINT 语句输出，语法格式如下：

```
SELECT  @局部变量名  AS  局部变量名
PRINT  @局部变量名
```

【例 3-4】定义一个长度为 12 的字符串类型变量 @Departments，对该变量进行赋值并输出。

```
DECLARE  @Departments  CHAR （12）
SET  @Departments = '市场营销部'
SELECT  @Departments  AS  部门
```

运行结果如图 3-1 所示。

图 3-1

💡 注意

在使用变量之前应该考虑变量的作用域，只有在变量的作用范围以内才能正确地对变量进行操作。变量的作用域指从申明变量的开始位置到含有该变量的批处理或存储过程的结束位置。

（2）全局变量

全局变量是 SQL Server 系统内部使用的变量，由系统预先定义并负责维护，其作用范围并不仅仅局限于某一程序，而是任何程序均可以随时调用。全局变量通常存储一些 SQL Server 的配置设定值和统计数据。用户可以在程序中用全局变量来测试系统的设定值或者是 T-SQL 命令执行后的状态值。

全局变量以"@@"开头，用户不能随意建立和修改，表 3-4 中列出了 SQL Server 的几个常用全局变量及其含义。

表 3-4 常用全局变量及其含义

全局变量名称	全局变量含义
@@CONNECTIONS	返回 SQL Server 自上次启动以来所有针对此服务器的尝试的连接数
@@ERROR	返回执行的上一个 T-SQL 语句的错误号
@@IDENTITY	返回最后插入的标识列的列值
@@NESTLEVEL	返回对本地服务器上执行的当前存储过程的嵌套级别（初始值为 0）
@@SERVERNAME	返回运行 SQL Server 的本地服务器名称
@@SPID	返回当前用户进程的会话 ID
@@VERSION	返回当前 SQL Server 的安装版本、处理器体系结构、生成日期和操作系统

【例 3-5】显示当前 SQL Server 自上次启动以来所有针对此服务器的尝试连接数。

PRINT   @@CONNECTIONS

执行结果如图 3-2 所示。

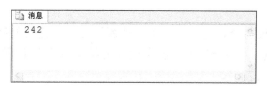

图 3-2

注意

局部变量的名称不能与全局变量的名称相同，否则就会在应用程序中出错。

10. 运算符

运算符是一些符号，它们能够用来执行算术运算，字符串连接，赋值以及在字段、常量和变量之间进行比较等操作。T-SQL 中的运算符包括算术运算符、比较运算符、逻辑运算符、位运算符、赋值运算符和连接运算符。

（1）算术运算符

算术运算符可以在两个表达式上执行数学运算，这两个表达式可以是数字数据类型分类的任何数据类型。算术运算符包括加（+）、减（−）、乘（*）、除（/）和取模（%），各算术运算符的含义见表 3-5。

表 3-5 算术运算符及其含义

运算符	含义	运算符	含义
+	加	/	除
−	减	%	取模
*	乘		

【例3-6】计算并输出 187 除以 5 所得的余数。

```
DECLARE    @ Value    NUMERIC
SET    @ Value = 187%5
PRINT    @ Value
```

程序的运行结果如图 3-3 所示。

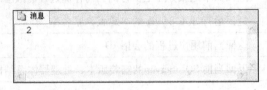

图 3-3

（2）赋值运算符

T-SQL 中只有一个赋值运算符，即等号（ = ）。赋值运算符能够将数据值指派给特定的对象。另外，还可以使用赋值运算符在列标题和为列定义值的表达式之间建立关系。

（3）比较运算符

比较运算符用于比较两个表达式的大小或是否相同，其比较的结果是逻辑值，即 TRUE（表示表达式的结果为真）、FALSE（表示表达式的结果为假）以及 UNKNOWN。T-SQL 中的比较运算符及其含义见表 3-6。

表 3-6　比较运算符及其含义

运算符	含义	运算符	含义
>	大于	=	等于
> =	大于等于	! = , < >	不等于
<	小于	! >	不大于
< =	小于等于	! <	不小于

（4）逻辑运算符

逻辑运算符用来测试某些条件是否成立，并返回逻辑值 TRUE 或 FALSE。T-SQL 中的逻辑运算符及其含义见表 3-7。

表 3-7　逻辑运算符及其含义

运算符	含　义
NOT	对任何其他逻辑运算符的值取反
AND	如果两个逻辑表达式都为 TRUE，则运算结果为 TRUE
OR	如果一组的比较中任何一个为 TRUE，则运算结果为 TRUE
BETWEEN	如果操作数在某个范围之内，则运算结果为 TRUE
EXISTS	如果子查询包含一些行，则运算结果为 TRUE
IN	如果操作数等于表达式列表中的一个，则运算结果为 TRUE

（续）

运算符	含　义
LIKE	如果操作数与一种模式相匹配，则运算结果为 TRUE
ALL	如果一组的比较都为 TRUE，则运算结果为 TRUE
ANY	如果两个逻辑表达式中的一个为 TRUE，则运算结果为 TRUE
SOME	如果在一组比较中，某些为 TRUE，则运算结果为 TRUE

（5）连接运算符

T-SQL 中的连接运算符"＋"用于连接两个字符串，其实质就是将一个字符串加入到另一个字符串的尾部。

【例 3-7】定义长度为 32 的字符串类型变量 @ class 和长度为 10 的字符串类型变量 @ sname，对它们赋值并输出。

```
DECLARE  @ class  CHAR (32)，@ sname  CHAR (10)
SET  @ class = '信息工程系信息管理专业 09 级 1 班：'
SET  @ sname = '李励'
PRINT  @ class + @ sname
```

执行结果如图 3-4 所示。

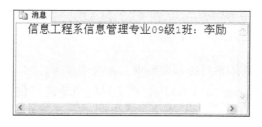

图 3-4

11. 运算符的优先级

同一个表达式中，可能包括多个运算符，这就涉及运算的先后顺序，即优先级问题。T-SQL 中运算符的优先级见表 3-8。

表 3-8 　运算符的优先级

级别	运　算　符
1	（ ）（括号）
2	~ （位非）
3	*（乘）、／（除）、% （取模）
4	+（正）、-（负）、+（加）、+（连接）、-（减）
5	=、＞、＜、＞ =、＜ =、＜＞、! =、! ＞、! ＜（比较运算符）
6	& （位与）、｜（位或）、^（位异或）
7	NOT
8	AND
9	ALL、ANY、BETWEEN、IN、LIKE、OR、SOME（逻辑运算符）
10	= （赋值）

【例 3-8】计算表达式的值。

```
DECLARE   @n   int
SET   @n = 200 + 10 ∗ （20 + （56 − 22））
PRINT   @n
```

执行结果如图 3-5 所示。

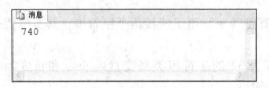

图 3-5

12. 表达式

表达式是符号和运算符的组合，可以是由单个常量、变量、字段或标量函数构成的简单表达式，也可以是通过运算符连接起来的两个或更多的简单表达式所组成的复杂表达式。

表达式运算结果的数据类型由表达式中的元素决定。

3.1.2　任务实现

注意

将自己编写的每段代码保存到脚本文件中，并注意保存。

1）启动 SQL Server Management Studio，在工具栏中单击"创建新查询"图标按钮，打开查询窗口。

2）在"查询编辑器"窗口中输入如下代码：

```
DECLARE   @score   INT
DECLARE   @sname   CHAR （12）
DECLARE   @publicationdate   INT
DECLARE   @Auto   CAD   FLOAT

Set   @score = 75/2
Set   @sname = 张鹏
Set   @publicationdate = 2010. 9. 18
Set   @Auto   CAD = 123. 66

PRINT   @score
PRINT   @sname
PRINT   @publicationdate
PRINT   @Auto   CAD
```

3）在工具栏中单击"执行"图标按钮，执行代码，分析错误原因并改正。

4）在"查询编辑器"窗口中输入如下代码，执行代码查看执行结果。

```
PRINT  @@SERVERNAME
```

5）修改代码，显示当前 SQL Server 的安装版本和操作系统。

6）在"查询编辑器"窗口中输入如下代码，执行代码查看执行结果。

```
PRINT  100 - (52 * 2 + 6)/4
```

7）改变运算顺序，执行代码查看执行结果。

任务 3.2　了解函数

任务目标

1）了解 SQL Server 中常用函数的功能。

2）掌握 SQL Server 中常用函数的基本使用方法。

3.2.1　相关知识与技能

在 T-SQL 语言中，函数被用来执行一些特殊的运算以支持 SQL Server 的标准命令。SQL Server 中最常用的函数有：

1）聚合函数。

2）算术函数。

3）字符串函数。

4）日期和时间函数。

5）转换函数。

6）系统函数。

1. 聚合函数

聚合函数用于对一组值进行计算并返回一个数值。聚合函数经常与 SELECT 语句一起使用。常用聚合函数见表 3-9（具体使用方法将在后续章节中介绍）。

表 3-9　常用聚合函数

聚合函数	功能描述
SUM（［ALL｜DISTINCT］expression）	计算一组数据的和
MIN（［ALL｜DISTINCT］expression）	给出一组数据的最小值
MAX（［ALL｜DISTINCT］expression）	给出一组数据的最大值
COUNT（｛［［ALL｜DISTINCT］expression］｜*｝）	计算总行数
AVG（［ALL｜DISTINCT］expression）	计算一组值的平均值

2. 算术函数

算术函数用来对数值型数据进行数学运算。常用算术函数见表 3-10。

表 3-10   常用算术函数

算术函数	功能描述
ABS （numeric_expression）	返回表达式的绝对值（正值）
CEILING （numeric_expression）	返回大于或等于数值表达式值的最小整数
EXP （float_expression）	返回数值的指数形式
FLOOR （numeric_expression）	返回小于或等于数值表达式值的最大整数
POWER （numeric_expression，y）	返回数值表达式值的指定次幂的值
RAND （[seed]）	返回 0~1 之间的随机小数
ROUND （numeric_expression，length [，function]）	将数值表达式四舍五入为整型表达式所给定的精度
SQRT （float_expression）	返回一个数的平方根

【例 3-9】计算 1024 的平方根并显示结果。

    PRINT   SQRT （1024）

执行结果如图 3-6 所示。

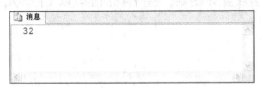

图 3-6

3. 字符串函数

字符串函数可以对 char、nchar、varchar 和 nvchar 等类型的参数执行操作，并返回相应的结果，返回值一般为字符串或数字。SQL Server 2005 中所包含的常用字符串函数见表 3-11。

表 3-11   常用字符串函数

字符串函数	功能描述
ASCII （character_expression）	返回字符表达式中最左侧的字符的 ASCII 代码值
CHAR （integer_expression）	将 ASCII 代码转换为字符
LEFT （character_expression，integer_expression）	返回字符串左起若干个字符
RIGHT （character_expression，integer_expression）	返回字符串右起若干个字符
LEN （string_expression）	返回指定字符串表达式的字符（而不是字节）数，其中不包含尾随空格

（续）

字符串函数	功能描述
LTRIM （character_ expression）	删除字符串左侧空格
RTRIM （character_ expression）	删除字符串右侧空格
SPACE （integer_ expression）	返回指定个数的空格
STR（ ＜float_ expression＞ ［, length ［, ＜decimal＞ ］］）	将数值转换为字符串
SUBSTRING （expression, start, length）	返回字符串中从起始位置开始的指定长度的字符串
UPPER （character_ expression）	将小写字符数据转换为大写的字符表达式
LOWER （character_ expression）	将大写字符数据转换为小写字符数据后返回字符表达式

【例 3-10】 显示字符 "S" 的 ASCII 值。

```
PRINT   ASCII （'S'）
```

执行结果如图 3-7 所示。

图 3-7

【例 3-11】 显示字符串 "professional" 的长度，从起始位置 4 开始取 5 个的字符并输出。

```
PRINT   LEN （'professional'）
PRINT   SUBSTRING （'professional', 4, 5）
```

执行结果如图 3-8 所示。

图 3-8

4. 日期和时间函数

日期和时间函数用于对日期和时间数据进行各种不同的处理和运算，并返回一个字符串、数字值或日期和时间值。在商业用途中，日期和时间是非常重要的，不论是进行公司年度的财政预算，还是对各个客户的消费金额进行具体分析，都要用到日期和时间函数。常用的日期和时间函数见表 3-12。

表 3-12　常用日期和时间函数

日期和时间函数	功能描述
GETDATE（　）	返回当前日期时间
YEAR（date）	返回指定日期的年份数
MONTH（date）	返回指定日期的月份数
DAY（date）	返回指定日期的日期数
DATEPART（datepart，date）	返回指定时间的具体时间
DATENAME（datepart，date）	返回指定时间的名字
DATEADD（datepart，number，date）	给时间数据加一段时间
DATEDIFF（datepart，date1，date2）	返回两个时间的间隔

其中，日期类型 datepart 的缩写和取值范围见表 3-13。

表 3-13　datepart 的缩写和取值范围

日期类型（datepart）	缩写	取值范围
year	yy	1753 ~ 9999
month	mm	1 ~ 12
day	dd	1 ~ 31
dayofyear	dy	1 ~ 366
week	wk	0 ~ 52
weekday	wd	1 ~ 7
hour	hh	0 ~ 23
minute	mi	0 ~ 59
quarter	qq	1 ~ 4
second	ss	0 ~ 59
millisecond	ms	0 ~ 999

【例 3-12】显示系统当前时间，并计算 1949 年 10 月 1 日距今的年份数。

```
PRINT  '系统当前时间：'
PRINT  GETDATE（）
PRINT  '新中国成立年数：'
PRINT  DATEDIFF（YEAR，'1949-10-1'，GETDATE（））
```

运行结果如图 3-9 所示。

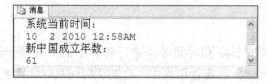

图 3-9

【例3-13】显示系统当前时间的年份、月份和星期。

SELECT　DATENAME（YEAR, GETDATE（））　AS　年份,

DATENAME（MONTH, GETDATE（））　AS　月份,

DATENAME（WEEKDAY, GETDATE（））　AS　星期

运行结果如图3-10所示。

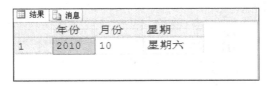

图 3-10

5. 转换函数

一般情况下，SQL Server 会自动处理某些数据类型的转换。例如，如果比较 char 和 datetime表达式，smallint 和 int 表达式或不同长度的 char 表达式，SQL Server 可以将它们自动转换，这种转换被称为隐性转换。但是，无法由 SQL Server 自动转换的或者 SQL Server 自动转换的结果不符合预期结果，就需要使用转换函数做显式转换。用于转换的函数包括：

1）CAST（expression AS data_type）：将一种数据类型的表达式显式转换为另一种数据类型的表达式。

2）CONVERT（data_type, expression [, style]）：将一种数据类型的表达式显式转换为另一种数据类型的表达式。

其中，style 为日期格式代码，其典型取值见表 3-14。

表 3-14　style 典型取值

无世纪	有世纪	标准	输出的日期格式
—	0 或 100	默认	mon　dd　yyyy　hh：mi　AM（PM）
1	101	美国	mm/dd/yyyy
2	102	ANSI	yy. mm. dd
3	103	英国/法国	dd/mm/yy
4	104	德国	dd. mm. yy
5	105	意大利	dd-mm-yy
6	106	—	dd mon yy
7	107	—	mon dd, yy
8	108	—	hh：mm：ss
—	9 或 109	默认值＋毫秒	mon dd yyyy hh：mi：ss：mmmAM（PM）
10	110	美国	mm-dd-yyyy
11	111	日本	yy/mm/dd
12	112	ISO	yymmdd
—	13 或 113	欧洲＋毫秒	dd mon yyyy hh：mm：ss：mmm（PM）
—	14 或 114	—	hh：mi：ss：ms（24 小时制）
20	120	ODBC 规范	yyyy-mm-dd hh：mi：ss（24 小时制）

【例 3-14】将当前日期转换为美国和英国对应的字符串。

```
PRINT '系统当期日期：'
PRINT   GETDATE ()
PRINT  '美国格式：' + CONVERT (CHAR (10), GETDATE (), 101)
PRINT  '英国格式：' + CONVERT (CHAR (10), GETDATE (), 103)
```

执行结果如图 3-11 所示。

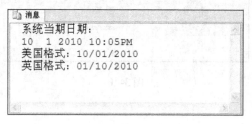

图 3-11

6. 系统函数

系统函数用于返回有关 SQL Server 系统、用户、数据库和数据库对象的信息。系统函数可以使用用户在得到信息后，使用条件语句，根据返回的信息进行不同的操作。常用的系统函数及其功能见表 3-15。

表 3-15　常用的系统函数

系 统 函 数	函 数 功 能
DB_ID (['database_name'])	用于返回对应的数据库 ID
DB_NAME ([database_ID])	根据数据库 ID 返回数据库的名字
HOST_ID ( )	返回服务器端计算机的 ID 号
HOST_NAME ( )	返回服务器端计算机的名称
OBJECT_ID ('object_name')	返回指定数据库对象的 ID
OBJECT_NAME (object_id)	根据数据库对象 ID 返回数据库对象的名称
SUSER_ID (['login'])	返回用户的登录标识号
SUSER_NAME ([server_user_id])	返回用户的登录标识名
USER_ID ('user')	返回数据库用户的标识号
USER_NAME ([id])	返回数据库用户的用户名

【例 3-15】使用系统函数获取服务器端计算机的 ID 号、服务器端计算机的名称和用户的登录标识名。

```
SELECT  计算机 ID 号 = HOST_ID (), 计算机名 = HOST_NAME (), 用户名 = US-
ER_NAME ()
```

运行结果如图 3-12 所示。

图 3-12

3.2.2 任务实现

1）启动 SQL Server Management Studio，在工具栏单击"创建新查询"图标按钮，打开"查询编辑器"窗口。

2）在"查询编辑器"窗口中输入如下代码：

```
PRINT  RAND ()  ∗10
```

3）多次单击工具栏中的"执行"图标按钮，分析执行结果。

4）修改代码，输出小于或等于表达式值的最大整数。

5）修改代码，输出将表达式值四舍五入，精度设定为 2。

6）在"查询编辑器"窗口中输入如下代码：

```
SELECT LEFT ('Microsoft', 1) +LEFT('SQL', 1) +LEFT('Server', 1) +LEFT
('Management', 1) +LEFT('Studio', 1) AS 缩写
```

7）单击工具栏中的"执行"图标按钮，执行代码，分析结果。

8）修改代码，使用其他字符串函数实现同样效果。

9）修改代码，从字符串"Microsoft SQL Server Management Studio"中返回字符串"SQL Server"。

10）在"查询编辑器"窗口中输入如下代码：

```
PRINT  '系统当前时间：'
PRINT  GETDATE ()
PRINT  '香港回归年数：'
PRINT  DATEDIFF (YEAR," 1997-7-1", GETDATE ())
PRINT  '香港回归的天数：'
PRINT  DATEDIFF (DAY, 1997-7-1, GETDATE ())
```

11）执行代码，分析出现错误的原因并改正。

12）修改代码，计算澳门回归的年数和天数。

13）修改代码，计算香港与澳门回归的间隔的年限。

14）修改代码，显示 1000 天后的日期。

15）在"查询编辑器"窗口中输入如下代码：

```
PRINT  '系统当期日期: '
PRINT  GETDATE ( )
PRINT  '美国格式: ' + CONVERT (CHAR (4), GETDATE ( ), 110)
```

16）执行代码，分析结果。

17）修改代码，将当前日期转换为 ANSI 对应的字符串。

18）在"查询编辑器"窗口中输入如下代码：

```
SELECT  登录标识号 = SUSER_SID ( )
```

19）执行代码，分析结果。

20）修改代码，返回用户的登录标识名。

任务3.3　使用流程控制语句

任务目标

1）掌握常用流程控制语句的语法格式。

2）掌握常用流程控制语句的基本使用方法。

3.3.1　相关知识与技能

使用 T-SQL 语言编程的时候，常常要利用各种流程控制语句进行顺序、分支控制转移、循环等操作。T-SQL 提供了一组流程控制语句，包括条件控制语句、无条件控制语句、循环语句和返回状态值给调用例程的语句。

1. BEGIN...END 语句

BEGIN...END 语句用来定义语句块，即将 BEGIN...END 内的所有 T-SQL 语句视为一个单元执行。在实际应用中，BEGIN 和 END 必须成对出现。

BEGIN...END 语句一般与 IF...ELSE、WHILE 等语句联用，当判断条件符合需要执行两个或者多个语句时，就需要使用 BEGIN...END 语句将这些语句封装为一个语句块。其基本语法格式为：

```
BEGIN
{T-SQL 语句或语句块}
END
```

2. IF...ELSE 语句

IF...ELSE 语句是条件判断语句，用于实现选择结构。其语法格式为：

```
IF  条件表达式
{T-SQL 语句或语句块}
[ELSE
{T-SQL 语句或语句块}]
```

当 IF 后的条件成立时就执行其后的 T-SQL 语句,条件不成立时执行 ELSE 后的 T-SQL 语句。其中,ELSE 子句是可选项,如果没有 ELSE 子句,当条件不成立则执行 IF 语句后的其他语句。

IF...ELSE 语句允许嵌套使用,可以在 IF 之后或在 ELSE 下面,嵌套另一个 IF 语句,嵌套级数的限制取决于可用内存。

注意

如果条件表达式中含有 SELECT 语句,必须用圆括号将 SELECT 语句括起来。

【例 3-16】输出三个整数中的最大数。

```
DECLARE  @number1   INT, @number2   INT, @number3   INT, @temp   INT
SET @number1 = 52
SET @number2 = 38
SET @number3 = 66
IF    @number1 < @number2
    BEGIN
        SET @temp = @number1
        SET @number1 = @number2
        SET @number2 = @temp
    END
IF @number1 > @number3
    BEGIN
        PRINT '最大数为:'
        PRINT @number1
    END
ELSE
    BEGIN
        PRINT '最大数为:'
        PRINT @number3
    END
```

执行结果如图 3-13 所示。

图 3-13

3. CASE 语句

CASE 语句也用于实现选择结构,但是它与 IF...ELSE 语句相比,可以更方便地实现多重选择的情况，从而避免多重的 IF...ELSE 语句的嵌套，使得程序的结构更加简练、清晰。T- SQL 中的 CASE 语句可分为简单 CASE 语句和搜索 CASE 语句两种。

（1）简单 CASE 语句

简单 CASE 语句的语法格式为：

```
CASE    表达式
WHEN    表达式    THEN    结果表达式
……
[ELSE    结果表达式]
END
```

简单 CASE 语句的执行过程为：首先计算 CASE 后面表达式的值，然后按指定顺序与每个 WHEN 子句后的表达式进行比较，如果相等，则执行对应的 THEN 后的结果表达式，并退出 CASE 结构。若 CASE 后的表达式值与所有 WHEN 后的表达式均不相等，则执行 ELSE 后的结果表达式。若 CASE 后的表达式值与所有 WHEN 后的表达式均不相等，且 ELSE 结果表达式被省略，则返回 NULL 值。

（2）搜索 CASE 语句

搜索 CASE 语句的语法格式为：

```
CASE
WHEN    条件表达式    THEN    结果表达式
……
ELSE    结果表达式
END
```

搜索 CASE 语句的执行过程为：首先测试 WHEN 后的条件表达式，若为真，则执行 THEN 后的结果表达式，否则进行下一个 WHEN 后的条件表达式的测试。若所有 WHEN 后的条件表达式都为假，则执行 ELSE 后的结果表达式。若所有 WHEN 后的条件表达式都为假，且 ELSE 结果表达式被省略，则返回 NULL 值。

【例 3-17】根据学生考试成绩输出等级。

```
DECLARE @ Score    TINYINT
SET @ Score = 82
PRINT CASE
        WHEN    @ Score > = 90    THEN '该学生考试成绩优秀'
        WHEN    @ Score > = 80    THEN '该学生考试成绩良好'
        WHEN    @ Score > = 70    THEN '该学生考试成绩一般'
        WHEN    @ Score > = 60    THEN '该学生考试成绩及格'
        ELSE    '该学生考试成绩不及格'
    END
```

执行结果如图 3-14 所示。

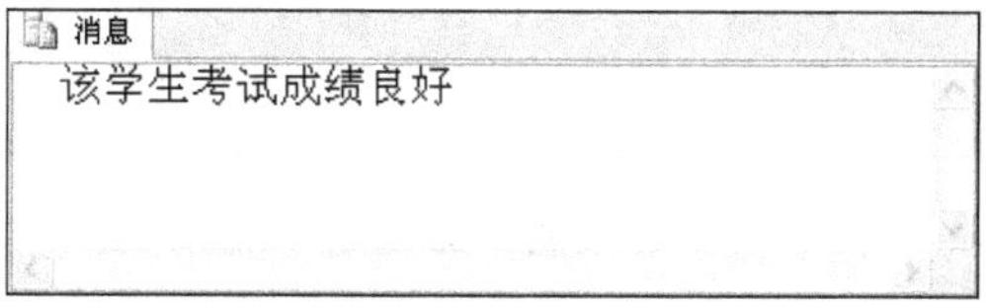

图 3-14

4. WHILE 语句

WHILE 语句用于实现循环结构，其功能是在满足条件的情况下会重复执行 T-SQL 语句或语句块。当 WHILE 后面的条件为真时，就重复执行 BEGIN...END 之间的语句块。通常将 CONTINUE 或 BREAK 子句和 WHILE 语句配合使用。若有 CONTINUE 语句，其功能是使程序跳出本次循环，开始执行下一次循环。而执行到 BREAK 语句时，会立即终止循环，结束整个 WHILE 语句的执行，并继续执行 WHILE 语句后的其他语句。其语法格式为：

```
WHILE  条件表达式
BEGIN
{T-SQL 语句或语句块}
[BREAK]
{T-SQL 语句或语句块}
   [CONTINUE]
{T-SQL 语句或语句块}
END
```

【例 3-18】 计算 1～100 之间所有的奇数之和。

```
DECLARE  @sum  SMALLINT, @i  TINYINT
SET @i = 1
SET @sum = 0
WHILE  @i < = 100
    BEGIN
        SET @sum = @sum + @i
        SET @i = @i + 2
    END
PRINT  '1～100 之间所有的奇数之和为：' + STR（@sum）
```

执行结果如图 3-15 所示。

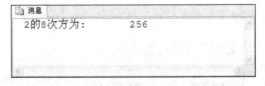

图 3-15

【例 3-19】 计算 2 的 8 次方。

```
DECLARE    @ value    INT, @ i    INT
SET @ i = 8
SET @ value = 1
WHILE 1 = 1
    BEGIN
        SET @ value = @ value * 2
        SET @ i = @ i − 1
        IF @ i < = 0
            BREAK
        ELSE
            CONTINUE
    END
PRINT   '2 的 8 次方为：' + STR （@ value）
```

执行结果如图 3-16 所示。

图 3-16

5. GOTO 语句

GOTO 语句是无条件转移语句，用来改变程序的执行流程。GOTO 语句使程序无条件跳转到指定的标签处继续执行，增加了程序设计的灵活性，但同时也破坏了程序结构化的特点，增加了程序测试与维护的难度。其语法格式为：

```
GOTO    标签
……
标签：
```

【例 3-20】 计算 1 ~ 100 之间所有的偶数之和。

```
DECLARE  @Sum  int, @i  int
SET   @i = 0
SET   @Sum = 0
Label_1：
SET   @i = @i + 2
SET   @Sum = @Sum + @i
IF   @i < 100
GOTO   Label_1
PRINT  '1～100 之间所有的偶数之和为：' + cast（@Sum  as  varchar（50））
```

程序的运行结果如图 3-17 所示。

图 3-17

6. RETURN 语句

RETURN 语句用来从批处理、查询或存储过程中无条件退出。RETURN 语句的执行是即时且完全的，可在任何时候用于从过程、批处理或语句块中退出。位于 RETURN 语句之后的语句将不会被执行。其语法格式为：

RETURN　　[整型表达式]

RETURN 语句要指定返回值，如果没有指定返回值，SQL Server 系统会根据程序执行的结果返回一个内定值，返回值含义见表 3-16。

表 3-16　RETURN 语句返回值含义

返　回　值	含　　义
0	程序执行成功
−1	找不到对象
−2	数据类型错误
−3	发生死锁
−4	违反权限应遵循的原则
−5	出现语法错误
−6	出现用户造成的一般错误
−7	资源类型错误
−8	非致命的系统内部错误
−9	已经达到系统的权限
−10、−11	致命的内部不一致性错误

（续）

返 回 值	含 义
-12	表或指针遭到破坏
-13	数据库遭到破坏
-14	出现硬件错误

🔆 注意

如果运行过程中产生了多个错误，SQL Server 系统将返回绝对值最大的数值。

7. WAITFOR 语句

WAITFOR 语句用于在达到指定时间或时间间隔之前，阻止执行批处理、存储过程或事务，直到所设定的时间已到或等待了指定的时间间隔之后才继续运行。其语法格式为：

WAITFOR　DELAY　'等待时间' | TIME　'完成时间'

其中，DELAY　'等待时间'用于指定运行批处理、存储过程或事务的等待时间段，最长可为 24 小时。TIME　'完成时间'用于指定运行批处理、存储过程或事务的具体时刻。

【例 3-21】等待 10 秒钟，再显示 Students 表的记录。

```
WAITFOR　DELAY　'00：00：10'
SELECT　*　FORM　Students
```

【例 3-22】上午 11 时，显示 Students 表的记录。

```
WAITFOR　TIME　'11：00：00'
SELECT　*　FORM　Students
```

🔆 注意

不能指定日期，即不允许指定 datetime 值的日期部分。

3.3.2　任务实现

1）启动 SQL Server Management Studio，在工具栏单击"创建新查询"图标按钮，打开"查询编辑器"窗口。

2）在"查询编辑器"窗口中输入如下代码：

```
DECLARE　@ A　INT, @ B　INT
SET @ A = 662
SET @ B = 398
IF @ A ！ = @ B
    IF @ A ＞ @ B
    PRINT '第一个数比第二个数大'
```

```
ELSE
    PRINT  '第一个数比第二个数小'
ELSE
    PRINT  '两个数相等'
```

3）分析并执行代码，总结该段代码所能实现的功能。

4）修改变量的赋值，执行代码，验证分析结果。

5）修改代码，用 CASE 语句实现相同功能。

6）修改代码，实现两个字符串"between"和"exists"长度比较。

7）在"查询编辑器"窗口中输入如下代码：

```
DECLARE  @ product  INT, @ i  INT, @ sequence  varchar (100)
SET @ i = 1
SET @ product = 1
SET @ sequence = ' 1 '
WHILE 1 = 1
    BEGIN
        SET @ product = @ product * @ i
        SET @ i = @ i + 1
        SET @ sequence = @ sequence + ' * ' + LTRIM (str (@ i))
        IF @ product > = 5000
            BREAK
        ELSE
            CONTINUE
    END
PRINT  @ sequence + ' = ' + LTRIM (STR (@ product))
```

8）分析并执行代码，总结该段代码所能实现的功能。

9）修改代码，输出参与运算的最大乘数。

10）修改代码，计算 1～100 之间能被 7 整除的整数之和。

11）使用 GOTO 语句，计算 1～100 之间奇数之和。

12）创建等待 1 小时，再显示 Readersys 表中记录的代码。

13）创建上午 8 时整，显示 Borrowsys 表中记录的代码。

技能提高训练

一、训练目的

1）进一步掌握变量与常用函数的使用方法。

2）进一步掌握流程控制语句的使用方法。

二、训练内容

1. 启动 SQL Server Management Studio

启动 SQL Server Management Studio，在工具栏单击"创建新查询"图标按钮，打开"查询编辑器"窗口。

2. 应用字符串函数

1）编写代码，将字符串"sql server management studio"转换为大写字母输出。

2）编写代码，将字符串"management"中首字符转换为大写字母输出。

3）编写代码，将字符串"sql server management studio"中单词首字符转换为大写字母输出。

4）编写代码，从学生姓名中取出学生名（单姓，姓名可能为两字或三字）。

3. 应用日期和时间函数

1）编写代码，输出当前日期后 100 天的日期。

2）编写代码，输出当前日期前 100 天的日期。

3）编写代码，计算当前月份的天数。

4）编写代码，计算当前日期是当年中的第几天。

5）编写代码，计算当前日期和"2010 年 11 月 12 日"间隔的天数。

4. 应用 IF...ELSE 语句

使用 IF...ELSE 语句实现判断出生日期为"1978-5-22"的学生的年龄是否超过 25 岁，如果超过 25 岁，输出"超龄"，否则输出"未超龄"。

5. 应用 WHILE 语句

输出从 1 进行整数累加，当和第一次超过 1000 时的最大整数值。

习　题

一、选择题

1. 下列标识符可以作为局部变量使用的是（　　　）。
   A. xyzdata　　　　　　B. @ xyzdata　　　　　C. ［@ xyzdata］　　　　D. @ xyz data

2. SQL Server 2005 使用的数据库语言是（　　　）。
   A. C　　　　　　　　B. JAVA　　　　　　　C. SQL　　　　　　　　D. Transact-SQL

3. 字符串函数 substring（'Attach database template', 7, 8）的返回值是（　　　）。
   A. Attach　　　　　　B. template　　　　　　C. databas　　　　　　D. tab

4. 用于实现循环结构的语句是（　　　）。
   A. BEGIN...END　　　B. RETURN　　　　　　C. WHILE　　　　　　D. WAITFOR

5. 能返回指定时间的名字的函数是（　　　）。
   A. GETDATE（）　　　　　　　　　　　　B. DATEADD（）
   C. DATEDIFF（）　　　　　　　　　　　　D. DATENAME（）

二、思考题

1. 简述局部变量的使用方法。

2. 举例说明 CASE 语句的两种格式的使用方法。

3. 用 T-SQL 流程控制语句编写程序，求两个数的最大公约数和最小公倍数。

应　用　提　高

1）新建一个 Word 文档。

2）将本章任务实现过程中自己的体会或总结的技巧记录下来。

3）将本章技能提高训练过程中自己的体会或总结的技巧记录下来。

4）将本章习题的答案记录下来。

5）保存 Word 文档。

第4章

创建与管理数据库

数据库是用来存储数据和数据库对象的逻辑实体，其中含有数据和一些其他的对象，如视图、索引、存储过程、用户自定义函数和触发器等，它们是数据库管理系统的核心内容。本章将学习数据库的创建、修改、删除、分离与附加等方面的方法与技巧。

—— 学 习 目 标 ——

- 了解数据库的组成与结构。
- 掌握 SQL Server 2005 数据库的创建方法。
- 掌握管理 SQL Server 2005 数据库的基本方法。

任务4.1　了解数据库结构

任务目标

1）了解 SQL Server 2005 中数据库的类型和对象等相关知识。

2）理解数据库文件的作用。

4.1.1　相关知识与技能

1. SQL Server 2005 数据库类型

在 SQL Server 2005 中，数据库大致可分为系统数据库和用户数据库两类。安装完成后，包括 Master、Model、Msdb 和 Tempdb 等系统数据库。

（1）Master 数据库（主数据库）

Master 数据库是 SQL Server 系统最重要的数据库，记录 SQL Server 系统的所有系统级信息，包括实例范围的元数据（如登录名）、端点、链接服务器和系统配置设置。Master 数据库还记录所有其他数据库是否存在以及这些数据库文件的位置信息和 SQL Server 的初始化信息。如果 Master 数据库不可用，SQL Server 将无法启动。

由于 Master 数据库的特殊地位和作用，建议在执行下列操作后都应该备份 Master 数据库：

1）创建、修改和删除用户数据库。

2）更改服务器和用户数据库的配置。

3）修改或添加登录账户。

（2）Model 数据库（模板数据库）

　　Model 数据库用于创建新数据库的模板。每当创建一个新的数据库时，系统将先复制 Model 数据库的内容，然后再填写新数据库的其他部分。用户对 Model 数据库的修改都会自动地反映到新建数据库中。如果希望每一个新的数据库在创建时都含有某些对象或者权限，可以把这些对象或权限放在 Model 数据库中，然后所有的新数据库都会继承它们。

　　例如，假设将 Model 数据库的数据文件的初始大小改为 10MB（默认为 3MB），那么在今后创建数据库时其数据文件的初始大小默认为 10MB，除非该值被重新设置。

　　（3）Msdb 数据库（调度数据库）

　　Msdb 数据库是代理服务器数据库，由 SQL Server 代理用于计划警报和作业，也可以由其他功能（如 Service Broker 和数据库邮件）使用。

　　（4）Tempdb 数据库（临时数据库）

　　Tempdb 数据库被用来作为一个工作区，为用户提供保存临时表、临时数据和临时创建的存储过程等临时对象的一个工作空间。Tempdb 数据库存放的所有数据信息都是临时的，当 SQL Server 服务器重新启动时，Tempdb 数据库将被重新创建，即在其中创建的所有对象和权限在下次重启 SQL Server 时会全部丢失。当用户与 SQL Server 断开连接时，其临时表和临时存储过程都被自动删除。

2. SQL Server 2005 数据库对象

　　（1）表

　　数据库中的表也是由行（Row）和列（Column）组成的。列由同类的信息组成，每列又称为一个字段，每列的标题称为字段名。行包括了若干列信息项，一行数据称为一个或一条记录，它表达有一定意义的信息组合。一个数据库表由一条或多条记录组成，没有任何记录的数据库表称为空表。每个表中通常都有一个主关键字，用于唯一地确定一条记录。

　　（2）视图

　　视图看上去同表类似，也具有一组命名的字段和数据项，但它其实是一个虚拟的表，在数据库中并不实际存在。视图是由查询数据库表产生的，它限制了用户能看到和修改的数据。因此，视图可以用来控制用户对数据的访问，并能简化数据的显示，即通过视图只显示那些需要的数据信息。

　　（3）索引

　　索引是根据指定的数据库表列建立起来的顺序。它提供了快速访问数据的途径，并且可监督表的数据，使其索引所指向的列中的数据不重复。

　　（4）存储过程

　　存储过程是为完成特定的功能而汇集在一起的一组 SQL 程序语句，经编译后存储在数据库中的 SQL 程序。

　　（5）触发器

　　触发器是一个用户定义的 SQL 事务命令的集合。当对一个表进行插入、更改和删除操作时，这组命令就会自动执行。

　　（6）默认值

　　默认值是当在表中创建列或插入数据时，对没有指定其具体值的列赋予事先设定好的值。

（7）规则

规则是对数据库表中的数据信息进行限制，常用于描述企业的业务规则。

3. SQL Server 2005 数据库文件

数据库文件与普通的操作系统文件没有什么不同。一个数据库会拥有至少两个数据库文件，一个是为了存放数据（也包括索引和分配页面），另一个是为了存放事务日志。也可以有更多数据库文件，在数据库被创建或修改时可以指定这些文件。

SQL Server 2005 允许以下 3 种类型的数据库文件：

1）主数据库文件。主要数据文件包含数据库的启动信息，并指向数据库中的其他文件。主要数据文件的文件扩展名是".mdf"。用户数据和对象可存储在此文件中，也可以存储在次要数据文件中。每个数据库必须有且只有一个主数据文件。

2）次数据库文件。次要数据文件是可选的，由用户定义并存储用户数据。次要数据文件的文件扩展名是".ndf"。次要数据文件可用于将数据分散到多个磁盘上。另外，如果数据库超过了单个 Windows 文件的最大大小，可以使用次要数据文件，这样数据库就能继续增长。

3）事务日志文件。事务日志文件用于记录所有事务以及每个事务对数据库所做的修改。当数据库出现问题后，管理人员可以使用事务日志文件恢复数据库。每一个数据库必须至少拥有一个并允许拥有多个事务日志文件。事务日志文件的扩展名为".ldf"。

注意

默认状态下，数据库文件存放在"\MSSQL\data\"目录下，主数据文件名为"数据库名.mdf"，事务日志文件名为"数据库名_Log.ldf"。可见，数据和事务日志被放在同一个驱动器上的同一个路径下，这是为处理单磁盘系统而采用的方法。但在实际应用中，这不是最佳的方法，建议将数据文件和日志文件放在不同的磁盘上。

4. SQL Server 2005 数据库文件组

为了方便对数据库文件进行分配和管理，SQL server 2005 将数据库文件分为多个组。文件组有主文件组和用户自定义文件组两种类型。

1）主文件组。主文件组（PRIMARY）包含主要数据文件和未放入其他文件组的所有次要数据文件。每个数据库有一个主要文件组。

2）用户自定义文件组。用户定义文件组用于将数据文件集合起来，以便进行管理、数据分配和放置。

如果在数据库中创建对象时没有指定对象所属的文件组，对象将被分配给默认文件组。不管何时，只能将一个文件组指定为默认文件组。默认文件组包含在创建时没有指定文件组的所有表和索引的页。在每个数据库中，每次只能有一个文件组是默认文件组。如果没有指定默认文件组，则默认文件组是主文件组。

注意

文件组不能包含事务日志文件。

4.1.2　任务实现

1）启动 SQL Server Management Studio，在"对象资源管理器"窗口单击"系统数据库"节点，通过文档窗口查看"系统数据库"组成，如图4-1所示。

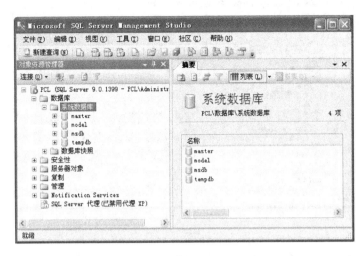

图 4-1

2）在"对象资源管理器"窗口单击"master"系统数据库节点，如图4-2所示，通过"文档"窗口了解其组成。

图 4-2

3）在"对象资源管理器"窗口分别单击"model"、"msdb"和"tempdb"系统数据库节点，了解其组成。

4）在"对象资源管理器"窗口双击"master"数据库节点，展开该节点，依次单击Master 数据库组成对象，如图 4-3 所示，通过"文档"窗口了解其结构。

5）启动 Windows 资源管理器，展开 MSSQL 文件存放目录，如果是默认安装，路径即是"C：\Program Files\Microsoft SQL Server\MSSQL. 1\MSSQL\Data"，如图 4-4 所示，了解文件组成及类型。

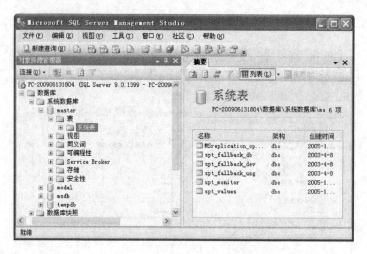

图 4-3

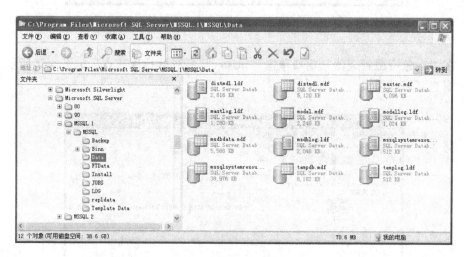

图 4-4

任务 4.2 创建数据库

任务目标

1）掌握使用 SQL Server Management Studio 创建数据库的方法。

2）掌握使用 T-SQL 语句创建数据库的方法。

4.2.1 相关知识与技能

1. 使用 SQL Server Management Studio 创建数据库

使用 SQL Server Management Studio 创建数据库，简单直观，操作步骤如下：

1）启动 SQL Server Management Studio，在"对象资源管理器"窗口中右键单击"数据库"选项，在弹出的快捷菜单中选择"新建数据库"命令，打开"新建数据库"

对话框，如图 4-5 所示。

图 4-5

2）选择"常规"选项页，设置新建数据库的名称、数据库的所有者、数据文件和事务
日志文件信息。在数据库文件区域中各单元格含义如下：

① 逻辑名称：显示数据文件和日志文件的逻辑名。数据文件逻辑名默认为数据库名，
日志文件逻辑名默认为数据库名后加"_log"。

② 文件类型：提示文件的类型是数据文件还是日志文件。

③ 文件组：显示文件所属的文件组。

④ 初始大小：以 MB 为单位，数据文件默
认为 3MB，日志文件默认为 1MB。

⑤ 自动增长：显示文件的增长方式。

⑥ 路径：显示数据文件和日志文件的物理
路径。

⑦ 文件名：显示数据文件和日志文件的物
理名称。

3）如要修改数据库文件的"自动增长"
选项，可单击"自动增长"属性后的"浏览"
按钮，打开"更改自动增长设置"对话框，如
图 4-6 所示。在"更改自动增长设置"对话框

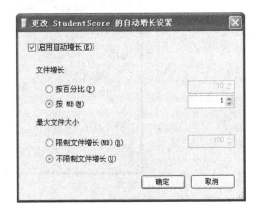

图 4-6

中，可以设置增长方式和最大文件大小。设置完成后单击"确定"按钮返回"新建数据库"对话框。

4）如要添加数据文件或事务日志文件，可单击"添加"按钮，在"逻辑名称"处输入文件名，"文件类型"选择"数据"或"日志"即可，如图4-7所示。

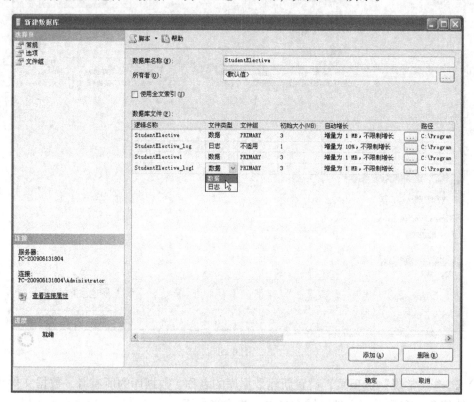

图 4-7

5）单击"文件组"选项，可以设置文件所在的文件组，如果选择"新文件组"选项，将打开"新建文件组"对话框，可以添加一个新的文件组，如图4-8所示。

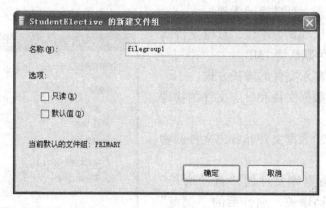

图 4-8

6）设置完成后单击"确定"按钮返回"新建数据库"对话框。

7）要删除数据库文件，选中该文件，单击"删除"按钮即可。

8）在"新建数据库"对话框中，选择"选项"选项页，可以设置数据库的选项信息，如恢复选项和游标选项等，如图 4-9 所示。

图 4-9

9）在"新建数据库"对话框中，选择"文件组"选项页，可以查看当前数据库中的所有文件组信息，如图 4-10 所示。可以在此页进行"添加"和"删除"等修改文件组的操作。

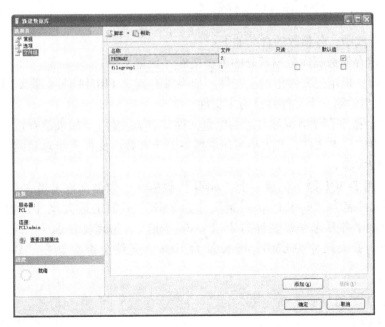

图 4-10

☀ **注意**

当一个文件组被删除后，包含在其中的数据文件会自动添加到默认的文件组，而 PRI-MARY 文件组是不能被删除的。

10）设置好需要的信息后，单击"确定"按钮，即可完成数据库创建。

2. 使用 T-SQL 语句创建数据库

除了可以通过 SQL Server Management Studio 的图形化界面创建数据库外，还可以使用 T-SQL 语言提供的 CREATE DATABASE 语句来创建数据库。使用 T-SQL 语句创建数据库的基本语法格式如下：

```
CREATE   DATABASE   数据库名
[ON [PRIMARY]]
[ <filespec> [,...n]
[, <filegroup> [,...n]]]
[LOG ON ｛ <filespec> [,...n]｝]]
```

其中：

```
<filespec> :: =
(NAME ='逻辑文件名'
FILENAME ='物理文件名'
[, SIZE = 初始大小]
[, MAXSIZE = 文件的最大大小]
[, FILEGROWTH = 增长比例])
<filegroup> :: = FILEGROUP 文件组名
```

在以上的格式中，各参数的含义如下：

● ON：指定存储数据库数据部分的磁盘文件（数据文件）。

● PRIMARY：指定主文件组的主文件。如果没有指定 PRIMARY，那么 CREATE DATABASE 语句中列出的第一个文件将成为主文件。

● LOG ON：指定存储数据库日志的磁盘文件（日志文件）。如果没有指定 LOG ON，将自动创建一个事物日志文件，其大小为该数据库的所有数据文件大小总和的 25% 或 512KB，取两者之中的较大者。

【例4-1】用 T-SQL 语句创建一个"mydb"数据库，数据文件逻辑文件名为"mydb_data1"，物理文件名为"mydb1"，初始尺寸为 3MB，不限定最大尺寸，增长量为 20%，属于主文件组。事务日志逻辑文件名为"mydb_log1"，物理文件名为"mydb_log1"，初始尺寸为 1MB，最大尺寸为 8MB，增长量为 10%。文件全部存储在"D：\sqlbase"路径下。

```
CREATE DATABASE mydb
ON PRIMARY
```

```
( NAME ='mydb_data1',
fILENAME ='D：\sqlbase\mydb1.mdf',
SIZE =3mb,
MAXSIZE = UNLIMITED,
FILEGROWTH =20%)
LOG ON
( NAME ='mydb_log1',
fILENAME ='D：\sqlbase\mydb_log1.ldf',
SIZE =1mb,
MAXSIZE =8mb,
FILEGROWTH =10%)
```

注意

在运行此段语句前要首先确认路径"D：\sqlbase"是存在的。

4.2.2　任务实现

1）打开 Windows 资源管理器，在 D 盘新建"BookData"文件夹。

2）启动 SQL Server Management Studio，打开"新建数据库"对话框。

3）选择"常规"选项页，输入新建数据库的名称为"BookBorrow"。

4）输入数据文件名为"BookBorrow"，增长方式为"按 MB"自动增长，初始大小为 3MB，文件增长量为 2MB。物理文件存放于"D：\BookData"文件夹中。

5）事务日志文件名为"BookBorrow_log"，增长方式为"按百分比"自动增长，初始大小为 2MB，文件增长量为 10%，物理文件存放于"D：\BookData"文件夹中，如图 4-11 所示。

6）单击"确定"按钮，关闭对话框，完成数据库创建。

7）打开 Windows 资源管理器，在 D 盘新建"Test"文件夹。

8）在 SQL Server Management Studio 中，单击工具栏中的"新建查询"图标按钮，打开"查询编辑器"窗口，输入如图 4-12 所示 T-SQL 语句。

9）在工具栏中单击 ✓ （分析）按钮对 T-SQL 语句进行检查，在没有语法错误的情况下，单击 ┃执行⑽ （执行）按钮执行语句。

10）在工具栏中单击保存按钮，打开"另存文件为"对话框，如图 4-13 所示，用文件名"Test.sql"保存脚本。

11）打开 Windows 资源管理器，在相应的文件夹中查看创建的文件。

12）保存"BookData"文件夹和"Test"文件夹。

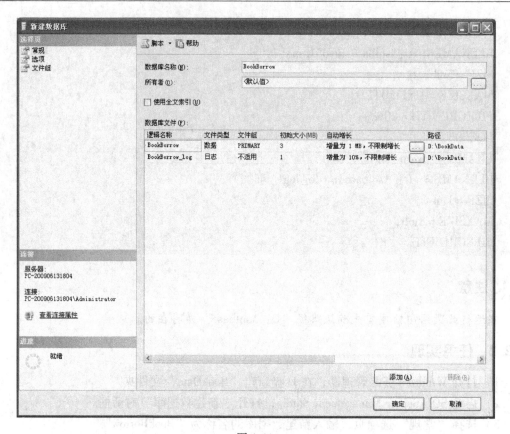

图 4-11

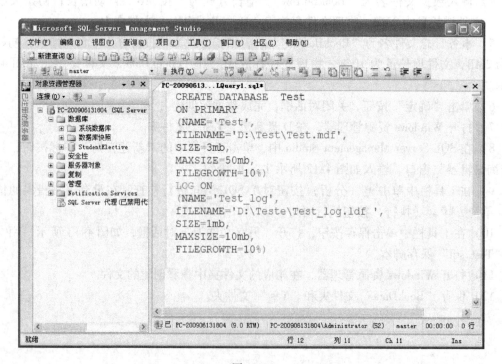

图 4-12

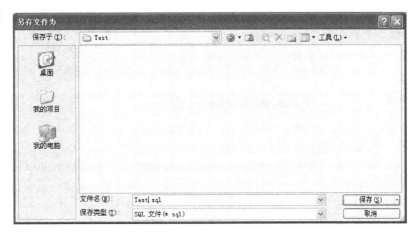

图 4-13

任务 4.3　管理数据库

任务目标

1）掌握数据库修改、删除和查看等操作。

2）掌握附加与分离数据库的基本方法。

4.3.1　相关知识与技能

1. 修改数据库

（1）使用 SQL Server Management Studio 修改数据库

在 SQL Server Management Studio 的"对象资源管理器"中，右键单击需要修改的数据库，在弹出的快捷菜单中选择"属性"命令，打开"数据库属性"对话框。该对话框中包含"常规"、"文件"和"文件组"等 6 个选择页，如图 4-14 所示。

1）常规：使用此页可以查看或修改数据库的属性。

2）文件：可以使用"文件"选项增减数据库文件或修改数据库文件属性。

3）文件组：可以使用"文件组"选项增加或删除一个文件组，修改现有文件组的属性。

4）选项：使用"选项"选项可以修改数据库的选项。只需单击要修改的属性值后的下拉列表按钮，选择"True"或"False"，就可以非常容易地更改当前数据库的选项值。比较常用的数据库选项如下：

① 只读。设置为"True"时，数据库中的数据只能读取，不能修改。

② 限制访问。即限制访问数据库的用户，包括"MULTI_USER"（多用户）、"SINGLE_USER"（单用户）和"RESTRICTED_USER"（受限用户）。

☀ 注意

如果设置为"SINGLE_USER"之前已有用户在使用该数据库，那么这些用户可以继续

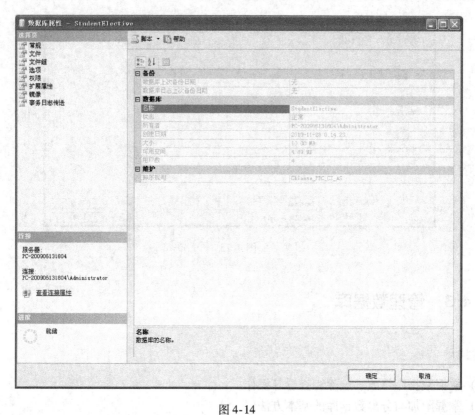

图 4-14

使用，但新的用户必须等到所有用户都退出之后才能登录。

③ 自动关闭。设置为"True"时，用于指定数据库在没有用户访问并且所有进程结束时自动关闭，释放所有资源，当又有新的用户要求连接时，数据库自动打开。

④ 自动收缩。设置为"True"时，当数据或事务日志量较少时，自动缩减数据库文件的大小。

5）权限：使用权限页，可以查看或设置数据库安全对象的权限。

6）扩展属性：使用扩展属性，可以向数据库对象添加自定义属性。

（2）使用 T-SQL 语句修改数据库

使用 T-SQL 语句修改数据库的语法格式如下：

```
ALTER DATABASE    数据库名
|ADD FILE    < filespec >  [ ,...n]
      [TO FILEGROUP    文件组名]
| ADD LOG FILE    < filespec >  [ ,...n]
| REMOVE FILE    逻辑文件名
| ADD FILEGROUP    文件组名
| REMOVE FILEGROUP    文件组名
| MODIFY    FILE    < filespec >
| MODIFY    NAME = 新数据库名
```

```
| MODIFY   FILEGROUP 文件组名
}
```

其中：

① ADD FILE < filespec > ［,... n］［TO FILEGROUP 文件组名］：向指定的文件中添加新的数据文件。

② ADD LOG FILE < filespec > ［,... n］：增加新的事务日志文件。

③ REMOVE FILE 逻辑文件名：删除数据文件。

④ ADD FILEGROUP 文件组名：增加文件组。

⑤ REMOVE FILEGROUP 文件组名：删除文件组

⑥ MODIFY FILE < filespec >：修改文件属性。

⑦ MODIFY NAME = 新数据库名：重命名数据库。

⑧ MODIFY FILEGROUP 文件组名：修改文件组属性。

【例 4-2】将"mydb"数据库原有主数据文件"mydb_data1"的初始大小改为 5MB，按 2MB 自动增长到最大容量 20MB。

```
ALTER DATABASE mydb
MODIFY FILE （NAME = 'mydb_data1',
SIZE = 5MB,
MAXSIZE = 20MB,
FILEGROWTH = 2MB）
```

2. 删除数据库

（1）使用 SQL Server Management Studio 删除数据库

打开 SQL Server Management Studio，右键单击要删除的数据库，在弹出的快捷菜单中选择"删除"命令，在随后出现的"删除对象"对话框（如图 4-15 所示）中，单击"确定"按钮，即可完成指定数据库的删除操作。

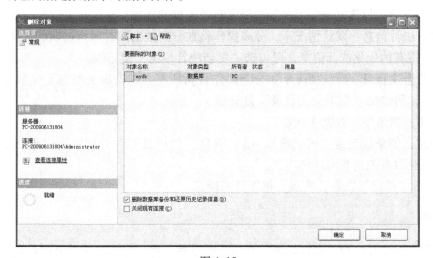

图 4-15

（2）使用 T-SQL 语句删除数据库

使用 DROP DATABASE 语句删除数据库的语法格式如下：

> DROP DATABASE　　数据库名

【例 4-3】删除数据库"mydb"。

> DROP　　DATABASE　　mydb

🔆 注意

　　只能删除非正常状态下的数据库，即停止的或损坏的数据库，不能删除正在使用的数据库，系统数据库也是不能删除的。

3. 分离数据库

分离数据库指逻辑上将数据库从服务器上删除，不再提供服务。分离后的数据库是完整的，包括各种权限、规则、存储过程和事务等，并且数据库文件（包括数据文件和日志文件）可以复制、压缩或移动。分离数据库的基本步骤如下：

1）打开 SQL Server Management Studio，在"对象资源管理器"窗口中，右键单击要分离的数据库，在弹出的快捷菜单中选择"任务"→"分离"命令，如图 4-16 所示。

2）在打开的"分离数据库"对话框（如图 4-17 所示）中，在"要分离的数据库"网格"数据库名称"列中显示了所选数据库的名称，验证这是否为要分离的数据库。

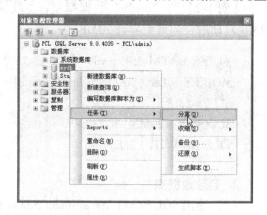

图 4-16

其他列的含义如下：

① 删除连接：勾选复选框可断开与所有活动连接的连接。

② 更新统计信息：默认情况下，分离操作将在分离数据库时保留过期的优化统计信息。如果要更新现有的优化统计信息，可勾选"更新统计信息"复选框。

③ 保留全文目录：默认情况下，分离操作保留所有与数据库关联的全文目录。若要删除全文目录，可清除"保留全文目录"复选框。

④ 状态：显示当前数据库状态。

⑤ 消息：如果状态是"未就绪"，则"消息"列将显示有关数据库的超链接信息。可单击超链接获取有关消息的详细信息。

3）单击"确定"按钮，完成数据库分离操作。

🔆 注意

　　数据库分离以后，由于已经脱离了数据库服务器，所以它已经不再为应用程序提供存取

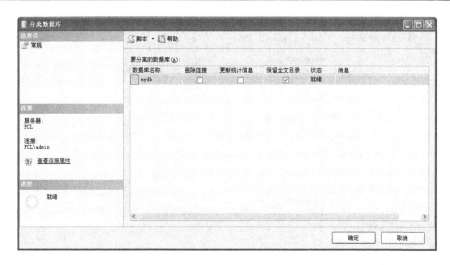

图 4-17

服务了。因此在执行分离数据库前，一定要确认当前数据库是否正在处于服务状态中。如果正在处于服务状态是不能分离的，否则会导致重大损失。例如，在铁路售票系统中，如果分离数据库则所有的售票业务都将被迫停止。

4. 附加数据库

附加数据库指将通过分离数据库操作得到的数据库文件重新连接到服务器上，成为一个可用的数据库。附加数据库的基本步骤如下：

1）打开 SQL Server Management Studio，在"对象资源管理器"窗口中，右键单击"数据库"节点，在弹出的快捷菜单中选择"任务"→"附加"命令，如图4-18所示。

2）打开"附加数据库"对话框，如图 4-19 所示。

3）单击"添加"按钮，打开"定位数据库文件"对话框，如图 4-20 所示。选择要附加的主要数据库文件。

4）单击"确定"按钮，返回"附加数据库"对话框。

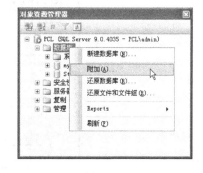

图 4-18

5）在"附加数据库"对话框中，单击"确定"按钮，关闭对话框，完成数据库的附加操作。

5. 查看数据库信息

对已存在的数据库，可以通过 SQL Server Management Studio 和 T-SQL 语句查看数据库信息。使用 SQL Server Management Studio 查看数据库信息的方法主要是通过数据库的"属性"窗口，这里不再赘述。使用 T-SQL 语句查看数据库信息的语法格式如下：

EXECUTE sp_helpdb 数据库名

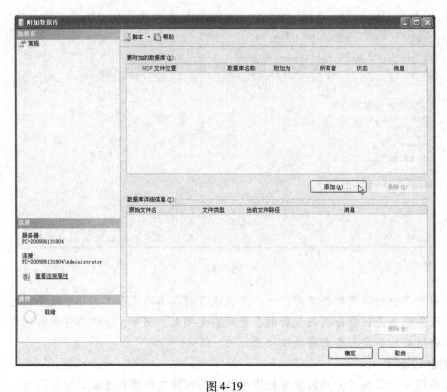

图 4-19

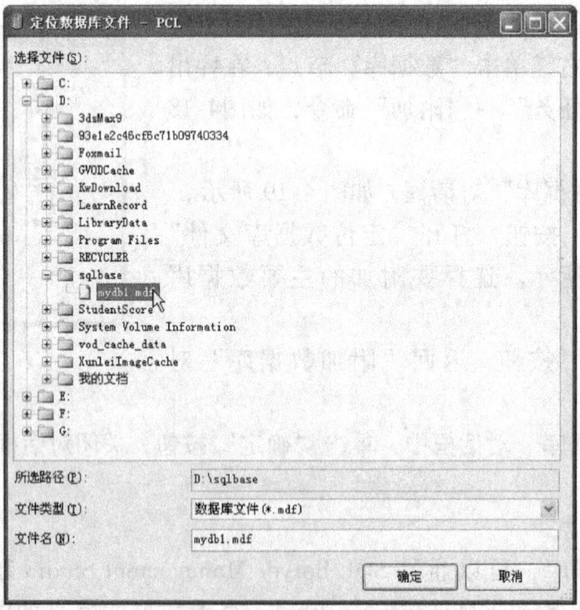

图 4-20

如果省略参数"数据库名",将显示服务器中所有数据库信息。图 4-21 所示为查看"StudentElective"数据库的相关信息。

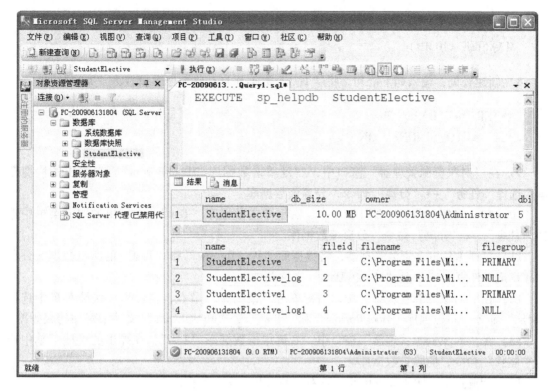

图 4-21

6. 打开或切换数据库

当登录数据库服务器，连接 SQL Server 后，需要连接服务器中的数据库，才能使用其中的数据。默认情况下用户连接的是 Master 数据库。可以利用 User 语句在查询分析器中打开或切换数据库，语句格式如下：

User 数据库名称

4.3.2 任务实现

1）打开 Windows 资源管理器，在 D 盘新建文件夹"MySQLData"。

2）启动 SQL Server Management Studio，右键单击数据库"BookBorrow"，在弹出的快捷菜单中选择"属性"命令，打开"数据库属性"对话框。

3）选择"常规"选择页，查看数据库信息。

5）选择"文件"选择页，将数据文件和事务日记文件增长的最大值修改为"50MB"。

6）选择"选项"选择页，修改恢复模式为"完整"，启用"自动收缩"。

7）新建查询，输入如下语句，将"Test"数据库数据文件增长的最大值修改为"10MB"。

```
ALTER DATABASE Test
MODIFY FILE
```

```
( NAME = ' Test_ data ',
MAXSIZE = 10MB)
```

8）新建查询，输入如下语句，将"Test"数据库自动收缩选项设置为"True"。

```
ALTER DATABASE   Test
SET   AUTO_SHRINK   ON
```

9）在"对象资源管理器"窗口中，右键单击数据库"BookBorrow"，在弹出的快捷菜单中选择"任务"→"分离"命令，分离该数据库。

10）在"对象资源管理器"窗口中，右键单击数据库"Test"，在弹出的快捷菜单中选择"任务"→"分离"命令，分离该数据库。

11）打开 Windows 资源管理器，将数据库"BookBorrow"和"Test"的所有数据文件和事务日记文件复制到 D 盘"MySQLData"文件夹中。

12）在"对象资源管理器"中，右键单击"数据库"节点，在弹出的快捷菜单中选择"附加"命令，将数据库"BookBorrow"和"Test"从"MySQLData"文件中附加到服务器。

13）在"对象资源管理器"窗口中，右键单击数据库"Test"，在弹出的快捷菜单中选择"删除"命令，删除该数据库。

14）新建查询，输入如下语句，查看"BookBorrow"数据库信息。

```
EXECUTE sp_helpdb   BookBorrow
```

15）打开 Windows 资源管理器，压缩"BookData"文件夹，并将压缩文件保存到适当的存储器上。

技能提高训练

一、训练目的
灵活运用 SQL Server Management Studio 和 T-SQL 语句创建和管理数据库。
二、训练内容
1. 创建数据库
自选方法创建"考勤管理"数据库，参数见表 4-1。

表 4-1　"考勤管理"数据库参数列表

参数	参数值
数据库名	考勤管理
数据文件逻辑文件名称	考勤管理_data
数据文件物理文件名称	D：\考勤管理\考勤管理_data.mdf
数据文件初始大小	5MB
数据文件最大大小	500MB
数据文件增长幅度	20%

（续）

参数	参数值
日志文件逻辑文件名称	考勤管理_log
日志文件物理文件名称	D：\考勤管理\考勤管理_log.ldf
日志文件逻辑文件初始大小	5MB
日志文件逻辑文件最大大小	无限增长
日志文件逻辑文件增长幅度	10%

2. 修改数据库

按下列要求修改数据库。

1）添加一个初始大小为3MB的次数据文件，参数见表4-2。

表4-2 次数据文件参数列表

参数	参数值
次数据文件逻辑文件名称	考勤管理_data1
次数据文件物理文件名称	D：\考勤管理\考勤管理_data1.mdf
次数据文件初始大小	3MB
次数据文件最大大小	无限增长
次数据文件增长幅度	10%

2）修改恢复模式为"完整"。

3）启用"自动关闭"。

4）启用"自动收缩"。

3. 查看并检查数据库信息

查看数据库信息，检查是否满足要求。

4. 分离数据库

将"考勤管理"数据库从数据库服务器中分离出来。

5. 保存数据库

打开Windows资源管理器，压缩"考勤管理"文件夹，并将压缩文件保存到适当的存储器上。

习　题

一、选择题

1. 在SQL Server中新建的数据库属于（　　）。
   A. 临时数据库　　　B. 系统数据库　　　C. 用户数据库　　　D. 模板数据库

2. 在SQL Server中数据库的主数据文件的扩展名为（　　）。
   A. .sql　　　　　　B. .ldf　　　　　　C. .ndf　　　　　　D. .mdf

3. 在SQL Server中新建的数据库属于（　　）。
   A. 临时数据库　　　B. 系统数据库　　　C. 用户数据库　　　D. 模板数据库

4. 文件的自动增长方式分为（　　）。
   A. 按百分比和按MB　　　　　　　　　　B. 按百分比和按KB

  C. 按等比和按 MB   D. 按递增和按递减

5. PRIMARY 文件组为（　　）。

  A. 临时文件组   B. 系统文件组   C. 主文件组   D. 用户文件组

二、思考题

1. 数据库由哪几种类型的文件组成？

2. SQL Server 2005 有哪些系统数据库，它们的作用分别是什么？

3. 在数据库属性中设置自动收缩有什么作用？

4. 删除数据库应注意什么问题？

5. 分离和附加数据库有何意义？

应 用 提 高

1）打开 Windows 资源管理器，在 D 盘新建"×××学习记录"文件夹（×××为自己的姓名）。

2）创建"×××学习记录"数据库，参数见表4-3。

表4-3   "学习记录"数据库参数列表

参数	参数值
数据库名	×××学习记录
数据文件逻辑文件名称	×××学习记录_data
数据文件物理文件名称	D：\×××学习记录\×××学习记录_data. mdf
数据文件初始大小	3MB
数据文件最大大小	50MB
数据文件增长幅度	10%
日志文件逻辑文件名称	×××学习记录_log
日志文件物理文件名称	D：\×××学习记录\×××学习记录_log. ldf
日志文件逻辑文件初始大小	1MB
日志文件逻辑文件最大大小	10MB
日志文件逻辑文件增长幅度	10%

3）启用"自动收缩"。

4）分离"×××学习记录"数据库。

5）打开 Windows 资源管理器，压缩"×××学习记录"文件夹，并将压缩文件保存到适当的存储器上，以备后用。

6）新建一个 Word 文档，将本章任务实现过程中自己的体会或总结的技巧记录下来。

7）将本章技能提高训练过程中自己的体会或总结的技巧记录下来。

8）将本章习题的答案记录下来。

9）保存 Word 文档。

第5章

创建与管理数据表

数据表是数据库的基本对象，用于存储和操作数据的一种逻辑结构，表中含有数据和其他对象。操作数据表是进行数据库管理与开发的基础。本章主要学习 SQL Server 2005 数据表的创建、修改和使用完整性约束等基本操作。

── 学习目标 ──

- 掌握创建数据表的基本方法。
- 掌握约束条件的使用方法。
- 掌握规则和默认值的使用方法。
- 掌握添加和修改表数据的基本方法。

任务5.1　创建数据表

任务目标

1）了解数据表的组成与分类。

2）掌握创建数据表的基本方法。

5.1.1　相关知识与技能

1. 表

在数据库中，表是数据按一定的顺序和格式构成的集合，是数据库的主要对象。每一行代表一条记录，每一列代表记录的一个字段。

在表中，行的顺序可以是任意的，一般按照数据插入的先后顺序存储。在使用过程中，可以使用排序语句或按照索引对表中的行进行排序。

列的顺序也可以是任意的，对于每一个表，最多可以允许用户定义 1024 列。在同一个表中，列名必须是唯一的，即不能有名称相同的两个或两个以上的列同时存在于一个表中，并且在定义时为每一个列指定一种数据类型。但是，在同一个数据库的不同表中，可以使用相同的列名。

2. 表的类型

在 SQL Server 2005 系统中把表分成了 4 种类型，即普通表、临时表、已分区表和系统表。

（1）普通表

普通表就是通常提到的数据库中存储数据的数据表，是最重要、最基本的表。其他几种类型的表都是有特殊用途的表，往往是在特殊应用环境下，为了提高系统的使用效率而派生出来的。

（2）临时表

临时表是临时创建的、不能永久保存的表。临时表被创建之后，可以一直存储到 SQL Server 实例断开连接为止。临时表又可以分为本地临时表和全局临时表，本地临时表只对创建者是可见的，全局临时表在创建之后对所有的用户和连接都是可见的。

（3）已分区表

已分区表是将数据水平划分成多个单元的表，这些单元可以分散到数据库中多个文件组里面，实现对单元中数据的并行访问。如果表中的数据量非常庞大，并且这些数据经常被以不同的使用方式来访问，那么建立已分区表是一个有效的选择。

（4）系统表

系统表储存了有关 SQL Server 服务器的配置、数据库配置、用户和表对象的描述等系统信息。一般来说，只能由数据库管理员来使用系统表。

3. 设计表

在创建表之前，需要规划并确定表的下列特征：

1）表要包含的数据的类型。

2）表中的列数，每一列中数据的类型和长度（如果必要）。

3）哪些列允许空值。

4）是否要使用以及何处使用约束、默认设置和规则。

5）所需索引的类型，哪里需要索引，哪些列是主键，哪些是外键。

4. 使用 SQL Server Management Studio 创建表

使用 SQL Server Management Studio 创建表，操作步骤如下：

1）在"对象资源管理器"窗口中展开"数据库"节点，找到需要创建数据表的数据库如"StudentElective"，展开该数据库。

2）右键单击"表"选项，在弹出的快捷菜单中选择"新建表"命令，打开"表设计器"对话框，如图 5-1 所示。

3）表设计器主要分上下两部分，上部分用来定义数据表的列名、数据类型和允许空属性。下部分用来设置列的其他属性，如默认值和标识列等，逐行设置表中的列。

注意

有些数据类型的长度是固定的，不能修改或自定义，如 datetime 数据类型的长度固定为 8。

4）设置标识列。选择需要设置为标识列的列，如"ID"列，在"列属性"面板中展开"表设计器"列表中的"标识规范"项，将"是标识"设为"是"，标识增量设为 1，"标识种子"也设为 1，如图 5-2 所示。

5）在窗口右侧的"表属性"面板中设置表的名称和表所在的文件组等属性。

6）单击工具栏中的"保存"按钮，如果没有设置表的名称，将打开"选择名称"对话框，如图 5-3 所示。

7）设置表的名称，单击"确定"按钮即可。

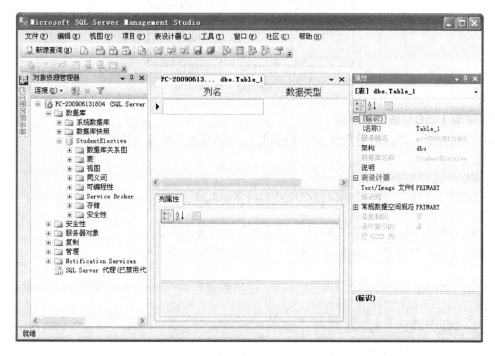

图 5-1

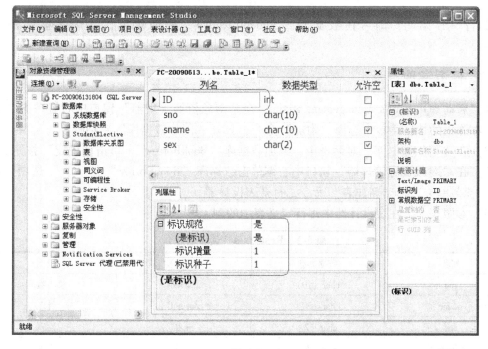

图 5-2

图 5-3

5. 使用 T-SQL 语句创建表

在 T-SQL 中，可以使用 CREATE TABLE 命令创建表，其基本语法为：

> CREATE　TABLE　表名
> （{列名　数据类型[（长度）]NOT NULL | NULL}）

其中，通过"NOT NULL | NULL"设定该列可否输入空值。

【例 5-1】在数据库"StudentElective"中创建课程表"Course"。

> USE　StudentElective　　　　　　　　--将数据库 StudentElective 切换为当前数据库
> GO
> CREATE TABLE　Course
> （cno char （10） not null，
> cname varchar （40） not null，
> credit tinyint）

执行 SQL 语句，即可在数据库"StudentElective"中创建包含 3 个字段的课程表"Course"。

5.1.2　任务实现

1）启动 SQL Server Management Studio，在"对象资源管理器"窗口中右键单击"数据库"，在弹出的快捷菜单中选择"附加"命令，打开"附加数据库"对话框。

2）在"附加数据库"对话框中，添加数据库"BookBorrow"，单击"确定"按钮。

3）在"对象资源管理器"窗口中右键单击数据库"BookBorrow"的"表"选项，在弹出的快捷菜单中选择"新建表"命令，打开表设计器。

4）参照表 5-1 在表设计器中逐行定义表中的列。

表 5-1　Readersys（读者信息）

列名	数据类型	可否为空	说明
rno	char （10）	not null	读者编号
rname	char （20）	not null	姓名
sex	char （2）	null	性别
professional	char （20）	null	专业
borrownumber	tinyint	null	在借书数

5）单击工具栏中的"保存"按钮，在打开的"选择名称"对话框中，输入表的名称"Readersys"，单击"确定"按钮。

6）同上方法参照表 5-2 创建表"Booksys"。

表 5-2　Booksys（图书信息）

列名	数据类型	可否为空	说明
bno	char（10）	not null	图书编号
bname	char（50）	not null	图书名称
category	char（10）	null	图书类别
press	char（20）	null	出版社
publicationdate	datetime	null	出版日期
author	char（10）	null	作者
price	money	null	书价
register	datetime	null	登记日期
hallnumber	tinyint	null	在馆数

7）在工具栏中单击"新建查询"按钮，打开新的"查询编辑器"窗口。

8）在"查询编辑器"窗口中输入以下代码：

```
USE    BookBorrow
GO
CREATE   TABLE   Borrowsys
(
rno    char（10）   not null,
bno    char（10）   not null,
borrowdate   datetime,
returndate   datetime
)
```

9）单击工具栏中的"分析"按钮，分析代码，在无错误的情况下，单击工具栏中的"执行"按钮，执行查询，创建表"Borrowsys"。

10）分离数据库"BookBorrow"，保存数据库文件。

任务 5.2　修改数据表

任务目标

1）掌握修改表结构的基本方法。

2）掌握重命名表和删除表的基本方法。

5.2.1　相关知识与技能

1. 使用 SQL Server Management Studio 修改表结构

使用 SQL Server Management Studio 修改表结构的基本步骤如下：

1）在 SQL Server Management Studio 的"对象资源管理器"窗口中右键单击需要修改的表，在弹出的快捷菜单中选择"设计"命令，打开表设计器，如图 5-4 所示。

图 5-4

2）可以采用创建表时的方法，添加、修改和删除列。

注意

删除列时，如果列上有约束，或被其他列所依赖（关于约束和依赖的相关知识，将在后续章节学习），则应先删除约束或依赖信息。

3）修改完成后单击"保存"按钮即可。

2. 使用 SQL Server Management Studio 重命名表

表在创建完成后可以根据需要对其表名进行修改，在 SQL Server Management Studio 的"对象资源管理器"窗口中右键单击需要修改表名的表，在弹出的快捷菜单中选择"重命名"命令，如图 5-5 所示，直接修改表名。

3. 使用 SQL Server Management Studio 删除表

在数据管理过程中，有时需要删除数据库中的某些数据表以优化环境。在 SQL Server Management Studio 的"对象资源管理器"窗口中右键单击需要删除的表，在弹出的快捷菜单中选择"删除"命令即可，如图 5-6 所示。

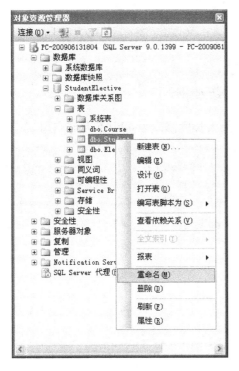

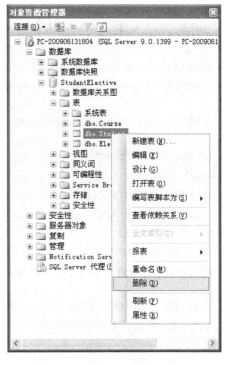

图 5-5　　　　　　　　　　　　　　　　　　图 5-6

☀ 注意

　　删除数据表后，表的结构定义以及表中的所有数据等将永久的从数据库中删除，因此执行该命令时，一定要慎重。

4. 使用 T- SQL 语句修改表

　　使用 ALTER TABLE 语句可以修改数据表的结构，如增加删除列，也可以修改列的属性。但在修改数据表时，不能破坏数据表原有的数据完整性，例如，不能向已有主键的表中添加主键。

　　（1）添加列

　　使用 T- SQL 语句添加列的语句格式如下：

ALTER　TABLE　表名

ADD　列名　数据类型[（长度）][NULL ︱ NOT NULL]

　　向已经有记录的表中添加列时，如果不允许为空值，应设置新增列的默认值，否则新增列的操作可能出错。添加多个列时，各列之间要用逗号分开。

　　【例5-2】向"student"表中添加新列"address"。

USE　StudentElective

GO

ALTER　TABLE　student

ADD　address　varchar（10）　null

（2）修改列

使用 T-SQL 语句修改列的语句格式如下：

```
ALTER   TABLE   表名
ALTER   COLUMN   列名   新数据类型和长度   新列属性
```

【例 5-3】将 "student" 表中的列 "address" 的最大长度修改为 40，不允许空值。

```
USE   StudentElective
GO
ALTER   TABLE   student
ALTER   COLUMN   address   varchar（40）   not null
```

（3）删除列

删除列的语句格式如下：

```
ALTER   TABLE   表名
DROP   COLUMN   列名
```

【例 5-4】删除 "student" 表中的列 "address"。

```
USE   StudentElective
GO
ALTER   TABLE   student
DROP   COLUMN   address
```

5. 使用 T-SQL 语句重命名表

可以使用 sp_rename 存储过程对表进行重命名，基本语法格式如下：

```
sp_rename   原表名, 新表名
```

【例 5-5】将 "StudentElective" 数据库中的 "student" 表重命名为 "students"。

```
USE   StudentElective
GO
EXEC   sp_rename   student, students
```

6. 使用 T-SQL 语句删除表

删除表的语句格式如下：

```
DROP   TABLE   表名
```

 注意

DROP TABLE 语句可以一次性删除多个表，表之间用逗号分开，但不能删除系统表。删

除数据表时，如果该数据表有外键依赖，则该表是不能被删除的，应先将依赖于该数据表的关系删除。

5.2.2　任务实现

1）启动 SQL Server Management Studio，附加数据库"BookBorrow"。

2）在工具栏中单击"新建查询"按钮，打开一个新的"查询编辑器"窗口，输入以下代码，执行代码创建表"member"。

```
USE    BookBorrow
GO
CREATE    TABLE    member
(
userID    int    not null,
username    char（20）    not null,
competence    char（20）    not null
)
```

3）在表设计器中打开表"member"，添加"type"列，数据类型设置为"char（10）"，不允许为空值。

4）修改"userID"列的数据类型为"char（10）"。

5）删除"competence"列。

6）在 SQL Server Management Studio 的"对象资源管理器"窗口中，将表"member"的名称修改为"userinfo"。

7）使用 T-SQL 语句向"userinfo"表中添加新列"department"，数据类型设置为"char（10）"，允许为空值。

8）使用 T-SQL 语句将"userinfo"表中的列"username"的最大长度修改为 10，不允许为空值。

9）使用 T-SQL 语句删除"userinfo"表中的"type"列。

10）使用 T-SQL 语句删除"userinfo"表。

11）分离数据库"BookBorrow"，保存数据库文件。

任务 5.3　使用完整性约束

任务目标

1）了解数据完整性的分类。

2）了解约束的分类。

3）掌握创建不同约束的基本方法。

5.3.1　相关知识与技能

1. 数据完整性分类

关系完整性是为保证数据库中数据的正确性、有效性和相容性，对关系模型提出的某种约束条件或规则。在这里正确性指数据的合法性；有效性指数据是否属于所定义的有效范围；相容性指描述同一现实的数据应该相同。

完整性通常包括实体完整性、域完整性、引用完整性和用户定义完整性，其中实体完整性和引用完整性，是关系模型必须满足的完整性约束条件。

（1）实体完整性

实体完整性也称为行完整性，要求表中的所有行有一个唯一的标识符，如主键标识。主键不能取空值，否则，表明数据库中的这个实体是不可区分的，因此这个实体一定不是完整的实体。如主关键字是多个属性的组合，则所有主属性均不得取空值。主键约束是强制实体完整性的主要方法。

（2）域完整性

域完整性也称为列完整性，用于指定一个数据集对某个列是否有效和确定是否允许为空值。通常使用有效性检查强制域完整性，也可以通过限定列中允许的数据类型、格式或取值范围来强制数据完整性。检查约束是强制域完整性的主要方法。

（3）引用完整性

引用完整性也称为参照完整性，指两个表的主关键字和外关键字的数据应一致，以保证表之间的数据的一致性，防止数据丢失或无意义的数据在数据库中扩散。引用完整性禁止用户进行以下操作：

1）当主表中没有关联的记录时，将记录添加到相关表中。

2）更改主表中的值并导致相关表中生成孤立记录。

3）从主表中删除记录，仍存在与该记录匹配的相关记录。

💡 **注意**

外键约束是强制引用完整性的主要方法。

（4）用户定义完整性

用户定义完整性是根据应用环境的要求和实际的需要，对某一具体应用所涉及的数据提出约束性条件，反映了某一具体应用涉及的数据必须满足的语义要求。用户定义完整性主要包括字段有效性约束和记录有效性，体现实际运用的业务规则，例如，规定基本工资大于100 并且小于 6000 等。

2. 约束分类

约束是 SQL Server 提供的自动保持数据库完整性的一种方法。约束分为非空约束、默认约束、检查约束、主键约束、唯一约束和外键约束六种类型，约束与完整性之间的关系见表5-3。

表 5-3　约束与完整性之间的关系

完整性类型	约束类型	描述	约束对象
域完整性	非空约束	表中的某些列必须存在有效值，不允许有空值出现	列
	DEFAULT	当 INSERT 语句没有明确提供某列的值时，指定为该列提供默认值	
	CHECK	指定某列可接受的值的范围	
实体完整性	PRIMARY	每一行的唯一标识符号，确保用户没有输入重复的值，并且创建索引以提高性能。不允许有空值	行
	UNIQUE	防止每一行的相关列（非主键）出现重复值，并且创建索引以提高性能。允许有空值	
引用完整性	FOREIGN KEY	定义一列或者多列，其值与本表或者其他表的主键值匹配	表与表之间

3. 非空约束（NOT NULL）

表中的某些列必须存在有效值，不允许有空值出现。这是最简单的数据完整性约束，可在建表时将该列声明为 NOT NULL 即可。也可以使用修改列属性的 T-SQL 语句完成，基本语法格式如下：

```
ALTER   TABLE   表名
ALTER   COLUMN   列名   新数据类型   [ NULL | NOT NULL ]
```

【例 5-6】将数据库"StudentElective"中"students"表中列"sex"的"允许空"属性修改为 NOT NULL。

```
USE   StudentElective
GO
ALTER   TABLE   students
ALTER   COLUMN   sex   char（2）   NOT NULL
```

4. 默认值约束（DEFALUT CONSTRAINTS）

当向数据库中的表内插入数据时，如果用户没有明确给出某列的值，SQL Server 自动为该列输入指定值。创建默认值约束时应考虑以下因素：

1）DEFAULT 约束只能用于 INSERT 语句。

2）不能用于具有 IDENTITY 属性的列。

3）每列只能有一个默认值约束。

（1）使用 SQL Server Management Studio 添加默认值约束

在 SQL Server Management Studio 的"对象资源管理器"窗口中右键单击需要创建默认值约束的表，在弹出的快捷菜单中选择"设计"命令，打开表设计器。将光标定位到需要创建默认值的字段，在"列属性"区域的"默认值或绑定"栏中输入默认值即可，如图 5-7 所示。

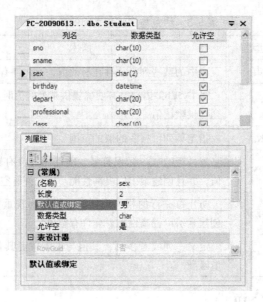

图 5-7

（2）使用 T-SQL 语句添加默认值约束

使用 T-SQL 语句添加默认值约束的语法格式如下：

```
ALTER  TABLE  表名
ADD  CONSTRAINT  约束名
DEFAULT  默认值常量
FOR  列名
```

【例 5-7】为数据库"StudentElective"中表"students"的"birthday"字段添加一个默认值约束，默认值为 1990-01-01。

```
USE  StudentElective
GO
ALTER  TABLE  students
ADD  CONSTRAINT  default_birthday
DEFAULT  '1990-01-01'
FOR  birthday
```

5. 检查约束（CHECK CONSTRAINTS）

检查约束用来指定某列可取值的清单、可取值的集合或可取值的范围，从而强制数据库中数据的域完整性。

（1）使用 SQL Server Management Studio 添加检查约束

使用 SQL Server Management Studio 添加检查约束的基本步骤如下：

1）在 SQL Server Management Studio 的"对象资源管理器"窗口中右键单击需要添加检查约束的表，在弹出的快捷菜单中选择"设计"命令，打开表设计器。

2）将光标定位到需要添加检查约束的字段，右键单击，在弹出的快捷菜单中选择"CHECK 约束"命令，如图 5-8 所示。

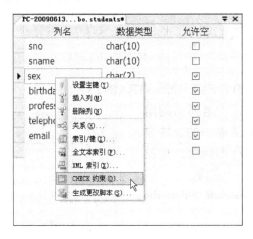

图 5-8

3）在打开的"CHECK 约束"对话框中，单击"添加"按钮，在右侧"表达式"栏中设置约束条件，在"名称"栏中设置约束的名称，如图 5-9 所示。

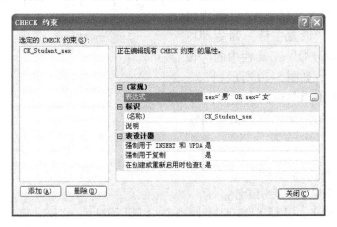

图 5-9

4）单击"关闭"按钮完成检查约束的添加操作。

（2）使用 T-SQL 语句添加检查约束

使用 T-SQL 语句添加检查约束的基本语法格式如下：

```
ALTER  TABLE  表名
ADD  CONSTRAINT  约束名
CHECK（逻辑条件表达式）[,...n]
```

【例 5-8】为数据库"StudentElective"中表"Course"的"credit"字段添加一个检查约束，使得"credit"的值小于 5。

```
USE    StudentElective
GO
ALTER    TABLE    Course
ADD    CONSTRAINT    check_credit
CHECK    （credit ＜5）
```

6. 主键约束（PRIMARY KEY CONSTRAINTS）

主键约束保证某一列或一组列值的组合相对于表中的每一行都是唯一的，即要求主键的列上没有两行具有相同值，也没有空值。每个表只允许有一个主键。

（1）使用 SQL Server Management Studio 添加主键约束

在 SQL Server Management Studio 的"对象资源管理器"窗口中右键单击需要添加主键约束的表，在弹出的快捷菜单中选择"修改"命令，打开表设计器。将光标定位到需要添加主键约束的字段，右键单击，在弹出的快捷菜单中选择"设置主键"命令即可（也可以单击"表设计器"工具栏中的"设置主键"按钮图标），如图 5-10 所示。

（2）使用 T-SQL 语句添加主键约束

使用 T-SQL 语句添加主键约束的语法格式如下：

图 5-10

```
ALTER    TABLE    表名
ADD    CONSTRAINT    约束名
PRIMARY    KEY    ［CLUSTERED｜NONCLUSTERED］
（列名    ［,...n］）
```

其中：

1）CLUSTERED｜NONCLUSTERED：用于指定索引的类型，即聚集索引或者非聚集索引，CLUSTERED 为默认值。

2）列名：用于指定主键的列名，主键最多由 16 个列组成。

【例 5-9】将数据库"StudentElective"中表"Course"的"cno"字段设为主键。

```
USE    StudentElective
GO
ALTER    TABLE    Course
ADD    CONSTRAINT    PK_course
PRIMARY    KEY    （cno）
```

7. 唯一约束（UNIQUE CONSTRAINTS）

唯一约束限制表中指定列上所有的非空值必须唯一，即表中任意两行在指定列上都不允许有相同的值。一个表可以放置多个唯一约束，而且允许有空值，这是与主键约束的不同之处。

（1）使用 SQL Server Management Studio 添加唯一约束

使用 SQL Server Management Studio 添加唯一约束的基本步骤如下：

1）在 SQL Server Management Studio 的"对象资源管理器"窗口中右键单击需要添加唯一约束的表，在弹出的快捷菜单中选择"设计"命令，打开表设计器。

2）将光标定位到需要添加唯一约束的字段，右键单击，在弹出的快捷菜单中选择"索引/键"命令，打开"索引/键"对话框，如图 5-11 所示。

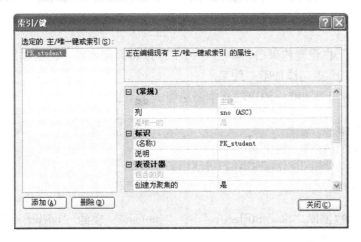

图 5-11

3）单击"添加"按钮，在右侧"类型"下拉列表中选择"唯一键"，如图 5-12 所示。

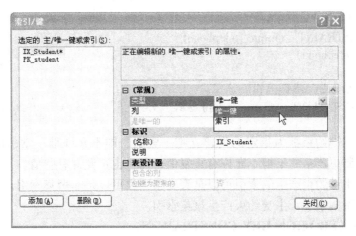

图 5-12

4）单击"列"栏右侧按钮，打开"索引列"对话框，在"列名"下拉列表中选择需要建立唯一约束的字段，如图 5-13 所示。单击"确定"按钮，返回"索引/键"对话框。

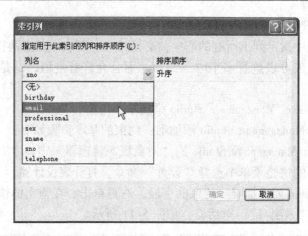

图 5-13

5）在"名称"栏设置约束名，单击"关闭"按钮，完成唯一约束添加。

（2）使用 T-SQL 语句添加唯一约束

使用 T-SQL 语句添加唯一约束的基本语法格式如下：

```
ALTER   TABLE   表名
ADD   CONSTRAINT   约束名
UNIQUE   ［CLUSTERED｜NONCLUSTERED］
（列名［，...n］）
```

【例 5-10】为数据库"StudentElective"中"students"表的"telephone"字段添加唯一约束。创建后删除此约束。

```
USE   StudentElective
GO
ALTER   TABLE   students
ADD   CONSTRAINT   unique_telephone
UNIQUE   （telephone）
GO
ALTER   TABLE   students
DROP   CONSTRAINT   unique_telephone
```

唯一约束与主键约束都为指定的列建立唯一索引，即不允许唯一索引的列上有相同的值。主键约束限制更严格，不但不允许有重复值，而且也不允许有空值。

唯一约束与主键约束产生的索引可以是聚集索引也可以是非聚集索引，但在默认情况下唯一约束产生非聚集索引，主键约束产生聚集索引。

8. 外键约束（FROEIGN KEY CONSTRAINTS）

通过外键约束强制参照完整性。要求正被插入或更新的列（外键）的新值，必须在被参照表（主表）的相应列（主键）中已经存在，即：

1）存在外键时，被参照表中这一行不能删除。

2）向子表插入记录或更新子表中外键值的前提是，必须保证这个外键值与主表中主键的某个值相等或者该外键值为空，否则不允许插入或修改外键值。

（1）使用 SQL Server Management Studio 添加外键约束

1）在 SQL Server Management Studio 的 "对象资源管理器" 窗口中右键单击需要添加外键约束的表，在弹出的快捷菜单中选择 "设计" 命令，打开表设计器。

2）右键单击表的编辑区域，在弹出的快捷菜单中选择 "关系" 命令，打开 "外键关系" 对话框，如图 5-14 所示。

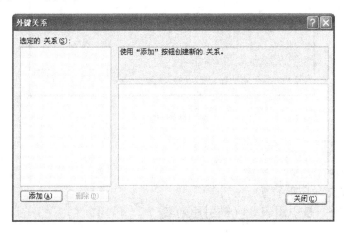

图 5-14

3）单击 "添加" 按钮，添加一个约束，如图 5-15 所示。

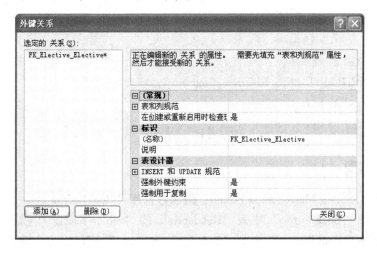

图 5-15

3）选中右侧列表中的 "表和列规范" 选项，单击右侧按钮，打开 "表和列" 对话框，设置主键表和外键表及对应列，如图 5-16 所示。单击 "确定" 按钮，返回 "外键关系" 对话框。

4）在 "名称" 栏设置关系名称，单击 "关闭" 按钮，完成关系创建，同时也就添加了外键约束。

（2）使用 T-SQL 语句添加外键约束

使用 T-SQL 语句添加外键约束的基本语法格式如下：

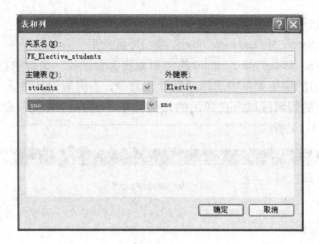

图 5-16

```
ALTER TABLE   表名
ADD   [CONSTRAINT   约束名]
FOREIGN KEY [(列   [,...n])]
REFERENCES   被引用表名[(被引用列名[,...n])]
```

【例 5-11】为表"Elective"添加外键"FK_ Elective _ Course",外键"cno"参考表 "Course"中的主键"cno"。

```
USE   StudentElective
GO
ALTER   TABLE   Elective
ADD   CONSTRAINT   FK_Elective_ Course
FOREIGN   KEY (cno)
REFERENCES   Course (cno)
```

5.3.2　任务实现

1）启动 SQL Server Management Studio,附加数据库"BookBorrow"。

2）将数据库"BookBorrow"中表"Readersys"的"rno"字段设为主键。

3）将数据库"BookBorrow"中表"Booksys"的"bno"字段设为主键。

4）在工具栏中单击"新建查询"按钮,打开一个新的"查询编辑器"窗口,输入以下 代码,将数据库"BookBorrow"中表"Borrowsys"的"rno"和"bno"字段设为主键。

```
USE   BookBorrow
GO
ALTER   TABLE   Borrowsys
ADD   CONSTRAINT   PK_ Borrowsys
PRIMARY   KEY (rno, bno)
```

5）使用 SQL Server Management Studio 为表"Borrowsys"创建外键"FK_Borrowsys_Readersys"，外键"rno"参考表"Readersys"中的主键"rno"。

6）使用 T-SQL 语句为表"Borrowsys"创建外键"FK_Borrowsys_Booksys"，外键"bno"参考表"Booksys"中的主键"bno"。

7）为数据库"BookBorrow"中表"Booksys"的"price"字段创建一个检查约束，使得"price"的值在 0~100 之间。

8）分离数据库"BookBorrow"，保存数据库文件。

任务 5.4 使用规则与默认值

任务目标

1）掌握创建和绑定规则的基本方法。
2）掌握创建和绑定默认值的基本方法。

5.4.1 相关知识与技能

1. 规则

规则是数据库中对存储在表的列或用户定义数据类型中的值的规定和限制，主要用于验证一个数据库中的数据是否处于一个指定的值域范围内，是否与特定的格式相匹配。当数据库中数据值被更新或被插入时，就要检查新值是否遵循规则，如果不符合规则，则拒绝执行此更新或插入的操作。

一般说来，一个规则可以是：
1）值的清单或值的集合。
2）值的范围。
3）必须满足的单值条件。
4）用 LIKE 子句定义的编辑掩码。

规则是单独存储的独立的数据库对象，是实现域完整性的方法之一。规则和约束可以同时使用，表的列可以有一个规则及多个约束。

2. 创建规则

使用 CREATE RULE 语句可以创建规则，其语法如下：

```
CREATE  RULE  规则名
    AS  条件表达式
```

其中，条件表达式是定义规则的条件，可以是 WHERE 子句中任何有效的表达式，可以包含算术运算符、关系运算符和谓词（如 IN、LIKE、BETWEEN 等）。

☀ **注意**

表达式中必须有一个以字符"@"开头的变量，该变量用于存储在修改该列的记录时用户输入的值。

【例 5-12】创建一个规则，用以限制插入该规则所绑定的列中的数值范围。

```
USE   StudentElective
GO
CREATE   RULE   degree_rule
AS
@ degree > = 0   AND   @ degree < = 100
```

执行代码后，展开数据库"StudentElective" → "可编程性" → "规则"节点，可以看到创建的规则。

3. 绑定规则

规则创建后，其仅仅只是一个存在于数据库中的对象，并不发生作用。需要将规则绑定到列或用户定义数据类型上，规则才起作用，才能达到创建规则的目的。

使用系统存储过程 sp_bindrule 可以将规则绑定到列或用户定义的数据类型上，其语法如下：

```
sp_bindrule   '规则名', '表名 . 列名' | '用户自定义数据类型名'
```

【例 5-13】将例 5-12 中定义的规则"degree_rule"绑定到"Elective"表的"degree"列上。

```
USE   StudentElective
GO
EXEC   sp_bindrule   'degree_rule', 'Elective. degree'
```

4. 解除规则的绑定

使用系统存储过程 sp_unbindrule 可以解除由 sp_bindrule 绑定到列或用户定义数据类型的规则。但被解除的规则仍然存在于数据库中。

解除规则的语法如下：

```
sp_unbindrule   '表名 . 列名' | '用户自定义数据类型名'
```

【例 5-14】为表"Elective"的"degree"列解除规则绑定。

```
USE   StudentElective
GO
EXEC   sp_unbindrule   'Elective. degree'
```

5. 删除规则

当一个规则要被删除时，必须确保该规则当前已经不再被绑定到任何其他对象上。使用 DROP RULE 语句可以删除当前数据库中的一个或多个规则，其语法如下：

```
DROP   RULE   规则名 [ , … ]
```

【例 5-15】删除规则"degree_rule"。

```
USE    StudentElective
GO
DROP    RULE    degree_rule
```

6. 默认值

在关系数据库中，每个列都必须包含有值，即使这个值是个空值。对于不接受空值的列，要么由用户明确输入，要么由 SQL Server 输入默认值。而默认值必须在输入数据前建立。

默认值是数据库对象之一，也是实现数据完整性的方法之一。它指定在向数据库中的表插入数据时，如果用户没有明确给出某列的值，SQL Server 自动为该列使用此默认值。

注意

创建默认值时，默认值需和它要绑定的列或用户定义数据类型具有相同的数据类型。默认约束中使用的默认值可以通过绑定已创建的默认值来指定。

7. 创建默认值

使用 CREATE DEFAULT 创建默认值，其语法格式如下：

```
CREATE    DEFAULT    默认值名称    AS    默认值表达式
```

其中默认值表达式是一个常数表达式，在这个表达式中不能含有任何列名或其他数据库对象名，但可使用不涉及数据库对象的 SQL Server 内部函数。

【例 5-16】创建字符默认值"credit_def"。

```
USE    StudentElective
GO
CREATE    DEFAULT    credit_def
AS    4
```

8. 绑定默认值

默认值创建之后，只有将其绑定到某个列或用户自定义数据类型才能发挥作用。使用系统存储过程 sp_bindefault 可实现与表中的列及用户自定义数据类型的绑定。基本语法格式如下：

```
sp_bindefault  '默认值名', '表名. 列名 | '用户自定义数据类型名'
```

【例 5-17】将例 5-16 创建的默认值"def_credit"绑定到"Course"表的"credit"列。

```
USE    StudentElective
GO
EXEC    sp_bindefault  ' credit_def  ', ' Course. credit '
```

注意

一个默认值可以绑定到多个列或用户自定义数据类型。

9. 解绑默认值

一个默认值被绑定到表中的列或用户自定义的数据类型之后，可使用系统存储过程 sp_ unbinddefault 解除其绑定。绑定解除后，作为数据库对象的默认值仍然存在于数据库中。

解除默认值绑定的基本面语法格式如下：

```
sp_ unbindefault  '表名 . 列名 |   '用户自定义数据类型名'
```

【例 5-18】 为表"Course"中的列"credit"解除默认值绑定。

```
USE   StudentElective
GO
EXEC   sp_ unbindefault   ' Course. credit '
```

10. 删除默认值

可以用 DROP DEFAULT 语句删除不再使用的默认值。删除默认值前，必须解除这个默认值的所有绑定，否则该默认值就不能被删除掉。基本语法格式如下：

```
DROP   DEFAULT   默认值名
```

【例 5-19】 删除创建的名为"credit_ def"的默认值。

```
USE   StudentElective
GO
IF   EXISTS   (
  SELECT   name
  FROM   sysobjects
  WHERE   name = ' credit_ def '   AND   type = ' d '
)
DROP   DEFAULT   credit_ def
GO
```

5.4.2　任务实现

1）启动 SQL Server Management Studio，附加数据库"BookBorrow"。

2）在工具栏中单击"新建查询"按钮，打开一个新的"查询编辑器"窗口，输入以下代码，创建一个关于性别的规则。

```
USE   BookBorrow
GO
CREATE   RULE   sex_ rule
AS
@ sex   IN （'男', '女'）
```

3）执行语句，创建规则。

4）修改语句，创建一个关于借书数量的规则"borrownumber_rule"。要求读者的借书数量不大于 5 册。

5）打开一个新的"查询编辑器"窗口，输入以下代码，将前面定义的规则"sex_rule"绑定到"Readersys"表的"sex"列上。

```
USE    BookBorrow
GO
EXEC    sp_bindrule    'sex_rule', 'Readersys.sex'
```

6）执行语句，绑定规则。

7）修改语句，将前面定义的规则"borrownumber_rule"绑定到"Readersys"表的"borrownumber"列上。

8）为表"Readersys"中的列"borrownumber"解除规则绑定。

9）删除规则"borrownumber_rule"。

10）创建字符默认值"professional_def"，默认值为"信息管理"。

11）将默认值"professional_def"绑定到"Readersys"表的"professional"列。

12）为表"Readersys"中的列"professional"解除默认值绑定。

13）删除创建的名为"professional_def"的默认值。

14）分离数据库"BookBorrow"，保存数据库文件。

任务 5.5　添加和修改表数据

任务目标

1）掌握向表中输入数据的基本方法。

2）掌握修改表中数据的基本方法。

5.5.1　相关知识与技能

表创建以后，往往只是一个没有数据的空表。因此，向表中输入数据是创建表之后首先要执行的操作。无论表中是否有数据，都可以根据需要向表中添加数据。当表中的数据不合适或者出现了错误时，可以更新表中的数据。如果表中的数据不再需要了，则可以删除这些数据。

1. 使用 SQL Server Management Studio 添加和修改表数据

在 SQL Server Management Studio 中，选中要添加和修改记录的数据表，单击右键，在弹出的快捷菜单中选择"打开表"命令，打开表的数据窗口，该窗口显示了表中已经存储的数据，数据列表的最后有一个空行，如图 5-17 所示。

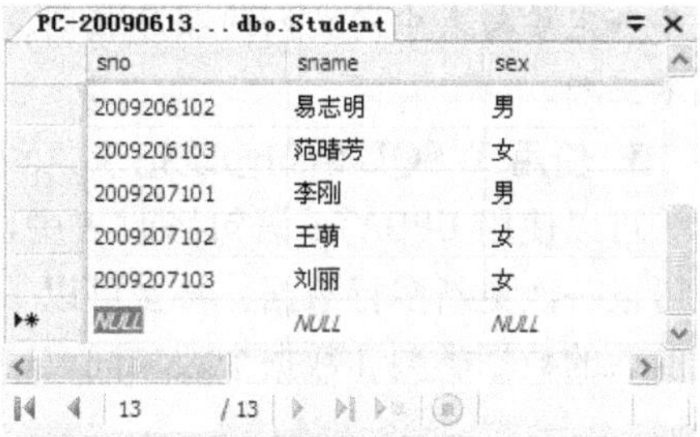

图 5-17

可以直接在如图 5-17 所示的表格中添加和修改表中的记录，编辑完成后，选中其他行，即可完成数据的添加和修改操作。如果要删除记录，在选定的记录上单击右键，在弹出的快捷菜单中选择"删除"命令即可。

☀ 注意

进行记录操作时，数据必须遵循约束条件，否则不能正确执行。如果要在"允许为空"的字段中输入 NULL，可以按"Ctrl +0"键。如果要取消数据的输入，可按"Esc"键。

2. 使用 T- SQL 语句插入记录

使用 INSERT INTO 语句也可以向表中插入数据。INSERT INTO 语句的语法格式如下：

```
INSERT［INTO］ 表名[（列名[，... n]）]
VALUES（表达式［，... n]）
```

【例 5- 20】向 "Students" 表中插入一行数据，具体数据如下：

sno：2009207104

sname：李吉

sex：男

birthday：1981- 5- 31

professional：信息管理

telephone：13398802976

email：liji@ 126. com

```
USE   StudentElective
GO
INSERT INTO   Students
（sno，sname，sex，birthday，professional，telephone，email）
VALUES
（'2009207104'，'李吉'，'男'，'1981-5-31'，'信息管理'，'13398802976'，'liji@ 126. com'）
```

☀ 注意

用 INSERT INTO 插入数据时，可以省略列名列表，在这种情况下，VALUES 后数值的顺序一定要与表中定义列的顺序相同，否则，要么插入数据不成功，要么插入数据成功但结果不正确。

3. 使用 T- SQL 语句修改记录

可以使用 UPDATE 语句修改表中已经存在的数据，该语句既可以一次更新一行数据，也可以一次更新多行数据，甚至可以一次更新表中的全部数据行。无论哪种修改，都要求修改前后的数据类型和数据个数相同。UPDATE 语句语法格式如下：

```
UPDATE    表名
SET    {列名 = 表达式    | NULL | DEFAULT}    [ ,... n]
[WHERE 逻辑表达式]
```

当省略 WHERE 子句时，表示对所有行的指定列都进行修改，否则只对满足逻辑表达式的数据行的指定列进行修改。修改的列值由表达式给定，对于具有默认值的列可使用 DEFAULT 修改为默认值，对于允许为空的列可使用 NULL 修改为空值。

【例 5-21】将"Students"表中姓名为"李吉"的电话由 13398802976 改为 18962549632。

```
USE    StudentElective
GO
UPDATE    Students
SET    telephone = '18962549632 '
WHERE    sname = '李吉'
```

4. 使用 T-SQL 语句删除记录

如果表中的数据不再需要时，可以将其删除，以释放存储空间。对表中数据的删除可以使用 DELETE 语句实现。该语句可以从一个表中删除一行或多行数据。

使用 DELETE 语句删除记录的基本语法格式如下：

```
DELETE    [FROM]    表名
[WHERE 逻辑表达式]
```

☀ 注意

在 DELETE 语句中，如果使用了 WHERE 子句，表示从指定的表中删除满足 WHERE 子句条件的数据行。如果没有使用 WHERE 子句，则表示删除指定表中的全部数据，使用时应小心谨慎。

【例 5-22】删除"Students"表中姓名为"李吉"的数据记录。

```
USE    StudentElective
GO
DELETE    FROM    Students
WHERE    sname = '李吉'
```

5.5.2 任务实现

1）启动 SQL Server Management Studio，附加数据库"BookBorrow"。

2）在 SQL Server Management Studio 中，选中"Readersys"数据表，单击右键，在弹出的快捷菜单中选择"打开表"命令，打开"Readersys"表的数据窗口，添加表 5-4 中的记录。

表 5-4   Readersys 数据表

rno	rname	sex	professional	borrownumber
2008101001	李明	男	信息管理	2
2008101002	张丽娜	女	信息管理	1
2008101003	陈武贡	男	信息管理	3
2008101004	胡慧敏	女	信息管理	2
2009301001	张镇	男	计算机应用	1
2009301002	王天丽	女	计算机应用	NULL
2010401001	何丽娟	女	园林设计	NULL
2010401002	张庆收	男	园林设计	NULL

3）在工具栏中单击"保存"按钮，保存数据。

4）使用 T-SQL 语句向"Booksys"表插入表 5-5 中的记录。

表 5-5   Booksys 数据表

bno	bname	category	press	publicationdate	author	price	register	hallnumber
10001001	数据库应用技术	计算机	高等教育	2005-5-1	吴明	32.00	2008-6-5	5
10001002	工程制图	机电	机械工业	2008-9-12	王静天	28.00	2009-1-10	3
10001003	计算机应用基础	计算机	人民邮电	2009-1-1	张占福	25.00	2009-3-10	4
10001004	C 语言程序设计	计算机	高等教育	2009-5-1	刘志明	26.00	2009-9-10	3
10001005	管理学	管理	人民教育	2008-4-20	高向东	30.00	2008-10-20	4

5）在 SQL Server Management Studio 中，选中"Borrowsys"数据表，单击右键，在弹出的快捷菜单中选择"编写表脚本为"→"INSERT 到"→"新查询编辑器窗口"命令，如图 5-18 所示。

6）在打开的新"查询编辑器"窗口中，修改 VALUES 部分语句，如图 5-19 所示。

7）单击工具栏中的"执行"按钮，添加记录。

8）重复修改 VALUES 部分语句并单击"执行"按钮，添加表 5-6 中的记录。

表 5-6   Borrowsys 数据表

rno	bno	borrowdate	returndate
2008101001	10001001	2009-9-20	2010-1-15
2008101001	10001003	2010-3-20	NULL
2008101002	10001001	2010-5-10	2010-9-20
2008101002	10001004	2010-6-1	NULL
2009301001	10001005	2010-5-18	2010-10-21

9）使用 T-SQL 语句将"Booksys"表中"register"字段的所有记录值修改为"2009-1-10"。

10）使用 SQL Server Management Studio 将"Booksys"表中第一条记录的"register"字

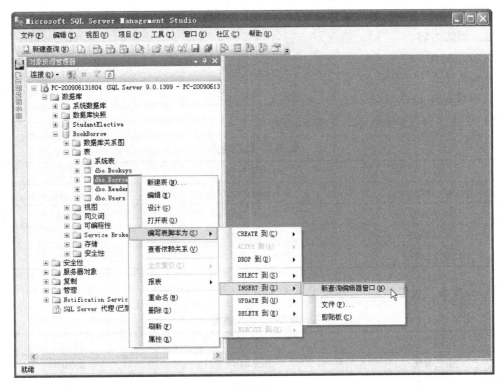

图 5-18

```
PC-20090613...LQuery1.sql*
INSERT INTO [BookBorrow].[dbo].[Borrowsys]
           ([rno]
           ,[bno]
           ,[borrowdate]
           ,[returndate])
     VALUES
           ('2010011101'
           ,'10001001'
           ,'2010-01-20'
           ,'2010-05-10')
```

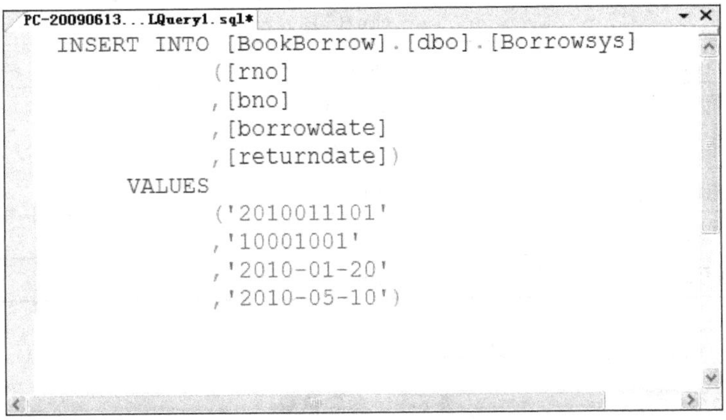

图 5-19

段的值修改为“2010-1-1”。

11）使用 T-SQL 语句将“Booksys”表中“press”字段值为“人民教育”的记录删除。

12）分离数据库“BookBorrow”，保存数据库文件。

技能提高训练

一、训练目的

1）掌握数据表的创建方法与步骤。

2）掌握数据表约束的创建与使用方法。

3）掌握数据表中数据的操作方法。

二、训练内容

1. 附加数据库

附加数据库"考勤管理"。

2. 创建数据表

1）创建"部门信息"表，参数见表5-7。

表5-7 部门信息

列名	数据类型	可否为空
部门编号	char (10)	not null
部门名称	char (20)	not null
部门主管	char (10)	null
部门人数	smallint	null

2）创建表"员工信息"，参数见表5-8。

表5-8 员工信息

列名	数据类型	可否为空
员工编号	char (10)	not null
员工姓名	char (10)	not null
部门编号	char (10)	null
性别	char (2)	null
出生日期	datetime	null
籍贯	char (10)	null
住址	char (40)	null
联系电话	char (20)	null
基本工资	money	null
身份证号码	char (18)	null

3）创建表"考勤信息"参数见表5-9。

表5-9 考勤信息

列名	数据类型	可否为空
员工编号	char (10)	not null
部门编号	char (10)	null
年度	char (10)	null
月份	char (10)	null
当月天数	tinyint	null
全勤天数	tinyint	null
病假天数	tinyint	null

（续）

列名	数据类型	可否为空
事假天数	tinyint	null
矿工天数	tinyint	null
调休天数	tinyint	null
迟到天数	tinyint	null
早退天数	tinyint	null
出差天数	tinyint	null
延时加班天数	tinyint	null
休息日加班天数	tinyint	null

4）创建表"工资信息"，参数见表5-10。

表5-10   工资信息

列名	数据类型	可否为空
员工编号	char（10）	not null
部门编号	char（10）	null
年度	char（10）	null
月份	char（10）	null
基本工资	money	null
本月奖金	money	null
加班费	money	null
病假扣款	money	null
事假扣款	money	null
旷工扣款	money	null
违纪扣款	money	null
差旅补助	money	null
基本医疗代扣	money	null
住房公积金代扣	money	null
医药费报销	money	null
实发工资	money	null

3. 创建约束条件

1）分析各表结构，合理创建主键约束。

2）分析各字段特点，合理创建唯一约束。

3）分析各表结构及各字段特点，合理创建外键约束。

4）分析各字段特点，合理创建检查约束。

5）分析各字段特点，合理创建默认值约束。

4. 创建规则与默认值

1）分析各字段特点，合理创建规则并绑定。

2）分析各字段特点，合理创建默认值并绑定。

5. 添加数据并验证约束

自选方法分别向各个表中插入若干条记录，并验证约束。

6. 分离数据库

分离并保存"考勤管理"数据库文件。

习   题

一、选择题

1. 表设计器中的"允许空"单元格用于设置该字段是否可输入空值，实际上就是创建该字段的（   ）约束。

　　A. 主键　　　　　　　B. NULL　　　　　　C. 外键　　　　　　D. CHECK

2. 在数据库标准语言 SQL 中，关于 NULL 值叙述正确的是（   ）。

　　A. 表示空格　　　　　　　　　　B. 表示 0

　　C. 表示空值　　　　　　　　　　D. 既可以表示 0，也可以表示空格

3. 如果要保证借书的数量在 1~6 本之间，可以通过（   ）约束来实现。

　　A. UNIQUE　　　　　B. CHECK　　　　C. PRIMARY KEY　　　D. DEFAULT

4. 规则是存储在（   ）中的对象。

　　A. 用户数据库　　　B. 表　　　　　　C. 系统数据库　　　D. 视图

5. 关系数据表的关键字可由（   ）字段组成。

　　A. 一个　　　　　　B. 两个　　　　　C. 多个　　　　　　D. 一个或多个

二、思考题

1. 在创建表之前，需要规划并确定表的哪些特征？

2. 简述规则与 CHECK 约束有何区别？

3. 默认值对象与默认约束有何区别？

4. 使用 T-SQL 语句向数据表中插入数据时应注意什么问题？

5. 数据完整性有哪几类？

应 用 提 高

1）附加"×××学习记录"数据库。

2）创建表"学生信息"，参数见表 5-11。

表 5-11　学生信息

列名	数据类型	可否为空
学号	char（10）	not null
姓名	char（10）	not null
专业	char（20）	null
联系电话	char（11）	null
邮箱地址	char（20）	null

3）创建表"实现任务记录"，参数见表 5-12。

表 5-12　实现任务记录

列名	数据类型	可否为空
学号	char（10）	not null
日期	datetime	null
任务编号	char（10）	null
学习记录	varchar（1000）	null
技巧与体会	varchar（1000）	null
备注	varchar（1000）	null

4）创建表"提高训练记录"，参数见表 5-13。

表 5-13　提高训练记录

列名	数据类型	可否为空
学号	char（10）	not null
日期	datetime	null
章节	char（10）	null
学习记录	varchar（1000）	null
技巧与体会	varchar（1000）	null
备注	varchar（1000）	null

5）创建表"习题记录"，参数见表 5-14。

表 5-14　习题记录

列名	数据类型	可否为空
学号	char（10）	not null
日期	datetime	null
章节	char（10）	null
题号	char（10）	null
答案	varchar（1000）	null
备注	varchar（1000）	null

6）分析各表结构，合理创建主键约束。

7）分析各表结构及各字段特点，合理创建外键约束。

8）分析各字段特点，合理创建默认值并绑定。

9）将自己的相关信息输入"学生信息"表中。

10）将前几章自己保存的学习体会、总结的技巧和习题答案存入数据库中。

11）分离并保存"×××学习记录"数据库文件。

第6章

查 询 数 据

查询数据是使用数据库最基本，也是最重要的方式。SQL 语言中用于数据查询的语句是 SELECT 语句，它是功能最强、应用最广泛、同时也是最复杂的 SQL 语句。通过本章的学习，可以掌握在 Microsoft SQL Server 2005 系统中使用 SELECT 语句检索数据的基本技能。

——学 习 目 标——

- 了解数据查询的机制。
- 掌握使用 SELECT 语句查询数据。
- 掌握在数据查询中使用表达式、运算符和函数的方法。
- 掌握多表连接查询、子查询、联合查询基本方法。

任务6.1 简单查询

任务目标

1）了解数据查询的机制。
2）掌握简单查询的基本方法。

6.1.1 相关知识与技能

1. 数据查询

查询是对已经存在于数据库中的数据按特定的组合、条件或次序进行检索，这个过程可以简单地理解为"筛选"，即数据表在接受查询请求的时候，进行逐行选取，判断是否符合查询的条件，如果符合就提取出来，然后把所有的被选择的行组织在一起，形成另外一个类似于表的结构，这便是查询的结果，通常叫做记录集。由于记录集的结构实际上和表的结构是相同的，都是由多行组成的，因此，在记录集上依然可以进行再次查询。

2. SELECT 语句

T-SQL 语言中用于数据查询的语句是 SELECT 语句，它既可以实现对单表的数据查询，也可以完成复杂的多表、视图连接查询和嵌套查询等。SELECT 语句的基本语法格式如下：

```
SELECT ［ALL｜DISTINCT］［TOP n］ 表达式列表 ［AS 别名 ］
FROM 表名或视图名
［WHERE 条件表达式］
［GROUP BY 列名］
［HAVING 搜索表达式］
［ORDER BY 列名［ASC｜DESC］］
```

其中：

1）SELECT 子句用于指定输出的内容。

2）FROM 子句用于指定要检索的数据的来源表或来源视图。

3）WHERE 子句用于指定对记录的过滤条件。

4）GROUP BY 子句用于指定对检索到的记录进行分组的条件。

5）HAVING 子句用于在分组的基础上指定选取某些组的条件，必须与 GROUP BY 一起使用。

6）ORDER BY 子句用于对检索到的记录进行排序。

☀ **注意**

在 SELECT 语句中可以省略可选子句（"[ ]"括起来的子句），但这些子句的顺序非常重要，在使用时必须按语法格式中的顺序出现，否则会出错。

【**例 6-1**】查询全体学生的姓名、性别、专业及邮箱信息。

```
USE    StudentElective
GO
SELECT sname，sex，professional，email
FROM    Students
```

查询结果如图 6-1 所示。

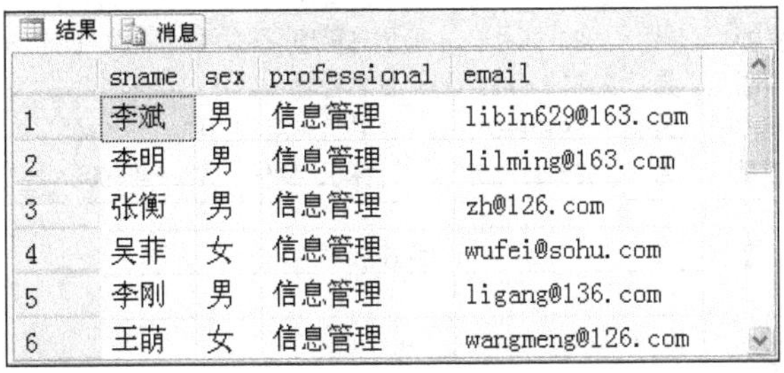

	sname	sex	professional	email
1	李斌	男	信息管理	libin629@163.com
2	李明	男	信息管理	lilming@163.com
3	张衡	男	信息管理	zh@126.com
4	吴菲	女	信息管理	wufei@sohu.com
5	李刚	男	信息管理	ligang@136.com
6	王萌	女	信息管理	wangmeng@126.com

图 6-1

【**例 6-2**】查询全体学生的全部信息。

```
USE    StudentElective
GO
SELECT  *
FROM    Students
```

查询结果如图 6-2 所示。

3. 条件查询

大部分查询都不是针对表中所有行的查询，而是从整个表中选出符合条件的部分信息，这时就需要对结果集中的记录进行过滤。在 SELECT 语句中，可以使用 WHERE 子句来指定查询条件，将不符合条件的记录排除在结果集之外。

结果 消息

	sno	sname	sex	birthday	professional	telephone	email
1	2010206101	李斌	男	1992-06-16...	信息管理	138965543256	libin629@163.com
2	2008207101	李明	男	1990-05-15...	信息管理	13668190226	lilming@163.com
3	2008207102	张衡	男	1989-08-16...	信息管理	18956582666	zh@126.com
4	2008207103	吴菲	女	1989-02-18...	信息管理	13356598994	wufei@sohu.com
5	2009207101	李刚	男	1988-09-22...	信息管理	13485652296	ligang@136.com
6	2009207102	王萌	女	1992-06-26...	信息管理	13685869228	wangmeng@126.com

图 6-2

【例 6-3】查询男学生的所有信息。

```
USE    StudentElective
GO
SELECT  *
FROM   Students
WHERE   sex ='男'
```

查询结果如图 6-3 所示。

结果 消息

	sno	sname	sex	birthday	professional	telephone	email
1	2010206101	李斌	男	1992-06-16...	信息管理	138965543256	libin629@163.com
2	2008207101	李明	男	1990-05-15...	信息管理	13668190226	lilming@163.com
3	2008207102	张衡	男	1989-08-16...	信息管理	18956582666	zh@126.com
4	2009207101	李刚	男	1988-09-22...	信息管理	13485652296	ligang@136.com
5	2008206101	赵伟阳	男	1989-01-06...	计算机应用	13496742633	zwy88@163.com
6	2008206102	李斌	男	1988-11-13...	计算机应用	13894565826	libin@sohu.com

图 6-3

4. 消除重复数据行

指定 ALL 关键字（默认）将保留查询结果集中的全部数据行，因此，在查询结果集中可能会出现重复的数据行，而使用 DISTINCT 关键字可消除查询结果集中重复的数据行。

【例 6-4】查询学校所设置的专业。

```
USE    StudentElective
GO
SELECT   DISTINCT   professional
FROM    Students
```

查询结果如图 6-4 所示。

5. 自定义列标题

默认情况下，在结果集中显示的列名为表中的列名，对于新增的列（如计算列），系统不指定列名，而是以"无列名"标识。为了便于阅读结果集的数据，可以使用 AS 关键字指定一个更加容易理解的别名取代原来的列名。自定义列标题后，在查询结果的标题位置将显示指定的列标题，而不再是表中定义的列名。

【例6-5】查询所有学生的姓名和年龄信息。

```
USE    StudentElective
GO
SELECT    sname    AS    '姓名', Year（Getdate（））- Year（birthday）    AS    '年龄'
FROM    Students
```

查询结果如图 6-5 所示。

图6-4

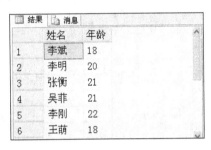

图6-5

注意

指定的列标题是一个字符串，可以用单引号括起来，也可以不用，关键字 AS 也可以省略。

6. 使用聚集函数

聚集函数的主要功能是对表在指定列名表达式的值上进行纵向统计和计算，也称为聚合函数。在 SELECT 查询语句中，常用的聚集函数如下：

1）COUNT：统计列中选取的项目个数或查询输出的行数。

2）SUM：计算指定的数值型列名表达式的总和。

3）AVG：计算指定的数值型列名表达式的平均值。

4）MAX：求出指定的数值、字符或日期型列名表达式的最大值。

5）MIN：求出指定的数值、字符或日期型列名表达式的最小值。

【例6-6】统计"信息管理"专业学生总人数。

```
USE    StudentElective
GO
SELECT    COUNT（*）    AS    '人数'
FROM    Students
WHERE    professional = '信息管理'
```

查询结果如图 6-6 所示。

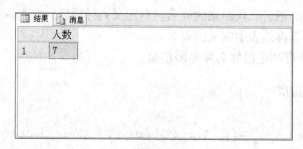

图 6-6

【例 6-7】计算课程号为"090110A"课程成绩的最高分、最低分和平均分。

```
USE    StudentElective
GO
SELECT    MAX（degree）  AS  '最高分', MIN（degree）  AS  '最低分', AVG（degree）
AS  '平均分'
FROM    Elective
WHERE    cno = '090110A '
```

查询结果如图 6-7 所示。

7. 范围查询

WHERE 子句中可用关键字 BETWEEN 和 AND 判定某个表达式值是否在某个区间范围之内。要实现这种查询，必须知道查找的初值和终值，初值和终值之间用 AND 分开。

图 6-7

【例 6-8】查询出生日期在 1988-09-01 至 1990-06-30 之间的学生的学号、姓名、性别和出生日期。

```
USE    StudentElective
GO
SELECT    sno, sname, sex, birthday
FROM    Students
WHERE    CONVERT（char（10）, birthday, 120）  BETWEEN  '1988-09-01 '  AND
'1990-06-30 '
```

查询结果如图 6-8 所示。

注意

初值必须在前，终值必须在后，如果写成 BETWEEN '1990-06-30 ' AND '1988-09-01 '，则查询结果为空。

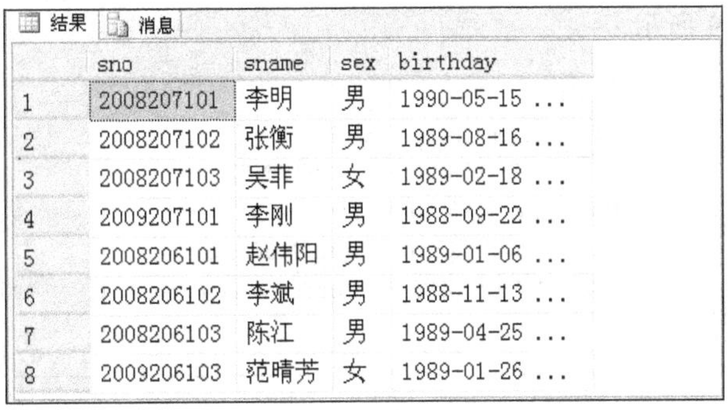

结果 消息

	sno	sname	sex	birthday
1	2008207101	李明	男	1990-05-15 ...
2	2008207102	张衡	男	1989-08-16 ...
3	2008207103	吴菲	女	1989-02-18 ...
4	2009207101	李刚	男	1988-09-22 ...
5	2008206101	赵伟阳	男	1989-01-06 ...
6	2008206102	李斌	男	1988-11-13 ...
7	2008206103	陈江	男	1989-04-25 ...
8	2009206103	范晴芳	女	1989-01-26 ...

图 6-8

8. 模糊查询

通常在查询字符类型的数据时，提供的查询条件并不是十分精确，如查询条件仅是包含或类似某种样式的字符，这种查询称为模糊查询。在 WHERE 子句中，可以使用 LIKE 关键字实现模糊查询。

LIKE 关键字用于搜索与特定字符串相匹配的字符数据，其语法形式如下：

```
<字符串表达式> [NOT] LIKE <模式表达式>
```

模式表达式可以是一个完整的字符串，也可以包含有通配符%、_、[ ] 或 [^]，这 4 种通配符的含义见表 6-1。

表 6-1 LIKE 子句中的通配符

通配符	含义
%	代表 0 个或多个字符
_	代表 1 个字符
[ ]	代表指定范围或集合中的 1 个字符
[^]	代表不在指定范围或集合中的 1 个字符

注意

在 Microsoft SQL Server 2005 中将一个汉字视为一个字符，而非两个字符。

【**例 6-9**】查询姓“李”的学生的姓名和联系方式。

该查询任务的查询条件不精确，可以用 LIKE 来模糊查询。在数据库中，姓“李”的同学可能很多，其名字到底由几个汉字组成也不清楚，所以需要用到表示任意长度的通配符“%”。

```
USE StudentElective
GO
SELECT sname, telephone, email
FROM Students
WHERE sname LIKE '李%'
```

查询结果如图 6-9 所示。

结果　消息

	sname	telephone	email
1	李斌	13896554325	libin629@163.com
2	李明	13668190226	lilming@163.com
3	李刚	13485652296	ligang@136.com
4	李斌	13894565826	libin@sohu.com

图 6-9

【例 6-10】查询名为“志明”的学生的姓名和联系方式。

```
USE  StudentElective
GO
SELECT  sname, telephone, email
FROM  Students
WHERE  sname  LIKE  '_志明'
```

查询结果如图 6-10 所示。

结果　消息

	sname	telephone	email
1	易志明	18956467255	yzm@126.com

图 6-10

【例 6-11】查询姓“李”或姓“陈”的学生的姓名和联系方式。

```
USE  StudentElective
GO
SELECT  sname, telephone, email
FROM  Students
WHERE  sname  LIKE  '[李、陈]%'
```

查询结果如图 6-11 所示。

【例 6-12】查询除了“李”姓和“陈”姓之外的所有学生的姓名和联系方式。

```
USE  StudentElective
GO
SELECT  sname, telephone, email
FROM  Students
WHERE  sname  LIKE  '[^李、陈]%'
```

	sname	telephone	email
1	李斌	13896554325	libin629@163.com
2	李明	13668190226	lilming@163.com
3	李刚	13485652296	ligang@136.com
4	李斌	13894565826	libin@sohu.com
5	陈江	13396467254	cj2008@163.com

图 6-11

查询结果如图 6-12 所示。

	sname	telephone	email
1	张衡	18956582666	zh@126.com
2	吴菲	13356598994	wufei@sohu.com
3	王萌	13685869228	wangmeng@126.com
4	刘丽	13396562277	liuli@126.com
5	赵伟阳	13496742633	zwy88@163.com
6	孙铭浩	13485658344	sunmh@yahoo.cn

图 6-12

9. 排序查询

使用 ORDER BY 子句可以按一个或多个属性列对数据进行排序，排序方式有升序（ASC）和降序（DESC）2 种，默认的排序方式为升序。

【例 6-13】查询选修课程编号为 090112A 的学生的学号和成绩，并按成绩降序排序。

```
USE StudentElective
GO
SELECT sno, degree
FROM Elective
WHERE cno ='090112A'
ORDER BY degree DESC
```

查询结果如图 6-13 所示。

	sno	degree
1	2009206103	92
2	2009207101	82
3	2009207102	79
4	2009206102	69
5	2009207103	55
6	2009206101	45

图 6-13

注意

当排序列中包含空值（NULL）时，NULL 将被视为最大值来处理。

10. 分组查询

使用 GROUP BY 子句可以根据某列的值对查询结果进行分组，然后再进行统计和汇总。如果未对查询结果分组，聚集函数将作用于整个查询结果。如果对查询结果分组，聚集函数将分别作用于每个组，从而细化了聚集函数的作用对象。例如，要查询每个同学的所有课程总分，可将成绩表中的行按学号分组，即学号相同的行分成一组（一个组就是一个同学的成绩清单），然后用聚合函数对每个组的成绩列求和，即可求出每个学生的课程总分。

【例 6-14】查询每门选修课程的平均成绩。

```
USE   StudentElective
GO
SELECT   cno   AS  '课程编号', AVG（degree）   AS   '平均成绩'
FROM   Elective
GROUP   BY   cno
```

查询结果如图 6-14 所示。

⌁ 注意

使用 GROUP BY 子句后，SELECT 子句的列名列表中只能出现分组列或聚集函数。

GROUP BY 子句用于将查询结果分组，如果分组后，还要求按一定的条件对这些组进行筛选，则可以使用 HAVING 子句指定筛选条件，最终只输出满足指定筛选条件的组。因为 HAVING

	课程编号	平均成绩
1	090101A	92
2	090102A	63
3	090103A	78
4	090110A	74
5	090112A	70

图 6-14

子句是作为 GROUP BY 子句的条件出现的，所以 HAVING 子句必须与 GROUP BY 子句同时出现，并且必须出现在 GROUP BY 子句之后。

【例 6-15】查询平均成绩大于 80 分的学生学号和平均成绩，计算平均成绩时只将及格成绩计算在内。

只将及格成绩计算在内可以由 WHERE 子句来过滤，平均成绩需要用聚合函数 AVG 计算，因此不能使用 WHERE 子句来过滤，只能使用 HAVING 子句来过滤平均分高于 80 分的记录。

```
USE StudentElective
GO
SELECT   sno   AS   学号, AVG（degree）   AS   平均成绩
FROM   Elective
WHERE   degree > =60
GROUP   BY   sno
HAVING   AVG（degree）>80
```

查询结果如图 6-15 所示。

⌁ 注意

HAVING 子句和 WHERE 子句的区别在于作用的对象不同。WHERE 子句作用于表或视

图，从中选择满足条件的数据行；而 HAVING 子句作用于组，从中选择满足条件的组。

HAVING 子句和 WHERE 子句在执行时的先后顺序也不一致，WHERE 子句先于 HAVING 子句执行。首先由 WHERE 子句筛选记录组成基本结果集，然后 GROUP BY 对基本结果集中的行分组，聚合函数再对各组进行统计计算，最后 HAVING 子句对汇总数据过滤。

	学号	平均成绩
1	2008206101	86
2	2008206103	85
3	2008207103	90
4	2009206103	89

图 6-15

11. TOP 查询

TOP 关键字表示仅在结果集中从前向后列出指定数量的数据行。使用 TOP 关键字的基本语法如下：

TOP（Expression）［PERCENT］［WITH TIES］

其中：

1）Expression：为表达式或者数字，即从前向后返回的数据行数。

2）PERCENT：百分比，表示结果集中只输出查询结果的前 Expression% 条的记录。

3）WITH TIES：指定从基本结果集中返回附加的行，这些行包含与出现在最后的 ORDER BY列中的值相同的值。必须与 ORDER BY 子句一起使用，基本结果集要根据 ORDER BY 子句指定的排序列和排序方式排序。例如，若基本结果集中第 n（Expression 的值）行后的 m 行记录的排序列数据都相同，则这些记录均在结果集中输出，即在结果集中输出基本结果集的前 n + m 行记录。

【例 6-16】查询年龄最小的学生的姓名、性别和出生日期。

```
USE    StudentElective
GO
SELECT    TOP(1)sname，sex，birthday
FROM    Students
ORDER  BY   birthday   DESC
```

查询结果如图 6-16 所示。

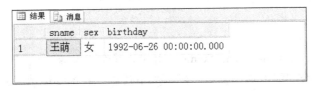

	sname	sex	birthday
1	王萌	女	1992-06-26 00:00:00.000

图 6-16

💡 **注意**

如果在使用 TOP 关键字的 SELECT 语句中没有使用 ORDER BY 子句，则按照数据文件中记录的物理顺序从前向后列出指定数量的数据行。

12. 空值处理

当需要判断一个列值是否为空（NULL）时，可以使用 IS ［NOT］ NULL 运算符。

【例 6-17】 查询 "Student" 表中 "telephone" 为空的学生信息。

```
USE   StudentElective
GO
SELECT *
FROM   Students
WHERE   telephone  IS  NULL
```

查询结果如图 6-17 所示。

	sno	sname	sex	birthday	professional	telephone	email
1	2008206103	陈江	男	1989-04-25...	计算机应用	NULL	cj2008@163.com
2	2009206103	范晴芳	女	1989-01-26...	计算机应用	NULL	fqf@ yahoo.cn

图 6-17

13. 保存查询结果集

如果需要将查询结果集保存下来，便于以后使用，可以通过 INTO 子句来实现。INTO 子句可以将查询结果存储在一个新建的表中。

【例 6-18】 查询 "计算机应用" 专业学生的信息，并将查询内容保存到新表 "Students_ Computer" 中。

```
USE   StudentElective
GO
SELECT *
INTO   Students_ Computer
FROM   Students
WHERE   professional ='计算机应用'
```

执行后生成的新表 Student_ Computer 如图 6-18 所示。

6.1.2 任务实现

1）启动 SQL Server Management Studio，附加数据库 "BookBorrow"。

2）新建一个 "查询编辑器" 窗口，编写如下代码，查询女性读者的所有信息。

```
USE   BookBorrow
GO
SELECT *
FROM   Readersys
WHERE   sex ='女'
```

图 6-18

3）修改代码，查询女性读者的姓名和专业。

4）修改代码，查询还有未还图书的读者编号和姓名。

5）编写查询语句，查询在借书数超过 3 本的读者的姓名、专业和在借书数。

6）修改代码，查询在借书数最多的学生的姓名。

7）编写如下代码查询机械工业出版社出版的图书名称、出版日期和图书价格。

```
USE    BookBorrow
GO
SELECT    bname    AS  '图书名称',
          CONVERT（char（10），publicationdate，120）  AS  '出版日期',
          price    AS  '图书价格'
FROM    Booksys
WHERE    press = '机械工业'
```

8）修改代码，查询图书名称中含有"数据库"字符串的图书编号、图书名称、作者和出版社。

9）修改代码，查询出版日期在 2008 年至 2010 年之间的图书信息。

10）修改代码，查询在馆数排名最少的图书的图书编号和图书名称。

11）编写查询语句，查询借阅次数最多的图书的图书编号和借阅次数。

```
USE    BookBorrow
GO
SELECT  TOP（1）WITH  TIES  bno  AS  '图书编号',  COUNT（*）AS  '借阅次数'
FROM    Borrowsys
GROUP  BY  bno
ORDER  BY  COUNT（*）DESC
```

12）修改代码，查询在 2009-1-1 至 2010-1-1 之间借阅过图书的读者编号。

13）编写查询语句，查询在借图书的图书编号。

```
USE    BookBorrow
GO
SELECT   bno   AS   '图书编号'
FROM    Borrowsys
WHERE   returndate   IS   NULL
```

14）修改代码，查询 2008 年底前借书未还的读者编号和图书编号。

15）修改代码，将查询到的 2008 年底前借书未还的读者编号和图书编号保存到新表"Borrowsys_Extended"中。

16）打开新表"Borrowsys_Extended"，查看记录。

17）分离数据库"BookBorrow"，保存数据库文件。

任务 6.2　连接查询

任务目标

1）理解连接查询的基本概念。

2）掌握连接查询的基本方法。

6.2.1　相关知识与技能

在设计表时，为了提高表的设计质量，经常把相关的数据分散在不同的表中。但是，在实际使用时，往往需要同时从两个或两个以上的表中检索数据，并且每一个表中的数据仍以单独的列出现在结果集中。实现从两个或两个以上表中检索数据且结果集中出现的列来自于多个表的检索操作称为连接查询。连接查询包括内连接、外连接、交叉连接 3 种。单个表也可以通过自连接实现自身的连接运算。

1. 内连接

内连接是指多个数据源通过相关列的值满足连接条件进行的匹配连接，并从这些表中提取数据组合成新的行输出。其特点是作为数据源的多个表输出的记录都必须满足查询连接条件，才会出现在结果集中，否则不会输出。内连接用 INNER JOIN 关键字来指定，其语法格式如下：

```
FROM 表 1 ｛［INNER］ JOIN 表 2  ON  条件表达式｝［...n］
```

【例 6-19】查询选修了"数据库应用"课程的学号和成绩。

课程名称信息存放在"Course"表中，学号与成绩信息存放在"Elective"表中，因此本查询涉及两个表中的数据，要实现查询，必须将这两个表中课程号相同的记录连接起来。

```
USE   StudentElective
GO
SELECT   sno, degree
FROM   Elective  INNER   JOIN   Course   ON   Elective. cno = Course. cno
WHERE   cname = '数据库应用'
```

查询结果如图 6-19 所示。

【例 6-20】查询刘丽同学的学号、所有选修课程的课程号、课程名和成绩。

学生姓名信息存放在"Students"表中,课程信息存放在"Course"表中,成绩信息存放在"Elective"表中,因此本查询涉及 3 个表中的数据。要实现查询,必须将"Students"表中学号与"Elective"表中学号相同的记录连接起来,同时需要将"Course"表中课程号与"Elective"表中课程号相同的记录连接起来。

	sno	degree
1	2008207101	86
2	2008207102	88
3	2008207103	90
4	2008206101	90
5	2008206102	76
6	2008206103	82

图 6-19

```
USE    StudentElective
GO
SELECT    Students. sno, Course. cno, cname, degree
FROM    Students INNER JOIN Elective ON Students. sno = Elective. sno
INNER JOIN Course ON Elective. cno = Course. cno
WHERE    sname = '刘丽'
```

当数据源有多个表时,且这些表中有同名的字段,若要在结果集中输出这些同名的字段的列,则必须在 SELECT 输出的列名前冠以表名,并用点号(.)将表名和列名分隔开,以指明该列属于那个表,否则会出现"列名不明确"的错误。在本查询语句中,"sno"和"cno"分别在两个表中出现,因此必须加上表名前缀。查询结果如图 6-20 所示。

	sno	cno	cname	degree
1	2009207103	090110A	高等数学	64
2	2009207103	090112A	大学英语	55

图 6-20

💡 注意

内连接要求两个或多个表中的数据行都要满足连接条件,如果某数据行无法满足连接条件,则将此数据行丢弃,因此,内连接可能会丢失数据信息。

2. 外连接

内连接返回的结果集仅是符合连接条件(由 ON 指定)和查询条件(由 WHERE 指定)的数据行,而外连接则是其中一个表的全集和另一个表与其匹配的数据。

外连接与内连接最大的不同就是外连接返回 FROM 子句中指定的至少一个表的所有行,只要这些行符合搜索条件。外连接又分为左外连接、右外连接和全外连接。

(1)左外连接

左外连接用 LEFT OUTER JOIN 关键字来指定。左外连接将左表(LEFT OUTER JOIN 关键字左边的那张表)的所有数据分别与右表(LEFT OUTER JOIN 关键字右边的那张表)的每条数据进行连接组合,返回的结果集包括左表的所有数据行,对于左表中不符合连接条件的数据,在右表的相应列中填上 NULL 值。左外连接的语法如下:

```
FROM    左表    LEFT OUTER JOIN    右表    ON    连接条件
```

【例 6-21】 查询"大学英语"课程的选修情况。

```
USE    StudentElective
GO
SELECT    cname，Course. cno，degree
FROM    Course LEFT OUTER JOIN Elective
ON    Course. cno = Elective. cno
WHERE    cname = '大学英语'
```

查询结果如图 6-21 所示。

（2）右外连接

右外连接用 RIGHT OUTER JOIN 关键字来指定。右外连接将右表（RIGHT OUTER JOIN 关键字右边的那张表）的所有数据分别与左表（RIGHT OUTER JOIN 关键字左边的那张表）的每条数据进行连接组合，返回的结果集包括右表的所有数据行，对于右表中不符合连接条件的数据，在左表的相应列中填上 NULL 值。右外连接的语法如下：

	cname	cno	degree
1	大学英语	090112A	45
2	大学英语	090112A	69
3	大学英语	090112A	92
4	大学英语	090112A	82
5	大学英语	090112A	79
6	大学英语	090112A	55
7	大学英语	090112B	NULL

图 6-21

```
FROM    左表    RIGHT OUTER JOIN    右表    ON    连接条件
```

【例 6-22】 查询所有学生的选课情况。

```
USE    StudentElective
GO
SELECT    sname，cno，degree
FROM    Elective    RIGHT OUTER JOIN Students
ON    Elective. sno = Students. sno
```

查询结果如图 6-22 所示。

（3）全外连接

全外连接就是将左表所有数据分别与右表的每一条数据进行连接，返回的结果集中除了满足连接条件的数据行外，还有左、右表中不满足连接条件的数据行，分别在左、右表的相应列上填上 NULL 值。全外连接的语法如下：

	sname	cno	degree
1	李斌	NULL	NULL
2	李明	090101A	86
3	李明	090102A	68
4	张衡	090101A	88
5	张衡	090102A	65
6	吴菲	090101A	90

图 6-22

```
FROM    左表    FULL OUTER JOIN    右表    ON    连接条件
```

【例 6-23】 查询所有课程的成绩信息。

```
USE    StudentElective
GO
SELECT    Course. cno , cname , sno , degree
FROM    Course    FULL OUTER JOIN    Elective
ON    Course. cno = Elective. cno
ORDER BY    cno
```

查询结果如图 6-23 所示。

注意

全外连接综合了左外连接和右外连接的特点，可以把左右两个表中不满足连接条件的数据集中起来显示在结果集中，为查看和研究特殊数据提供了极大的便利。

3. 交叉连接

交叉连接也叫非限制连接，它将两个表不加任何限制的组合起来。没有 WHERE 子句的交叉连接返回的结果集的行数等于两个表的数据行数的乘积，因此可能产生庞大的结果集。交叉连接的语法如下：

	结果	消息		
	cno	cname	sno	degree
18	090110A	高等数学	2009206103	86
19	090110B	高等数学	NULL	NULL
20	090112A	大学英语	2009207101	82
21	090112A	大学英语	2009207102	79
22	090112A	大学英语	2009207103	55
23	090112A	大学英语	2009206101	45
24	090112A	大学英语	2009206102	69
25	090112A	大学英语	2009206103	92
26	090112B	大学英语	NULL	NULL

图 6-23

```
FROM    表名 1    CROSS JOIN    表名 2
```

【例 6-24】将学生信息表"Students"和课程信息表"Course"交叉连接，显示查询结果集的前 10 行。

```
USE    StudentElective
GO
SELECT    TOP（10）*
FROM    Students    CROSS    JOIN    Course
```

查询结果如图 6-24 所示。

	结果	消息								
	sno	sname	sex	birthday	professional	telephone	email	cno	cname	credit
1	2010206101	李斌	男	1992-06-16 ...	信息管理	138965543256	libin629@163.com	090110A	高等数学	3
2	2010206101	李斌	男	1992-06-16 ...	信息管理	138965543256	libin629@163.com	090112A	大学英语	3
3	2010206101	李斌	男	1992-06-16 ...	信息管理	138965543256	libin629@163.com	090101A	数据库应用	4
4	2010206101	李斌	男	1992-06-16 ...	信息管理	138965543256	libin629@163.com	090102A	C语言程序设计	4
5	2010206101	李斌	男	1992-06-16 ...	信息管理	138965543256	libin629@163.com	090103A	面向对象程序设计	4
6	2010206101	李斌	男	1992-06-16 ...	信息管理	138965543256	libin629@163.com	090112B	大学英语	3
7	2010206101	李斌	男	1992-06-16 ...	信息管理	138965543256	libin629@163.com	090110B	高等数学	3
8	2008207101	李明	男	1990-05-15 ...	信息管理	13668190226	lilming@163.com	090110A	高等数学	3

图 6-24

4. 自连接

表可以通过自连接实现自身的连接运算。自连接可以看做是一张表的两个副本之间进行的连接，在自连接中，必须为表指定两个不同的别名，使之逻辑上成为两张表。

【例 6-25】查询姓名相同的学生的学号和姓名。

```
USE    StudentElective
GO
SELECT   a. sno，a. sname
FROM    Students   a   INNER JOIN   Students   b
ON    a. sname = b. sname
WHERE    a. sno < > b. sno
```

通过此查询，可以将全部重名学生查找出来。查询结果如图 6-25 所示。

6.2.2　任务实现

1）启动 SQL Server Management Studio，附加数据库"BookBorrow"。

2）新建一个"查询编辑器"窗口，编写如下查询语句，查询读者"李明"的图书借阅历史信息。

	sno	sname
1	2010206101	李斌
2	2008206102	李斌

图 6-25

```
USE    BookBorrow
GO
SELECT   rname，bno，borrowdate，returndate
FROM    Readersys INNER JOIN Borrowsys
ON    Readersys. rno = Borrowsys. rno
WHERE    rname = '李明'
```

3）修改代码，查询曾借阅过"数据库应用技术"图书的读者信息。

4）编写如下查询语句，查询所有读者借阅过的图书的图书编号。

```
USE    BookBorrow
GO
SELECT   DISTINCT（bno）
FROM    Readersys   LEFT OUTER JOIN   Borrowsys
ON    Readersys. rno = Borrowsys. rno
WHERE    bno   IS NOT NULL
```

5）分析语句中"DISTINCT"和"WHERE bno IS NOT NULL"的作用。

6）修改代码，查询所有图书被哪些读者所借阅，列出读者编号。

7）修改代码，查询所有图书的借阅历史信息。

8）编写查询语句，查询图书名称相同但作者不同的图书编号。

9）分离数据库"BookBorrow"，保存数据库文件。

任务6.3 子查询

任务目标

1）了解子查询的规则。

2）掌握 IN、EXISTS 和比较子查询的基本方法。

6.3.1 相关知识与技能

1. 子查询

SELECT 语句可以嵌套在其他语句中，这些语句包括 SELECT、INSERT、UPDATE、DE-LETE 等。这些嵌套的 SELECT 语句被称为子查询。外层的 SELECT 语句被称为外部查询，内层的 SELECT 语句被称为内部查询（或子查询）。当一个查询依赖于另外一个查询结果时，则可以使用子查询。

子查询分为 IN 子查询、EXISTS 子查询和比较子查询。同时，子查询还可以嵌套使用。

2. 子查询的规则

使用子查询时，受下面条件限制。

1）通过比较运算符引入的子查询选择列表只能包括一个表达式或列名称。

2）如果外部查询的 WHERE 子句包括列名称，它必须与子查询选择列表中的该列是兼容的。

3）子查询的选择列表中不允许出现 ntext、text 和 image 数据类型。

4）未修改的比较运算符（即后面未跟关键字 ANY 或 ALL 的运算符）引入的子查询不能包含 GROUP BY 和 HAVING 子句。

5）包含 GROUP BY 的子查询不能使用 DISTINCT 关键字。

6）不能指定 COMPUTE 和 INTO 子句。

7）只有指定了 TOP 时才能指定 ORDER BY。

8）使用子查询创建的视图不能更新。

3. IN 子查询

IN 子查询通过使用 IN 关键字可以把原表中目标列的值和子查询的返回结果进行比较，如果列值与子查询的结果一致或存在与之匹配的数据行，则查询结果集中就包含该数据行。

【例6-26】查询"C 语言程序设计"或"面向对象程序设计"课程的课程号。

```
USE    StudentElective
GO
SELECT    cno
FROM    Course
WHERE    cname    IN('C 语言程序设计', '面向对象程序设计')
```

查询结果如图 6-26 所示。

【例 6-27】 查询选修了"C 语言程序设计"或"面向对象程序设计"课程的学生学号。

```
USE   StudentElective
GO
SELECT   sno
FROM   Elective
WHERE   cno   IN   (
    SELECT   cno
    FROM   Course
    WHERE   cname   IN('C 语言程序设计', '面向对象程序设计')
)
```

查询结果如图 6-27 所示。

图 6-26　　　　　　　　　　　　　　　　　图 6-27

【例 6-28】 查询选修了"C 语言程序设计"或"面向对象程序设计"课程的学生信息。

```
USE   StudentElective
GO
SELECT   *
FROM   Students
WHERE   sno   IN   (
    SELECT   sno
    FROM   Elective
    WHERE   cno   IN(
        SELECT   cno
        FROM   Course
        WHERE   cname   IN('C 语言程序设计', '面向对象程序设计')
    )
)
```

查询结果如图 6-28 所示。

	sno	sname	sex	birthday	professional	telephone	email
1	2008207101	李明	男	1990-05-15 ...	信息管理	13668190226	lilming@163.com
2	2008207102	张衡	男	1989-08-16 ...	信息管理	18956582666	zh@126.com
3	2008207103	吴菲	女	1989-02-18 ...	信息管理	13356598994	wufei@sohu.com
4	2008206101	赵伟阳	男	1989-01-06 ...	计算机应用	13496742633	zwy88@163.com
5	2008206102	李斌	男	1988-11-13 ...	计算机应用	13894565826	libin@sohu.com
6	2008206103	陈江	男	1989-04-25 ...	计算机应用	NULL	cj2008@163.com

图 6-28

注意

可以在 IN 关键字的前面加上 NOT，返回的结果集刚好相反。

【例 6-29】查询"信息管理"专业没有选修"数据库应用"这门课程的学生信息。

```
USE    StudentElective
GO
SELECT  *
FROM    Students
WHERE   sno   NOT IN  (
    SELECT  sno
    FROM    Elective
    WHERE   cno = (
        SELECT  cno
        FROM    Course
        WHERE   cname = '数据库应用'
    )
) AND   professional = '信息管理'
```

查询结果如图 6-29 所示。

	sno	sname	sex	birthday	professional	telephone	email
1	2010206101	李斌	男	1992-06-16...	信息管理	13896554325	libin629@163.com
2	2009207101	李刚	男	1988-09-22...	信息管理	13485652296	ligang@136.com
3	2009207102	王萌	女	1992-06-26...	信息管理	13685869228	wangmeng@126.com
4	2009207103	刘丽	女	1990-10-27...	信息管理	13396562277	liuli@126.com

图 6-29

4. EXISTS 子查询

EXISTS 关键字的作用是在 WHERE 子句中测试子查询的结果是否为空，若子查询的结果不为空，则 EXISTS 返回 True，否则返回 False。使用 EXISTS 关键字的子查询实际上不返回任何数据。NOT EXISTS 关键字则与 EXISTS 相反。

【例 6-30】查询还没有在成绩表中登记成绩的所有课程信息。

```
USE    StudentElective
GO
SELECT  *
FROM    Course
WHERE   NOT EXISTS (
SELECT 1
FROM    Elective
WHERE    Elective. cno = Course. cno
)
```

其查询过程如下：

1）取出课程表"Course"中第一行的"cno"字段值。

2）执行子查询，在成绩表"Elective"的"cno"字段中查找是否有第一步取出的值。若有，则返回 False，若无，则返回 True。

3）根据第 2 步返回的布尔值决定是否输出该行的数据。

4）重复前面 3 个步骤，直到对所有行的查询结束。

查询结果如图 6-30 所示。

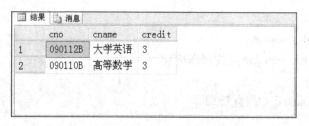

图 6-30

【例 6-31】查询至少选修了一门课程的学生学号和姓名。

```
USE    StudentElective
GO
SELECT   Students. sno，sname
FROM    Students
WHERE   EXISTS (
    SELECT 1
    FROM    Elective
    WHERE    Elective. sno = Students. sno
)
```

查询结果如图 6-31 所示。

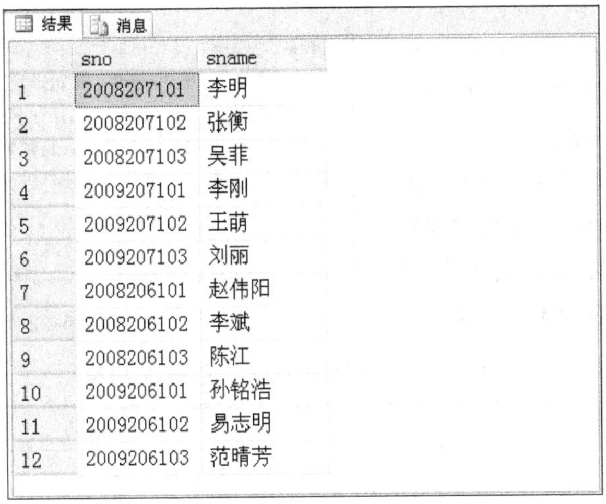

	sno	sname
1	2008207101	李明
2	2008207102	张衡
3	2008207103	吴菲
4	2009207101	李刚
5	2009207102	王萌
6	2009207103	刘丽
7	2008206101	赵伟阳
8	2008206102	李斌
9	2008206103	陈江
10	2009206101	孙铭浩
11	2009206102	易志明
12	2009206103	范晴芳

图 6-31

注意

由于使用 EXISTS 关键字的子查询不返回任何数据，因此，子查询常用“SELECT 1 FROM...”的格式，以提高数据检索的效率。

5. 比较子查询

比较子查询就是通过比较运算符（包括 >、> =、<、< =、< >、! >、! <、=、! =）将主查询中的一个表达式与子查询返回的结果进行比较，如果表达式的值与子查询结果相比为真，那么，主查询中的条件表达式返回 True，否则返回 False。

【例 6-32】 查询和“李明”同学年龄相同的学生姓名、出生月份日期和邮箱地址。

```
USE  StudentElective
GO
SELECT  sname  AS  '姓名',
        LTRIM (STR(Month (birthday)) +'月') + LTRIM (STR(Day (birthday))
          +'日')  AS  '出生日期',
        email  AS  '邮箱地址'
FROM  Students
WHERE  Year (birthday) = (
     SELECT  Year (birthday)  FROM  Students
     WHERE  sname = '李明'
)
```

查询结果如图 6-32 所示。

☀ **注意**

当使用比较运算符时，必须保证子查询所返回的结果集中只有单行数据，否则将引起查询错误。

子查询返回单行数据时，可以用比较运算符，但如果返回多行数据，则必须把比较运算符与 ALL 或 ANY 搭配在一起来使用，其语义见表 6-2。

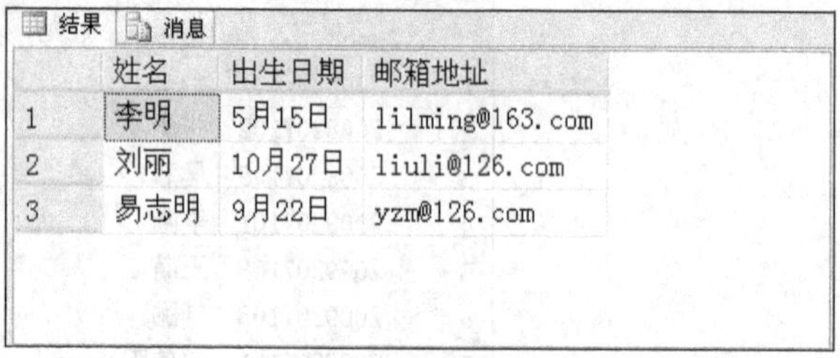

	姓名	出生日期	邮箱地址
1	李明	5月15日	lilming@163.com
2	刘丽	10月27日	liuli@126.com
3	易志明	9月22日	yzm@126.com

图 6-32

表 6-2　比较运算符与 ALL 或 ANY 搭配

比较运算	语义
> ANY	大于子查询结果中的某个值
> ALL	大于子查询结果中的所有值
< ANY	小于子查询结果中的某个值
< ALL	小于子查询结果中的所有值
> = ANY	大于等于子查询结果中的某个值
> = ALL	大于等于子查询结果中的所有值
< = ANY	小于等于子查询结果中的某个值
< = ALL	小于等于子查询结果中的所有值
= ANY	等于子查询结果中的某个值
= ALL	等于子查询结果中的所有值
! = ANY	不等于子查询结果中的某个值
! = ALL	不等于子查询结果中的所有值

【例 6-33】查询"信息管理"专业中比"计算机应用"专业某一学生年龄小的学生姓名和年龄。

```
USE    StudentElective
GO
SELECT   sname   AS  '姓名', Year（Getdate（））- Year（birthday）  AS   '年龄'
FROM   Students
WHERE   Year（Getdate（））- Year（birthday）< ANY（
   SELECT   Year（Getdate（））- Year（birthday）
   FROM   Students
   WHERE   professional = '计算机应用'
）   AND   professional = '信息管理'
```

系统首先执行子查询，得到子查询结果集 {29，29，28，27，28，27}，然后处理主查询，找出信息管理专业年龄小于集合 {29，29，28，27，28，27} 中某个值的学生姓名和年龄。查询结果如图 6-33 所示。

	姓名	年龄
1	李斌	18
2	李明	20
3	张衡	21
4	吴菲	21
5	李刚	22
6	王萌	18
7	刘丽	20

图 6-33

【例 6-34】 查询其他课程中比课程号“090103A”成绩都高的课程编号和课程成绩。

```
USE  StudentElective
GO
SELECT  cno  AS  '课程编号', degree  AS  '课程成绩'
FROM  Elective
WHERE  degree > ALL (
  SELECT  degree  FROM  Elective
  WHERE  cno ='090103A'
)  AND  cno! ='090103A'
```

系统首先执行子查询，得到子查询结果集 {83，69，88}，然后处理主查询，找出其他课程中大于集合 {83，69，88} 中所有值的课程编号和课程成绩。查询结果如图 6-34 所示。

	课程编号	课程成绩
1	090101A	90
2	090101A	90
3	090112A	92

图 6-34

6.3.2 任务实现

1）启动 SQL Server Management Studio，附加数据库“BookBorrow”。

2）新建一个“查询编辑器”窗口，输入如下语句，查询与“李明”在同一个专业的其他读者的读者编号。

```
USE    BookBorrow
GO
SELECT   rno
FROM    Readersys
WHERE    rname！='李明'   AND   professional = (
  SELECT   professional
  FROM    Readersys
  WHERE    rname = '李明'
)
```

3) 修改补充语句，查询与 "李明" 在同一个专业的其他读者的借阅信息。

4) 创建查询语句，查询借阅过高等教育出版社出版的图书的读者编号。

5) 在 "查询编辑器" 窗口中输入如下语句，查询出至少借过 2 本书的读者的姓名、专业和在借书数。

```
USE    BookBorrow
GO
SELECT   rname, professional, borrownumber
FROM    Readersys
WHERE    EXISTS (
  SELECT 1
  FROM    Borrowsys
  WHERE    Readersys. rno = Borrowsys. rno
  GROUP BY   Borrowsys. rno
  HAVING    COUNT (＊) ＞ =2
)
```

6) 修改补充语句，查询出从来没有借过书的读者信息。

7) 创建查询语句，查询出比女性读者在借书数多的男性读者的读者信息。

8) 在 "查询编辑器" 窗口中输入如下语句，查询 "信息管理" 专业读者的在借书数超过本专业平均在借书数的读者姓名。

```
USE    BookBorrow
GO
SELECT   rname
FROM    Readersys
WHERE    professional = '信息管理'   AND   borrownumber ＞ (
  SELECT   AVG (borrownumber)
  FROM    Readersys
  WHERE    professional = '信息管理'
)
```

9）修改查询语句，查询"计算机应用"专业读者的在借书数超过"信息管理"专业平均在借书数的读者姓名。

10）分离数据库"BookBorrow"，保存数据库文件。

任务6.4 联合查询

任务目标

1）理解联合查询的基本概念。

2）掌握联合查询的基本方法。

6.4.1 相关知识与技能

1. 联合查询

对于不同的查询操作会生成不同的查询结果集，可以使用联合查询将多个结果集合并到一个结果集中。联合查询通过 UNION 或 UNION ALL 关键字来实现。

【例6-35】查询选修了课程号"090101A"或选修了课程号"090103A"的学生学号。

```
USE    StudentElective
GO
SELECT    sno
FROM    Elective
WHERE    cno ='090101A'
UNION
SELECT    sno
FROM    Elective
WHERE    cno ='090103A'
```

查询结果如图 6-35 所示。

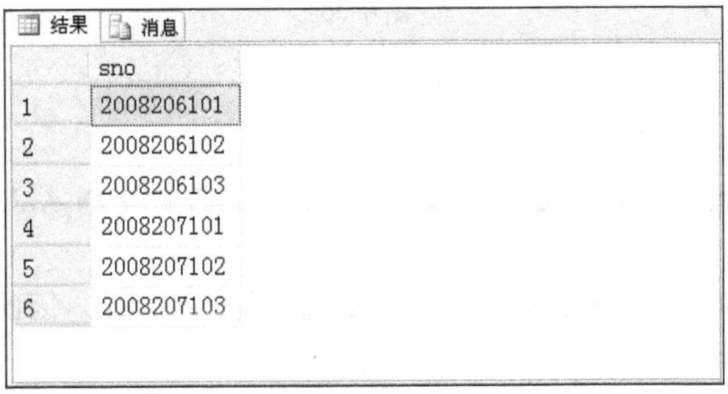

	sno
1	2008206101
2	2008206102
3	2008206103
4	2008207101
5	2008207102
6	2008207103

图 6-35

注意

如果要将多个结果集合并到一起，它们必须具有相同的结构，即列的数量相同，且相应列的数据类型也要一致，或是可以自动将它们转换为相同的数据类型。在自动转换时，系统将低精度的数据类型转换为高精度的数据类型。

【例6-36】查询选修了课程号"090101A"或选修了课程号"090103A"的学生学号。

```
USE    StudentElective
GO
SELECT   sno
FROM   Elective
WHERE   cno = '090101A '
UNION   ALL
SELECT   sno
FROM   Elective
WHERE   cno = '090103A '
```

查询结果如图6-36所示。

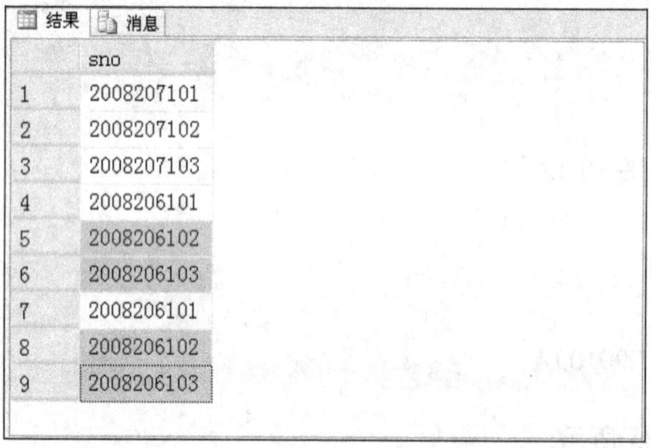

	sno
1	2008207101
2	2008207102
3	2008207103
4	2008206101
5	2008206102
6	2008206103
7	2008206101
8	2008206102
9	2008206103

图 6-36

注意

UNION 合并多个结果集时会自动删除重复数据行，而 UNION ALL 合并多个结果集时不会删除重复数据行。

联合查询时，查询结果的列标题为第一个查询语句的列标题。因此，要定义列标题必须在第一个查询语句中定义。

在包括多个查询的 UNION 语句中，其执行顺序是自左至右，使用括号可以改变这一执行顺序。例如：

查询 1UNION（查询 2UNION 查询 3）

2. 排序联合查询结果

联合查询也可以对结果进行排序，这时必须把 ORDER BY 子句与最后一个 SELECT 语句放在一起使用，而且要对第一个 SELECT 语句的列名进行排序。

【例 6-37】查询"计算机应用"专业或"信息管理"专业的学生姓名，并按姓名排序。

```
USE    StudentElective
GO
SELECT    sname
FROM    Students
WHERE    professional = '计算机应用'
UNION    ALL
SELECT    sname
FROM    Students
WHERE    professional = '信息管理'
ORDER    BY    1
```

查询结果如图 6-37 所示。

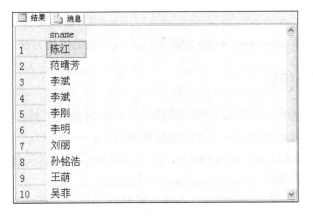

图 6-37

6.4.2 任务实现

1）启动 SQL Server Management Studio，附加数据库"BookBorrow"。

2）创建查询语句，查询人民邮电出版社出版的图书名称或机械工业出版社出版的图书名称。

3）新建"查询编辑器"窗口，输入以下查询语句。

```
USE    BookBorrow
GO
SELECT    rname，professional
FROM    Readersys
WHERE    borrownumber > 2
UNION
```

```
SELECT   rname, professional
FROM   Readersys
WHERE   rno  IN (
    SELECT   rno
    FROM   Borrowsys
    GROUP   BY   rno   HAVING   COUNT （＊）＞4
)
```

4）执行查询，分析总结查询语句的功能。

5）修改查询语句，查询 2009 年出版或登记的图书编号和名称。

6）分离数据库"BookBorrow"，保存数据库文件。

任务 6.5　使用 SQL Server Management Studio 实现查询

任务目标

掌握 SQL Server Management Studio 中图形化查询工具的使用方法。

6.5.1　相关知识与技能

在 SQL Server Management Studio 中，提供了图形化的查询工具，使用方便，效率较高。使用 SQL Server Management Studio 进行查询的步骤如下：

1）启动 SQL Server Management Studio，在"对象资源管理器"窗口中依次展开"数据库"节点，当前可用数据库（如 StudentElective 数据库）。

2）右键单击要执行查询的数据表，在弹出的快捷菜单中选择"打开表"命令，打开数据表。

3）在数据表记录区域单击鼠标右键，在弹出的快捷菜单中选择"窗格"→"条件"命令，如图 6-38 所示。

4）在查询条件设置界面中，选择要输出的列、指定排序方式和筛选条件，然后单击鼠标右键，选择"执行 SQL"命令即可，如图 6-39 所示。

6.5.2　任务实现

1）启动 SQL Server Management Studio，附加数据库"BookBorrow"。

2）利用 SQL Server Management Studio 查询在借书数超过 3 本的读者的姓名、专业和在借书数。

3）查询机械工业出版社出版的图书名称、出版日期和图书价格。

4）查询两年前借阅图书的读者编号与图书编号。

5）分离数据库"BookBorrow"，保存数据库文件。

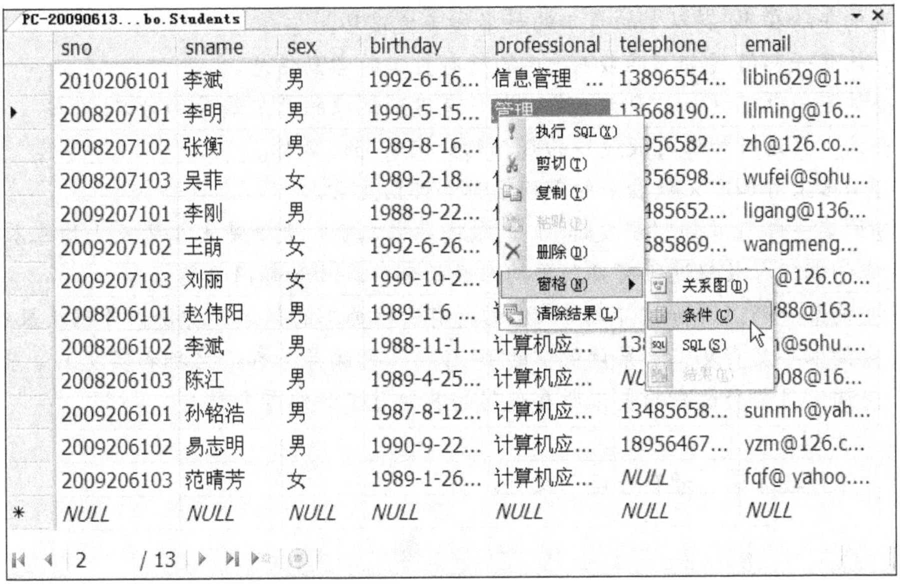

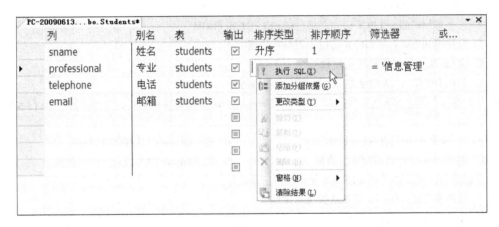

图 6-38

图 6-39

技能提高训练

一、训练目的
灵活运用 SQL Server Management Studio 和 SELECT 语句完成数据查询操作。

二、训练内容
1. 附加数据库

附加数据库"考勤管理"。

2. 创建查询

1）查询出所有员工的姓名、年龄和身份证号码。

2）查询出所有男性员工的信息。

3）查询出基本工资在 2000~3500 元之间的员工的姓名和部门名称。

4）查询年龄在 30 岁以上的员工的姓名和工资信息。

5）查询某一部门（如"市场部"）的所有员工的考勤信息。

6）查询某一部门（如"研发部"）本月有迟到记录的员工编号和姓名。

7）查询上月延时加班天数最多的员工的姓名和部门名称。

8）查询出上月加班天数最多的部门名称和部门主管。

9）查询某一部门（如"研发部"）的最高基本工资、最低基本工资及平均基本工资。

10）查询部门人数超过所有部门平均人数的部门编号和部门名称。

11）查询某一部门（如"市场部"）的所有女性员工的姓名、身份证号码及基本工资。

12）查询本年度实发工资累计最少的 10 位员工的编号、部门名称和实发工资累计。

13）查询上月奖金最高的员工所在部门的其他员工的编号和奖金。

3. 分离数据库

分离并保存数据库"考勤管理"文件。

习 题

一、选择题

1. 下面对 SELECT 语句说法正确的是（　　）。

   A. 一个可执行的 SELECT 语句必须包括 SELECT 和 FROM

   B. 只使用 SELECT 和 FROM 可以列出单行数据

   C. SELECT 无法列举某列完整数据

   D. 使用 DISTINCT 关键字删除了数据库中相同的行

2. 执行 SQL 语句 "SELECT TOP 40 PERCENT sno, sname FROM Students"，结果返回了 20 行数据，则（　　）。

   A. 表 Students 中只有 40 行数据   B. 表 Students 中只有 20 行数据

   C. 表 Students 中大约有 50 行数据   D. 表 Students 中大约有 100 行数据

3. 下面关于查询语句中 ORDER BY 子句使用正确的是（　　）。

   A. 如果未指定排序列，则默认按递增排序

   B. 数据表的列都可用于排序

   C. 如果在 SELECT 子句中使用了 DISTINCT 关键字，则排序列必须出现在查询结果中

   D. 联合查询不允许使用 ORDER BY 子句

4. WHERE 子句用来指定（　　）。

   A. 查询结果的分组条件   B. 组或聚合的搜索条件

   C. 限定返回行的搜索条件   D. 结果集的排序方式

5. 语句 "SELECT A B FROM C"，其中 A 和 B 是列名，C 为表名，则下面说法正确的是（　　）。

   A. 语句不能正常执行，因为出现了语法错误

   B. 语句可以正常执行，因为 A 是 B 的别名

   C. 语句可以正常执行，因为 B 是 A 的别名

   D. 语句可以正常执行，因为 A 和 B 是两个不同的别名

二、思考题

1. 简要说明 SELECT 语句的主要格式？

2. LIKE 子句可以使用哪几种通配符？这些通配符有什么作用？

3. 连接查询和子查询的异同点是什么？

4. 内连接和外连接的区别在哪里？

5. 外连接有几种方式？这些方式有什么异同？

应 用 提 高

1. 附加"×××学习记录"数据库。

2. 将本章自己的学习体会、总结的技巧和习题答案存入数据库中。

3. 创建查询，查询某位学生的实现任务记录。

4. 创建查询，查询某位学生的提高训练记录。

5. 创建查询，查询某位学生的习题记录。

6. 分离并保存"×××学习记录"数据库文件。

第7章

使用视图与索引

视图是查看数据库表中数据的一种方式，它将预定义的查询语句作为数据库的对象存储起来供以后使用。使用视图可以提高数据库数据的易用性、安全性和独立性。当表或者视图中的数据量较大时，数据的检索和使用效率都会下降，服务器的负载也会提高。为了能够高效地使用表或者视图中的数据，SQL Server 2005 通过在表或者视图上建立索引提高检索速度。

学习目标

- 了解视图的基本概念、存储方式和特点。
- 掌握视图创建、维护和使用。
- 了解索引的存储、作用和特点。
- 掌握索引的创建、维护和管理。

任务7.1　创建视图

任务目标

1）理解视图的分类和优点。

2）掌握创建视图的基本方法。

7.1.1　相关知识与技能

1. 视图

视图是一种数据库对象，是一种查看数据表中数据的方法。视图中数据定义来源于表，可以从一个表或者多个表中提取数据。提供数据和数据定义的表称为基表。

视图与表一样由行和列构成，使用方式与表类似，可以查询数据、创建索引、插入数据、修改数据和删除数据。

视图与表又有区别，视图是一个虚拟表，即视图所对应的数据不进行实际存储，数据库中只存储视图定义。SQL Server 处理视图的操作时，会在数据库中找到视图的定义，然后，把对视图的查询转化为视图基本表的等价查询，并执行该等价查询。

在 SQL Server 2005 中视图有标准视图、分区视图和索引视图 3 种类型。

1）标准视图：标准视图组合了一个或多个表中的数据，大多数视图的应用都是在此基础上进行的。

2）分区视图：分区视图在一台或多台服务器间水平连接一组成员表中的分区数据，使对数据的处理如同对一个表进行操作。

3）索引视图：索引视图是被具体化了的视图，即它已经过计算并存储。因此它允许数据按照索引方式重新排序存储。索引视图可以显著提高某些类型查询的性能。索引视图尤其适于聚合许多行的查询，但不适于经常更新的基本数据集。

2. 视图的优点

不同的用户对数据的需求不同，视图可以按照需要将多个表或者视图中的数据集中在一起，从而方便用户的数据查询和处理，提高服务器的效率。

视图在基表和用户之间建立了一个缓冲，保护了基表的结构、定义和基表中不需用户知晓的数据，简化和方便了数据的查询，提高了数据的安全性。

利用视图，可以直接将视图的使用权限分配给指定的用户，简化了将基表权限分配给用户的操作，提高了数据库的安全性。

3. 使用 SQL Server Management Studio 创建视图

使用 SQL Server Management Studio 创建视图的基本步骤如下。

1）启动 SQL Server Management Studio，在"对象资源管理器"窗口中，展开数据库对象，右键单击视图，在弹出的快捷菜单中选择"新建视图"命令，打开"添加表"对话框，如图 7-1 所示。

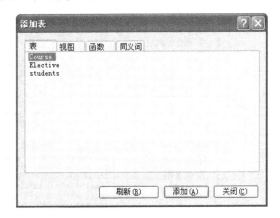

2）通过在"添加表"对话框的不同选项卡中选择基表、视图或函数作为视图数据列的产生对象，可以逐一添加对象，也可以用"Shift"或"Ctrl"同时选择多个对象一次性添加。完成后，单击"关闭"按钮，打开视图设计窗口，如图 7-2 所示。

图 7-1

3）视图设计窗口顶部是数据对象，中部为视图的数据选择设计，下部为视图对应的查询语句。单击数据对象数据列前的方框，勾选需要在视图中包含的数据列，这些列称为输出列。被选中的列的信息会出现在中部的设计部分，如图 7-3 所示。

4）在视图设计部分，通过在别名列输入字符串，可以为数据列定义视图中的列名，实现数据与源数据对象的屏蔽，或者将来自不同数据对象中同名数据列区分开。

💡 **注意**

为列取别名，实际上是显式的为视图的各列命名，以后在使用视图时只能通过该别名去引用视图的相应列。

5）在排序类型中选择数据排序关键字的排序方法，排序顺序确定关键字的先后。

6）在筛选器列中确定选择数据的"与"条件，在"或……"中确定同一关键字上的"或"条件。随着设计部分的不同设置，下面的查询语句会跟随变化，如图 7-4 所示。

7）如果通过视图设计生成的查询语句不符合需求，可以直接在查询语句上修改，或者将查询语句删除后重新编写满足要求的查询语句。

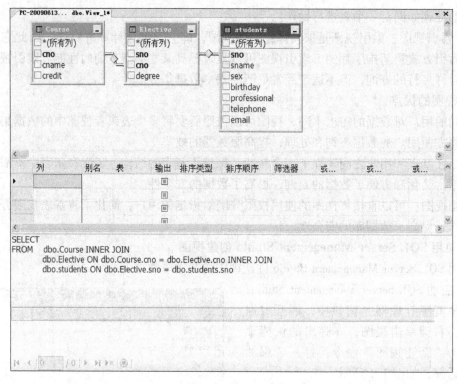

图 7-2

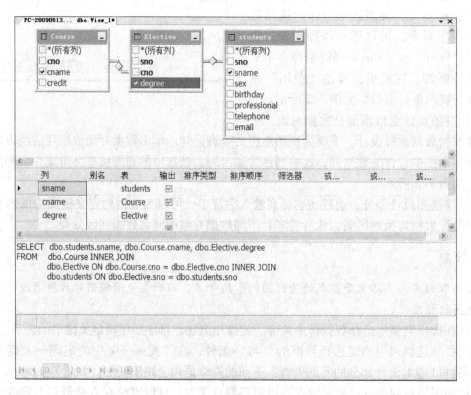

图 7-3

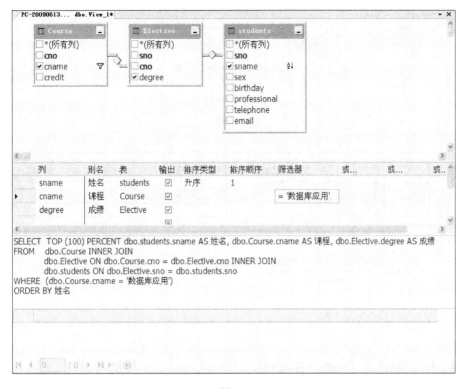

图 7-4

8）单击视图工具栏上的"验证 SQL 句法"按钮，可以对生成视图的查询语句进行验证，如图 7-5 所示。

9）如果语法正确，可以通过"执行 SQL"命令生成视图的数据，如图 7-6 所示。

10）单击工具栏上的"保存"按钮，在弹出的"选择名称"对话框中为视图输入名称，如图 7-7 所示，单击"确定"保存。

图 7-5

技巧

视图名称必须符合 SQL Server 2005 对数据对象名称的要求，这里为了将视图与其他数据对象相区别，在名称前添加"V_"前缀。

11）展开数据库的"视图"节点，可以查看新建的视图。

4. 使用 T-SQL 语句创建视图

除了可以通过 SQL Server Management Studio 的图形化界面创建视图以外，还可以使用 T-SQL 语言提供的 CREATE VIEW 语句创建视图。使用 T-SQL 语句创建视图的基本语法格式如下：

```
CREATE  VIEW  视图名  [（列名[，…n]）]
AS
查询语句
[WITH CHECK OPTION]
```

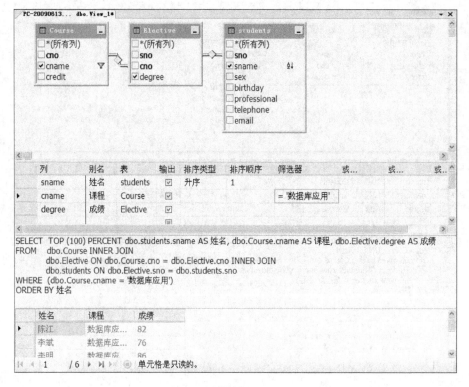

图 7-6

其中各个参数的含义如下：

1）列名：视图中包含的列的名称，可以省略。如果列名省略，视图根据查询语句提取基表的列名作为列名。可以用"列名 AS 别名"的方式指定列的别名。当视图中的数据由函数、表达式或者常量生成时，列名不能省略。当视图中有两个列或者多个列同名时，必须指定列名。

图 7-7

2）WITH CHECK OPTION：强制通过视图进行的数据修改必须符合定义视图的查询语句中所包含的各种限制。如果在查询语句中使用了关键字"TOP"，则不能使用该选项。

【例 7-1】用 T-SQL 语句新建一个视图，取名"v_学生专业信息"，包括学生的学号、姓名、专业等信息。

```
USE    StudentElective
GO
CREATE   VIEW   v_学生专业信息
AS
SELECT   sno，sname，professional
FROM   Students
```

【例 7-2】新建一个视图，取名"v_学生总成绩"，要求输出所有学生的姓名和总成绩。

```
USE    StudentElective
GO
CREATE    VIEW    v_学生总成绩（姓名，总成绩）
AS
SELECT    Students. sname，SUM（Elective. degree）
FROM    Elective INNER JOIN
        Students ON Elective. sno = Students. sno
GROUP    BY    Students. sname
```

在这个视图中，学生总成绩是各科成绩之和，在数据列中出现了函数，因此必须定义视图的列名。通过定义数据列"sname"的列名可以将视图的显示列变为中文方式。

5. 创建视图的原则

在 SQL Server 2005 中创建视图应遵循如下原则：

1）SQL Server 2005 允许视图嵌套定义，嵌套层数最多 32 层，实际上嵌套层数会受硬件的限制，一般达不到 32 层。

2）在 SQL Server 2005 中，视图中最多只能包含 1024 列字段，只能在当前数据库中创建视图。

3）视图的命名规则应当遵循标识符命名规则，在数据库中必须唯一，不能与表或者其他视图同名。

4）如果视图引用的表或者视图被删除，视图将无法使用，除非应用对象被重建。

5）不能在视图定义的查询语句中包含 COMPUTER、COMPUTER BY、OPTION 子句和 INTO 关键字。

7.1.2 任务实现

1）启动 SQL Server Management Studio，附加"BookBorrow"数据库。

2）单击工具栏的"新建查询"按钮，新建一个"查询编辑器"窗口，输入以下内容：

```
USE    BookBorrow
GO
CREATE    VIEW    v_professionalreader
AS
SELECT    rno，rname，professional
FROM    readersys
```

3）修改代码，为对应列添加读者编号、姓名和专业别名。执行 SQL，创建新视图"v_professionalreader"。

4）在"对象资源管理器"窗口中依次展开"BookBorrow"数据库。

5）在"视图"节点上右键单击，在弹出的快捷菜单中选择"新建视图"命令，启动视图创建窗口。

6）在"添加表"对话框中按住"Ctrl"键，连续单击"booksys"、"borrowsys"和

"readersys"，同时选中这 3 个表，单击"确定"按钮，将 3 个表同时添加到视图中。单击"关闭"按钮，关闭"添加表"对话框。

7）在"readsys"表中，勾选"rno"和"rname"字段。

8）在"borrowsys"中选中"rno"、"bno"和"returndate"字段。

9）在"booksys"表中选中"bno"和"bname"字段。

10）在视图设计部分，将光标移到"readersys"的"rno"行上，在"筛选器"列添加内容"=borrowsys. rno"。

11）将光标移到"booksys"的"bno"行上，在"筛选器"列添加内容"=borrowsys. bno"。

12）将"rno"和"bno"对应行的"输出"列的多选框上的选中标志清除。

13）将光标移到"borrowsys. returndate"对应的行，在"筛选器"列添加内容"IS NULL"。

14）将鼠标指针移动到行首，按住鼠标左键，将"returndate"行移动到"bname"行之后。

15）在"别名"列，按对应方式（"rname"→读者姓名、"bname"→图书名称、"returndate"→归还时间）为列设置别名。

16）检查生成的查询语句。

```
SELECT    dbo. Readersys. rname AS 读者姓名, dbo. Booksys. bname AS 图书名称,
dbo. Borrowsys. returndate AS 归还时间
FROM    dbo. Readersys INNER JOIN
dbo. Borrowsys ON dbo. Readersys. rno = dbo. Borrowsys. rno AND dbo. Readersys. rno =
dbo. Borrowsys. rno INNER JOIN
dbo. Booksys ON dbo. Borrowsys. bno = dbo. Booksys. bno AND dbo. Borrowsys. bno =
dbo. Booksys. bno
WHERE    (dbo. Borrowsys. returndate IS NULL)
```

17）单击工具栏上的"保存"按钮，在弹出的"选择名称"对话框中输入"v_borrowbooks"，单击"确定"按钮。

18）在"对象资源管理器"窗口中展开"BookBorrow"数据库的"视图"节点，可以看到创建的视图"v_borrowbooks"，右键单击视图名称，在弹出的快捷菜单中选择"打开视图"命令，查看视图中的数据。

19）分离数据库"BookBorrow"，保存数据库文件。

任务7.2　使用视图

任务目标

1）进一步理解视图的有关概念。

2）掌握通过视图查询、插入、修改和删除数据的方法。

7.2.1　相关知识与技能

视图创建以后，可以像使用表一样，在视图上创建查询，可以插入、修改和删除视图中的数据，插入、修改和删除的数据最终将影响到视图的基表。如果具有相应的权限，还可以完成查看视图的数据列。

1. 在 SQL Server Management Studio 中打开视图

在 SQL Server Management Studio 中打开视图的步骤如下：

1）启动 SQL Server Management Studio，在"对象资源管理器"窗口中展开目标数据库的"视图"节点。

2）在欲打开的视图名称上单击右键，在弹出的快捷菜单中选择"打开视图"命令。

3）在 SQL Server Management Studio 中将以表格的形式将视图中的数据展现出来，如图 7-8 所示。

2. 在 SQL Server Management Studio 中使用视图

1）在打开的视图（如"v_学生班级信息"）数据表格中添加表 7-1 中数据。

sno	sname	professional
2008206101	赵伟阳	计算机应用
2008206102	李斌	计算机应用
2008206103	陈江	计算机应用
2008207101	李明	信息管理
2008207102	张衡	信息管理
2008207103	吴菲	信息管理
2009206101	孙铭浩	计算机应用
2009206102	易志明	计算机应用
2009206103	范晴芳	计算机应用
2009207101	李刚	信息管理
2009207102	王萌	信息管理
2009207103	刘丽	信息管理
2010206101	李斌	信息管理
NULL	*NULL*	*NULL*

图 7-8

表 7-1　视图数据表

2010205101	王桥山	网络技术
2010205102	陈云蓝	网络技术
2010205103	蔡冰书	网络技术
2010205104	李泰馨	网络技术

2）关闭视图，SQL Server 数据库引擎将新添加的数据更新到相应的基表中。

3）打开基表，可以发现表中增加了 4 行数据，如图 7-9 所示。

由于视图中不包含"sex"、"birthday"、"telephone"、"email"四个数据列，因此这四行的相应列值为"NULL"。

4）将"2010205102"所在行的"sname"列的值改为"姚俏妹"，关闭视图。再次打开"Students"表可以看到数据已经在基表中被修改了，如图 7-10 所示。

5）再次打开"v_学生班级信息"视图，右键单击"2010205103"所在行，在弹出的快捷菜单上选择"删除"命令，在弹出的提示框中单击"确定"按钮，即可将该行数据从视图和基表中删除。

3. 用 T-SQL 使用视图

使用 T-SQL 语句也可以完成视图的打开，数据的插入、修改与删除操作。

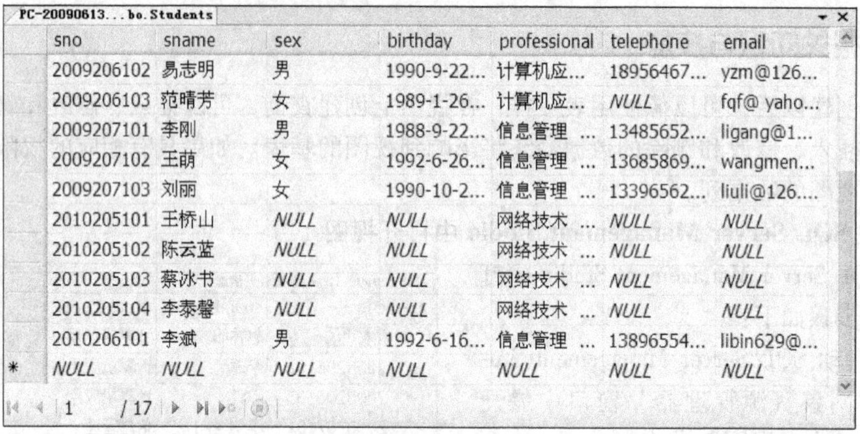

PC-20090613... bo.Students

	sno	sname	sex	birthday	professional	telephone	email
	2009206102	易志明	男	1990-9-22...	计算机应...	18956467...	yzm@126...
	2009206103	范晴芳	女	1989-1-26...	计算机应...	NULL	fqf@ yaho...
	2009207101	李刚	男	1988-9-22...	信息管理 ...	13485652...	ligang@1...
	2009207102	王萌	女	1992-6-26...	信息管理 ...	13685869...	wangmen...
	2009207103	刘丽	女	1990-10-2...	信息管理 ...	13396562...	liuli@126....
	2010205101	王桥山	NULL	NULL	网络技术 ...	NULL	NULL
	2010205102	陈云蓝	NULL	NULL	网络技术 ...	NULL	NULL
	2010205103	蔡冰书	NULL	NULL	网络技术 ...	NULL	NULL
	2010205104	李泰馨	NULL	NULL	网络技术 ...	NULL	NULL
	2010206101	李斌	男	1992-6-16...	信息管理 ...	13896554...	libin629@...
*	NULL	NULL	NULL	NULL	NULL	NULL	NULL

1 / 17

图 7-9

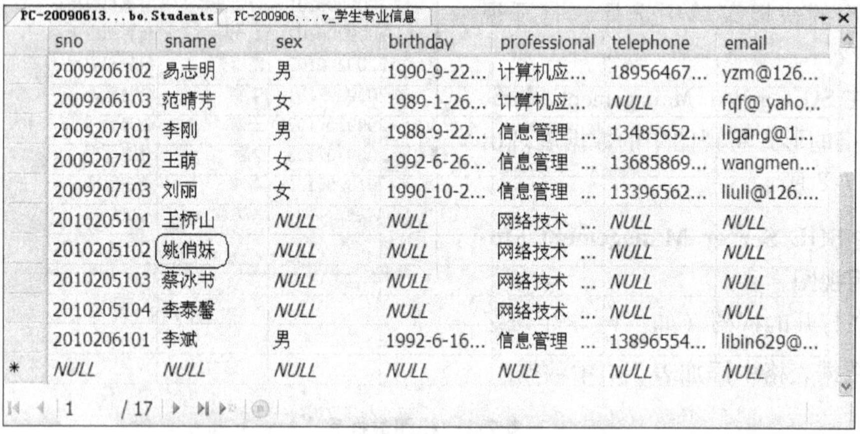

PC-20090613... bo.Students　PC-200906.... v_学生专业信息

	sno	sname	sex	birthday	professional	telephone	email
	2009206102	易志明	男	1990-9-22...	计算机应...	18956467...	yzm@126...
	2009206103	范晴芳	女	1989-1-26...	计算机应...	NULL	fqf@ yaho...
	2009207101	李刚	男	1988-9-22...	信息管理 ...	13485652...	ligang@1...
	2009207102	王萌	女	1992-6-26...	信息管理 ...	13685869...	wangmen...
	2009207103	刘丽	女	1990-10-2...	信息管理 ...	13396562...	liuli@126....
	2010205101	王桥山	NULL	NULL	网络技术 ...	NULL	NULL
	2010205102	姚俏妹	NULL	NULL	网络技术 ...	NULL	NULL
	2010205103	蔡冰书	NULL	NULL	网络技术 ...	NULL	NULL
	2010205104	李泰馨	NULL	NULL	网络技术 ...	NULL	NULL
	2010206101	李斌	男	1992-6-16...	信息管理 ...	13896554...	libin629@...
*	NULL	NULL	NULL	NULL	NULL	NULL	NULL

1 / 17

图 7-10

【例 7-3】 打开视图“v_学生专业信息”。

```
USE    StudentElective
GO
SELECT * FROM   v_学生专业信息
```

执行代码，即可在 SQL Server Management Studio 中打开指定视图。

【例 7-4】 向视图“v_学生专业信息”中插入数据（‘2010205105’，‘王云国’，‘网络技术’）。

```
USE    StudentElective
GO
INSERT   INTO   v_学生专业信息
VALUES ('2010205105 ', '王云国', '网络技术')
```

执行代码，即可实现数据插入操作。

【例7-5】在视图"v_学生专业信息"中删除学号为"2010205104"的学生信息。

```
USE   StudentElective
GO
DELETE   FROM   v_学生专业信息
WHERE   sno ='2010205104'
```

执行代码，即可实现数据删除操作。

【例7-6】在视图"v_学生专业信息"中，将学号为"2010205101"的学生姓名修改为"李瑞敏"。

```
USE   StudentElective
GO
UPDATE   v_学生专业信息
SET   sname ='李瑞敏'
WHERE   sno ='2010205101'
```

执行代码，即可实现数据修改操作。

注意

在视图中插入数据实际上是在基表中插入数据行，如果基表中没有被视图包含的数据列可以为空或者有默认值，则基表插入新行时以"NULL"或者默认值为该数据列的值。如果数据列不允许为空，且没有默认值，则视图插入会出错。

4. 查询视图

视图是一个虚拟表，可以采用查询普通表类似的方法查询视图。通过视图进行查询时，Microsoft SQL Server 2005 会执行检查，从而确定语句中引用的所有数据库对象是否存在，这些对象在语句的上下文中是否有效，以及数据修改语句是否违反数据完整性规则。如果检查失败，将返回错误消息。如果检查成功，则将操作转换为对基础表的查询操作。

（1）简单查询

【例7-7】在视图"v_学生总成绩"中查询总成绩大于150的学生信息。

```
USE   StudentElective
GO
SELECT *
FROM   v_学生总成绩
WHERE   总成绩 >150
```

执行代码，则数据库引擎根据视图定义从基表中选出数据，按照查询设定的筛选条件，得到查询结果集。还可以从视图中找出所需要的数据列信息，如图7-11所示。

【例7-8】查看视图"v_学生专业信息"中专业为"信息管理"的所有学生的"sno"、

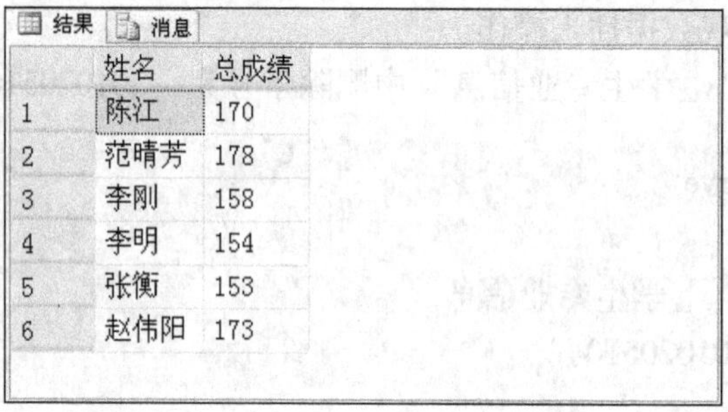

	姓名	总成绩
1	陈江	170
2	范晴芳	178
3	李刚	158
4	李明	154
5	张衡	153
6	赵伟阳	173

图 7-11

“sname” 和 “professional” 等信息。

```
USE    StudentElective
GO
SELECT    sno, sname, professional
FROM    v_学生专业信息
WHERE    professional = '信息管理'
```

执行语句结果如图 7-12 所示。

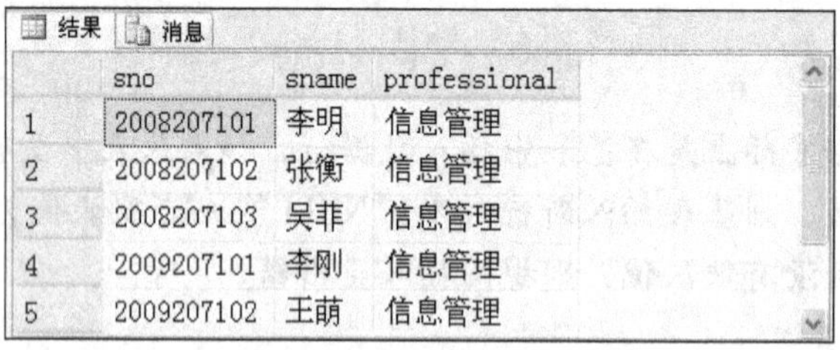

	sno	sname	professional
1	2008207101	李明	信息管理
2	2008207102	张衡	信息管理
3	2008207103	吴菲	信息管理
4	2009207101	李刚	信息管理
5	2009207102	王萌	信息管理

图 7-12

(2) 多个视图查询

【例 7-9】查看视图“v_学生专业信息”中所有“信息管理”专业学生的总成绩。

```
USE    StudentElective
GO
SELECT    sno, sname, 总成绩
FROM    v_学生专业信息
JOIN    v_学生总成绩 ON 姓名 = sname
WHERE    v_学生专业信息.professional = '信息管理'
```

执行语句结果如图 7-13 所示。

(3) 表和视图之间的查询

【例 7-10】查看视图“v_学生专业信息”中所有“计算机应用”专业学生的“sname”，“cno”和“degree”信息。

```
USE   StudentElective
GO
SELECT   sname, cno, degree
FROM   v_学生专业信息
JOIN   Elective   ON   v_学生专业信息 . sno = Elective. sno
WHERE   v_学生专业信息 . professional = '计算机应用'
```

执行语句结果如图 7-14 所示。

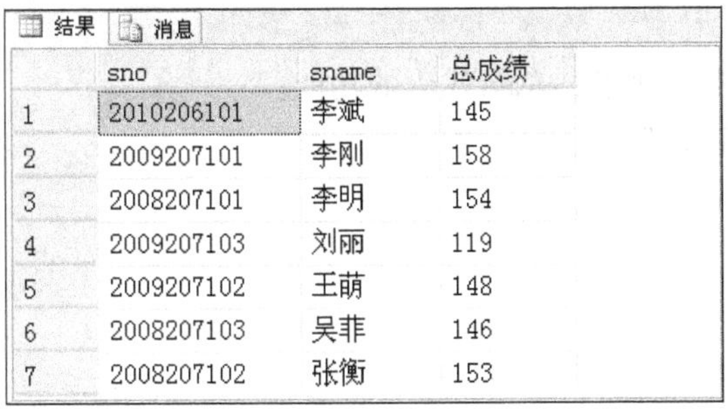

	sno	sname	总成绩
1	2010206101	李斌	145
2	2009207101	李刚	158
3	2008207101	李明	154
4	2009207103	刘丽	119
5	2009207102	王萌	148
6	2008207103	吴非	146
7	2008207102	张衡	153

图 7-13

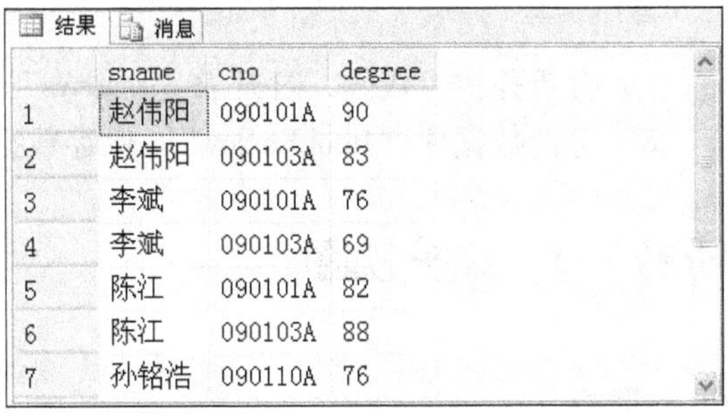

	sname	cno	degree
1	赵伟阳	090101A	90
2	赵伟阳	090103A	83
3	李斌	090101A	76
4	李斌	090103A	69
5	陈江	090101A	82
6	陈江	090103A	88
7	孙铭浩	090110A	76

图 7-14

7.2.2　任务实现

1）启动 SQL Server Management Studio，附加“BookBorrow”数据库。

2）在“对象资源管理器”窗口中依次展开“数据库”→“BookBorrow”→“视图”节点。

3）在“对象资源管理器”窗口中选中视图“v_professionalreader”，单击鼠标右键，在弹出的快捷菜单上选择“打开视图”命令，在视图数据表格中输入表 7-2 中的内容。

表 7-2　视图数据表

rno	rname	professional
2010105101	王桥山	网络技术
2010105102	陈云蓝	网络技术
2010105103	蔡冰书	网络技术
2010105104	李泰馨	网络技术

4）新建一个查询，在“查询编辑器”窗口中输入代码：

```
USE   BookBorrow
GO
DELETE   FROM   v_professionalreader   WHERE   rname = '王桥山'
UPDATE   v_professionalreader SET   professional = '计算机应用'
WHERE   rno = '2010105104 '
```

5）分析并执行代码，打开表"readsys"，查看效果，总结代码的功能。

6）新建一个查询，在"查询编辑器"窗口中输入以下语句：

```
USE    BookBorrow
GO
SELECT   图书名称，归还时间，读者姓名，rno   AS   读者编号，RTRIM（profes-
sional）   AS   单位
FROM    v_borrowbooks，readersys
WHERE    rname = 读者姓名
```

7）分析并执行代码，打开表"readsys"，查看效果，总结代码的功能。

8）分离数据库"BookBorrow"，保存数据库文件。

任务7.3　维护视图

任务目标

1）了解视图维护的必要性和内容。

2）掌握维护视图的方法。

7.3.1　相关知识与技能

一个视图建立后随着应用的变化，其定义可能需要修改。如果视图不再需要，就有必要删除。视图命名不符合当前应用的实际需求，或者出现重名，则需要重新命名视图。这些操作都属于视图维护的内容。

1. 查看视图定义

视图的核心是查询语句，因此查看视图定义主要是查看创建视图的查询语句。在 SQL Server 2005 中可以通过多种方法查看视图定义。

（1）通过系统表查看视图定义

创建视图时，视图的定义被存储在当前库"syscomments"和"sys. sql_modules"中，因此可以通过打开"syscomments"和"sys. sql_modules"查看。

【例7-11】查看"StudentElective"数据库中的"v_学生专业信息"视图的定义。

```
USE    StudentElective
GO
SELECT *
FROM    syscomments
```

执行结果如图 7-15 所示。

（2）通过修改视图查看视图定义

在 SQL Server Management Studio 中，右键单击需查看的视图名称，在弹出的菜单中选择

结果　消息

	compressed	text
1	0	CREATE DEFAULT def_degree AS 4
2	0	CREATE VIEW dbo.V_StudentElective AS SELECT TOP (100) ...
3	0	CREATE VIEW v_学生专业信息 AS SELECT sno, sname, pro...
4	0	CREATE VIEW v_学生总成绩(姓名,总成绩) AS SELECT Stude...

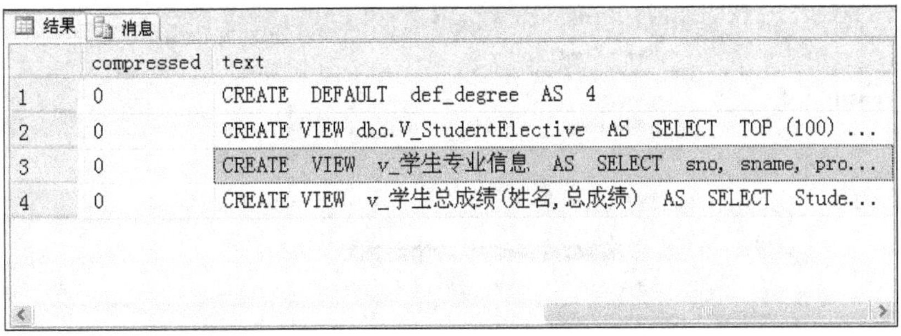

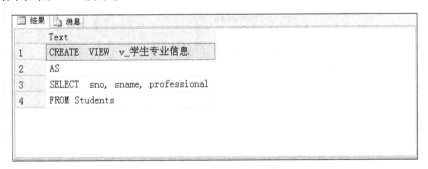

图 7-15

"修改"命令，在打开的"视图设计"窗口中可以查看视图定义。

（3）通过系统存储过程查看视图定义

其语法格式如下：

```
EXECUTE  sp_helptext  [视图名称]
```

【例 7-12】通过系统存储过程查看"StudentElective"数据库中的"v_学生专业信息"视图的定义。

```
USE  StudentElective
GO
EXECUTE  sp_helptext  v_学生专业信息
```

执行结果如图 7-16 所示。

结果　消息

	Text
1	CREATE VIEW v_学生专业信息
2	AS
3	SELECT sno, sname, professional
4	FROM Students

图 7-16

2. 查看视图相关信息

（1）查看视图的属性

在 SQL Server Management Studio 中，右键单击需查看属性的视图名称，在弹出的快捷菜单中选择"属性"命令，打开"视图属性"对话框，如图 7-17 所示。可以从常规、权限和扩展属性 3 个方面查看视图属性。通过"视图属性"对话框还可以完成向指定用户赋予视图的使用权限以及删除扩展属性等操作。

（2）查看依赖关系

在 SQL Server Management Studio 中，右键单击需查看属性的视图名称，在弹出的快捷菜

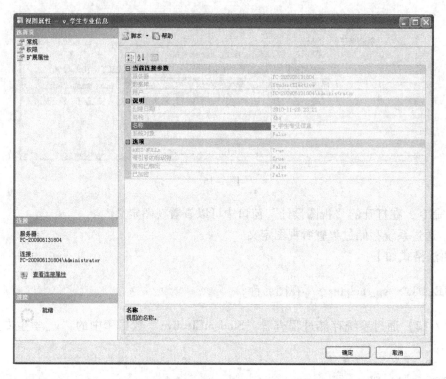

图 7-17

单中选择"查看依赖关系"命令，打开"对象依赖关系"对话框，如图 7-18 所示。

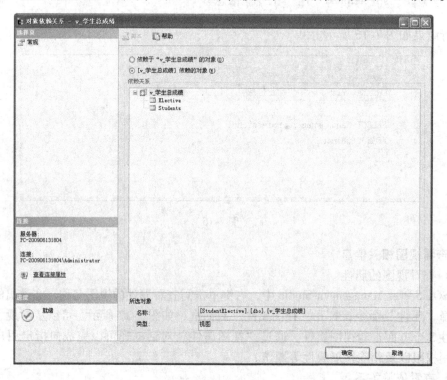

图 7-18

(3) 用存储过程查看视图信息

其语法格式如下：

```
EXECUTE   sp_help   [视图名称]
```

通过结果和消息两个部分了解视图的信息。

【例 7-13】用系统存储过程查看视图“v_学生总成绩”的定义和相关信息。

```
USE   StudentElective
GO
EXECUTE   sp_help   v_学生总成绩
```

执行结果如图 7-19 所示。

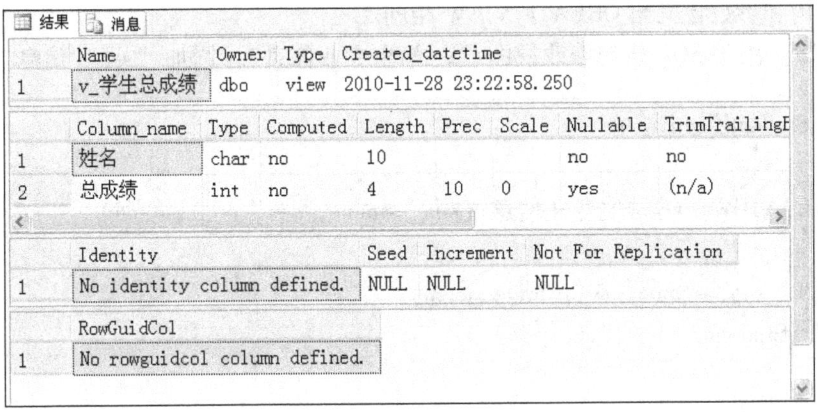

结果　消息

	Name	Owner	Type	Created_datetime
1	v_学生总成绩	dbo	view	2010-11-28 23:22:58.250

	Column_name	Type	Computed	Length	Prec	Scale	Nullable	TrimTrailingE
1	姓名	char	no	10			no	no
2	总成绩	int	no	4	10	0	yes	(n/a)

	Identity	Seed	Increment	Not For Replication
1	No identity column defined.	NULL	NULL	NULL

	RowGuidCol
1	No rowguidcol column defined.

图 7-19

3. 使用 SQL Server Management Studio 修改视图

使用 SQL Server Management Studio 修改视图的基本操作步骤如例 7-14 所示。

【例 7-14】将视图“v_学生总成绩”的定义修改成学生平均课程的成绩。

1) 右键单击视图“v_学生总成绩”，在弹出的快捷菜单上选择“修改”命令，打开“视图设计”窗口。

2) 在“视图设计”窗口中可以通过直接修改 T-SQL 查询语句或者在对象、表格上通过增删条目修改视图，将“SUM (dbo. Elective. degree)”修改为“AVG (Elective. degree)”，将“总成绩”修改为“平均成绩”，如图 7-20 所示。

3) 单击“保存”按钮保存修改。

4. 使用 T-SQL 语句修改视图

可以使用 ALTER VIEW 语句修改视图，基本语法格式如下：

```
ALTER   VIEW   视图名   [(列名 [,...n])]
AS
查询语句
[WITH CHECK OPTION]
```

```
ALTER VIEW  [dbo].[v_学生总成绩](姓名,总成绩)
AS
SELECT  Students.sname, SUM(Elective.degree)
FROM  Elective INNER JOIN
        Students ON Elective.sno = Students.sno
GROUP  BY  Students.sname
```

```
ALTER VIEW  [dbo].[v_学生总成绩](姓名,平均成绩)
AS
SELECT  Students.sname, AVG(Elective.degree)
FROM  Elective INNER JOIN
        Students ON Elective.sno = Students.sno
GROUP  BY  Students.sname
```

图 7-20

语法结构和参数含义与 CREATE VIEW 相同。

【例 7-15】用 T-SQL 语句修改视图 "v_学生专业信息"，增加 "sex" 信息。

```
USE    StudentElective
GO
ALTER  VIEW  v_学生专业信息（sno，sname，sex，professional）
AS
SELECT   sno，sname，sex，professional
FROM    Students
```

5. 重命名视图

在 SQL Server Management Studio 中，右键单击需要重命名的视图名称，在弹出的快捷菜单中选择 "重命名" 命令，直接在视图名称上输入新名称即可实现视图的重命名。也可以使用 "sp_rename" 系统存储过程重命名视图，语法格式如下：

```
sp_rename   原视图名称，新视图名称
```

【例 7-16】用系统存储过程将视图 "v_学生专业信息" 改名为 "v_professionalStudents"。

```
USE    StudentElective
GO
EXECUTE sp_rename   v_学生专业信息，v_professionalStudents
```

 技巧

重命名视图不会更改 "sys.sql_modules" 类别视图的 "definition" 列中相应对象名的名称。建议不要使用 "sp_rename" 重命名视图对象，可删除视图，然后使用新名称重新创建视图。

6. 删除视图

在 SQL Server Management Studio 中，右键单击需删除的视图名称，在弹出的快捷菜单中选择"删除"命令，打开"删除对象"对话框，如图 7-21 所示。

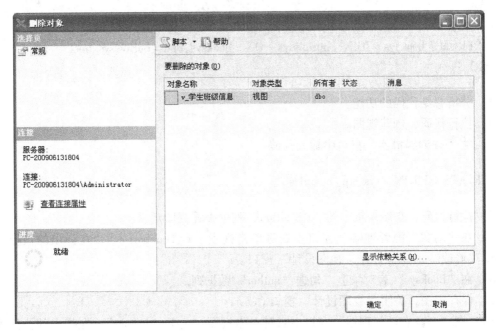

图 7-21

确认删除后，单击"确定"按钮，即可删除所选视图。视图删除后，所有依赖于这个视图的视图或者其他数据库对象将不可使用。

也可以使用 DROP VIEW 语句删除视图，基本语法格式如下：

```
DROP　VIEW　视图名称　[,...n]
```

【例 7-17】删除"v_ professionalStudents"视图。

```
USE　StudentElective
GO
DROP　VIEW　v_　professionalStudents
```

💡 **注意**

要维护的视图必须是当前数据库中的视图，如果重命名视图，视图名必须唯一，且要符合标识符原则。

7.3.2　任务实现

1）启动 SQL Server Management Studio，附加"BookBorrow"数据库。

2）新建查询，将当前数据库定位到"BookBorrow"，在"查询编辑器"窗口中输入代码：

```
CREATE   VIEW   v_bookborrow（book_no，book_name，borrow_date，return_date）
AS
    SELECT   booksys. bno，bname，borrowdate，returndate
    FROM   booksys   JOIN   borrowsys   ON   booksys. bno = borrowsys. bno
GO
```

3）分析总结代码的功能。

4）执行代码，创建视图。

5）在"查询编辑器"窗口中输入代码：

```
SELECT * FROM   sys. sql_modules
```

6）执行代码，在结果集中的"definition"列中查看视图定义。

7）在"对象资源管理器"窗口中右键单击视图"v_bookborrow"，在弹出的快捷菜单中选择"修改"命令，打开"视图设计"窗口。

8）在"booksys"表对象上，勾选"author"数据列。

9）保存视图，关闭"视图设计"窗口。

10）在"对象资源管理器"窗口中右键单击视图"v_bookborrow"，在弹出的快捷菜单上选择"重命名"命令，然后在视图名称上删除旧名称，输入新名称"v_borrowinf"后按"回车"键确认。

11）新建一个"查询编辑器"窗口，编写实现步骤 7 ~ 10 同样功能的 T-SQL 语句。

12）在"对象资源管理器"窗口中右键单击视图"v_bookborrow"，在弹出的快捷菜单上选择"删除"命令，打开"删除对象"对话框，单击"确定"删除视图"v_bookbor-row"。

13）新建一个"查询编辑器"窗口，编写实现步骤 12 同样功能的 T-SQL 语句。

14）分离数据库"BookBorrow"，保存数据库文件。

任务 7.4　创建索引

任务目标

1）了解索引的作用和类型。

2）理解创建索引的原则和设计方法。

3）掌握创建索引的基本方法。

7.4.1　相关知识与技能

1. 索引

在 Microsoft SQL Server 系统中，可管理的最小空间是页，一个页是 8KB 的物理空间。按照其存储内容的不同，页可分为数据页和索引页。当插入数据的时候，数据就按照插入的时间顺序被放置在数据页上。一般情况下，放置数据的顺序与数据本身的逻辑关系之间是没有任何联系的。因此，从数据间的逻辑关系来看，数据被杂乱地堆放在一起。数据的这种堆放方式称为堆，当一个数据页上的数据堆放满之后，数据就得堆放在另外一个数据页上，这时就称为页分解。随着页分解现象的增多，查找数据的难度也随之增加。建立索引可有效地解决这个问题。

索引类似于书中的目录，它与表或者视图相关联，物理存在于磁盘上，包含了表中的一列或者若干列的数据集合（称为关键字）和包含这些数据的记录在表中的物理存储地址。它提供了数据库中编排表中数据的内部方法。

2. 索引的作用

使用索引可以大大提高系统的性能，其主要作用表现在以下几个方面。

1）建立索引可以极大提高数据查询速度。由于索引查询基于键值查询，键值的数据量远小于表的数据量，减少了查询量，其次索引按照键值排序，各种快速查询算法可以得到应用，减少比较次数。

2）通过创建唯一性索引，可以保证每一行数据的唯一性。

3）加快表间连接。表间连接通过查询条件实现，建立索引后，可以提高查询速度，加快表间连接，在实现数据的参考完整性方面效果明显。

4）可以明显减少包含了排序和分组子句的查询语句的分组和排序时间。

3. 索引的类型

SQL Server 2005 中提供了多种索引结构，基础索引有聚集索引、非聚集索引和唯一索引。

（1）聚集索引

在聚集索引中，行的物理存储顺序与索引顺序完全相同，因为行是经过排序的，即将表中的记录在物理数据页中的位置按索引字段值重新排序，再将重排后的结果写回到磁盘上。所以索引的顺序决定了表中行的存储顺序。

由于表的数据行只能以一种排序的方式存储在数据页上，所以一个表只能有一个聚集索引。如果在没有聚集索引的表上创建主键约束，SQL Server 2005 会自动在主键列上创建聚集索引。由于聚集索引会创建表的存储结构，所以按照聚集索引关键字检索数据效率比较高。但如果数据需要经常修改和更新，维护索引的成本也会相应增加。

（2）非聚集索引

非聚集索引并不在物理上排列数据，即索引中的逻辑顺序并不等同于表中行的物理顺序，索引仅记录指向表中行的位置的指针，这些指针本身是有序的，通过这些指针可以在表中快速地定位数据。非聚集索引中的定位指针称为行定位器。

与聚集索引相比，非聚集索引是先在索引页中检索信息，然后根据行定位器再从数据页中检索物理数据，所以查询效率较低。一个表上可以创建多个非聚集索引，SQL Server 2005 规定一个表上最多可以创建 249 个非聚集索引。

（3）唯一索引

唯一索引要求创建索引的关键字段值在表中不能有重复值。唯一索引与聚集索引和非聚集索引不冲突，如果要求索引改变数据存储结构，可以创建唯一聚集索引，如果要求索引不影响数据的物理存储结构，可以定义唯一的非聚集索引。唯一索引可以确保键列的数据完整性。

（4）其他索引

除了上述索引以外，SQL Server 2005 还包含复合索引、全文索引和 XML 索引。

1）复合索引：复合索引是由两个或两个以上的属性列组成的一种非聚集索引。

2）全文索引：全文索引是一种基于标记的功能性索引，由 MSFTESQL（全文索引引擎）创建和维护，用于帮助在字符串数据中搜索复杂的词。

3）XML 索引：XML 索引是在 XML 数据类型列设置的索引。

4. 创建索引的原则

索引的目的是为了提高速度，创建索引、使用索引和维护索引都需要时间和空间上的开销，不是在表或者视图中建立的索引越多越好。事实上，有些数据列建立索引会降低系统效率，因此创建索引需要认真设计。

（1）适合索引的原则

如果一个表或者视图经常被检索而且很少更新，索引会提高效率，如果一个视图连接的表很多或者很复杂，建立索引可以提高连接速度。

索引建立在主键所在的列上可以强制主键的唯一性；建立在外键所在的字段上可以加快连接速度；建立在查询条件所包含的列上可以提高检索速度；建立在 ORDER BY、GROUP BY、DISTINCT 子句中出现的字段上，由于数据已经按照这些字段排序，也可以提高创建索引的速度；建立在经常被查询的字段上，索引带来的效率最大。

技巧

如果 ORDER BY、GROUP BY、DISTINCT 子句中出现的字段作为函数的参数出现，在它们上面建立索引对检索效率提高帮助不大。

（2）不适合索引的情况

如果一个表或者视图中的数据更新频率高，即使经常被检索，但是维护索引的时间和空间开销都会很大，从而降低了效率；如果一个表中包含的数据行很少，建立索引可能只会增加系统开销；如果数据很少被检索，在它们上面建立索引只会增加系统的空间开销；如果字段是 ntext、text、image、varchar（max）、nvarchar（max）和 varbinary（max）等类型，则不能建立索引。

（3）索引设计的建议

1）索引的键值应尽可能窄。比如键值 sno 和 sname，如果 sno 具有唯一性，每一个不同的 sno 一定对应唯一的 sname，则键值中就没有必要包含 sname，可以在保证查询效率的情况下，减少索引中针对 sname 的开销。

2）索引键值如果包括多个数据列，则要考虑数据列的顺序，重复值最少的数据列应该排在最前面。

3）聚集索引最好在具有唯一性或者非空性的列上创建。

4）索引要在查询和插入、更新性能要求上做权衡。如果查询要求高，可以牺牲插入和更新性能；如果插入、更新性能要求高，则不要建立索引。

技巧

成批大量进行数据更新时，可以先删除原有的索引，之后再重新建立索引。这样在更新数据时，系统不必维护索引，提高效率。

5. 使用 SQL Server Management Studio 创建索引

使用 SQL Server Management Studio 创建索引的基本步骤如下：

1）启动 SQL Server Management Studio，在"对象资源管理器"窗口中展开"数据库"节点，选择要创建索引的"表"节点，右键单击"索引"，在弹出的快捷菜单中选择"新建索引"命令，如图 7-22 所示。

2）打开"新建索引"对话框，输入新建索引名称，选择索引类型。索引名称必须遵循标识符原则，如图 7-23 所示。

提示

索引名称必须遵循标识符原则，一般情况下，聚集索引用"pk_"前缀，非聚集索引用"ix_"前缀，唯一非聚集索引用"ak_"前缀。

图 7-22

图 7-23

3）单击"添加"按钮，打开选择列对话框，选择索引列，如图 7-24 所示。

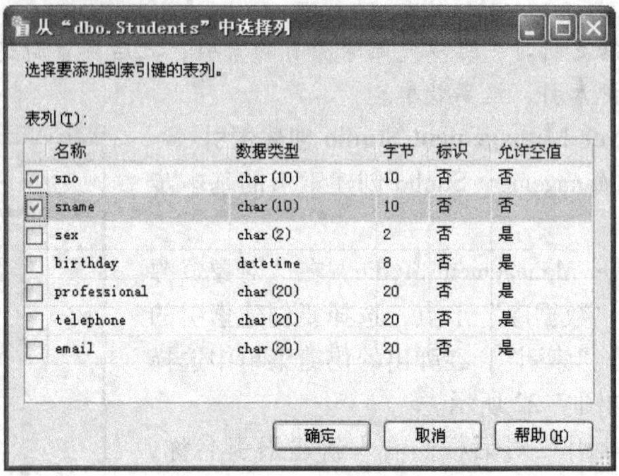

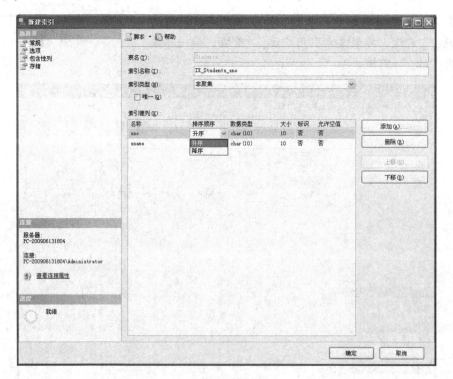

图 7-24

4）单击"确定"按钮，返回"新建索引"对话框，进一步设置索引的其他属性，如图 7-25 所示。

图 7-25

5）单击"确定"按钮，完成索引创建。

6. 使用 T- SQL 语句创建索引

除了可以通过 SQL Server Management Studio 的图形化界面创建索引外，还可以使用 T- SQL 语言提供的 CREATE INDEX 语句创建索引。基本语法格式如下：

```
CREATE[UNIQUE][CLUSTERED | NONCLUSTERED]
INDEX　索引名　ON　表 | 视图(列名 [ABS | DESC][,...n])
[WITH　索引选项　[,...n]]
[ON　文件组名]
```

其中各个参数的含义如下：

1）UNIQUE：确定索引类型为唯一索引，可以和 CLUSTERED 或者 NONCLUSTERED 组合。

2）CLUSTERED：确定索引类型为聚集索引，不能与 NONCLUSTERED 同时使用。

3）NONCLUSTERED：确定索引类型为非聚集索引。

4）索引选项包括以下几方面：

①DROP_EXISTING：如果新索引名称与已经存在的索引名称同名时，则删除已经存在的索引，再创建新索引。

②IGNORE_DUP_KEY：指定对唯一性索引插入重复数据时，用于控制 SQL Server 所作的响应。如果为索引指定了"IGNORE_DUP_KEY"选项，并且执行了插入重复数据的 IN-SERT 语句，SQL Server 将发出警告信息，并跳过此行数据的插入，继续执行下面的插入数据的操作。如果没有指定该选项，SQL Server 则会发出一条警告信息，并回滚整个 INSERT 语句。

5）ON 文件组名：指定索引存储的文件组，默认为"PRIMARY"。

【例 7-18】用 T-SQL 语句为表"Course"新建一个唯一聚集索引"ak_no"，关键字"cno"按照升序排列。

```
USE　StudentElective
GO
CREATE　UNIQUE　CLUSTERED　INDEX　ak_no
ON　Course（cno　ASC）
WITH　IGNORE_DUP_KEY
```

"WITH　IGNORE_DUP_KEY"选项可以限制向"Course"表插入重复行，并跳过此行数据的插入，继续执行下面的插入数据的操作。

【例 7-19】用 T-SQL 语句为视图"v_学生成绩"　新建一个聚集索引"pk_stu_course"，关键字（sname，cname），"sname"按照升序排列，"cname"按照降序排列。

```
USE　StudentElective
GO
CREATE　CLUSTERED　INDEX　pk_stu_course
ON　v_学生成绩（sname　ASC，cname　DESC）
```

此例中如果将"sname"与"cname"的顺序交换，那么索引的效率将会降低很多。

7.4.2　任务实现

1）启动 SQL Server Management Studio，附加"BookBorrow"数据库。

2）在"对象资源管理器"窗口中依次展开"数据库"→"BookBorrow"→"booksys"→"索引"节点，右键单击"索引"节点，在弹出的快捷菜单中选择"新建索引"命令，打开"新建索引"对话框。

3）在"新建索引"对话框中选择"常规"选项卡，在"索引名称"文本框输入"pk_no"，选择索引类型为"聚集"，勾选"唯一"复选框。如果出现问题，分析出现问题的原因，并解决问题。

4）单击"添加"按钮，打开"选择列"对话框，勾选"bno"列，单击"确定"返回"新建索引"对话框。

5）在"新建索引"对话框中，单击"确定"按钮，完成索引创建。

6）在"对象资源管理器"窗口中的"booksys"表的"索引"节点下查看创建的索引。

7）总结所创建索引的类型。

8）为表"booksys"按照"bname"和"author"创建一个非聚集索引"ix_name_author"。

9）在工具栏上单击"新建查询"按钮图标，创建一个新查询，在"查询编辑器"窗口中输入以下语句：

```
USE   BookBorrow
Go
CREATE   UNIQUE   NONCLUSTERED
INDEX   ak_no
ON   readersys（rno）
```

10）分析代码，总结所创建索引的类型与特点。

11）修改代码，实现"限制插入重复值"要求。

12）修改代码，实现"如果 readersys 存在 ak_no，则先删除后创建"要求。

13）单击工具栏上"执行"按钮图标，运行查询，完成索引创建。

14）分离数据库"BookBorrow"，保存数据库文件。

任务 7.5　管理和维护索引

任务目标

1）进一步理解管理维护索引的必要性。

2）掌握查看、修改和删除索引的基本方法，提高索引设计的能力。

7.5.1　相关知识与技能

索引建立后随着应用的变化、数据的变化，可能需要进行修改、重建、删除和重新命名等操作，以便能发挥索引的最大的作用。在 Microsoft SQL Server 2005 中，可以通过使用 SQL Server Management Studio 中的"对象资源管理器"执行常规索引维护任务来进行索引管理，也可以通过 ALTER INDEX 语句来实现索引管理。

1. 使用 SQL Server Management Studio 查看和修改索引

使用 SQL Server Management Studio 查看和修改索引的基本步骤如下：

1）在"对象资源管理器"窗口中，右键单击需要修改的索引，打开快捷菜单，如图 7-26 所示。

快捷菜单中各选项的含义如下：

①编写索引脚本为：提供编写与索引有关的 T-SQL 语句的基本格式。

②重新生成和重新组织：是当索引碎片增加到影响了索引效率时修复索引的一种手段。

③禁用：可以在不删除索引的情况下，禁止使用索引。

④删除：可以将目前的索引从表中删除。

2）在快捷菜单中选择"属性"命令，打开"索引属性"对话框，如图 7-27 所示。

图 7-26

图 7-27

3）"索引属性"对话框与"新建索引"对话框非常相似，增加了索引使用情况方面的信息。可以在"索引属性"对话框中查看索引的类型、键列等信息，也可以增加和删除索引键列，修改索引类型和键列排序方式等。

2. 用 T-SQL 查看和修改索引

1）查看索引通过 sp_helpindex 系统存储过程实现，基本语法格式如下：

EXECUTE   sp_helpindex   表 | 视图

【例 7-20】查看"StudentElective"库中"Students"表上的索引信息。

USE   StudentElective
GO
EXECUTE   sp_helpindex   Students

执行查询结果如图 7-28 所示。

	index_name	index_description	index_keys
1	IX_Students_sno	nonclustered located on PRIMARY	sno, sname
2	PK_Students	clustered, unique, primary key located on PRIMARY	sno

图 7-28

可见"Students"表上的所有索引都将显示出来。

2）修改索引可使用 ALTER INDEX 语句，基本语法格式如下：

ALTER   INDEX   索引名称 | ALL
  ON   表 | 视图
  | REBUILD
  | DISABLE
  | REORGANIZE
  |

其中：
①ALL：表示所有索引。
②REBUILD：重建索引。
③DISABLE：禁用索引。
④REORGANIZE：重新组织索引。

【例 7-21】禁用"Students"上的所有索引。

```
USE   StudentElective
GO
ALTER   INDEX   ALL   ON   Students   DISABLE
```

执行查询语句，"Students"表中的所有索引在检索数据时将不会被数据库引擎使用。

3. 删除索引

（1）使用 SQL Server Management Studio 删除索引

在 SQL Server Management Studio 中，右键单击索引名，在弹出的快捷菜单中选择"删除"命令，即可打开"删除对象"对话框，如图 7-29 所示。

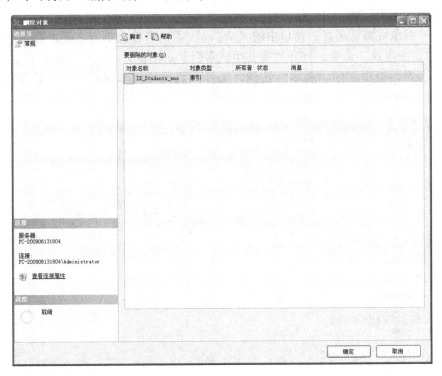

图 7-29

单击"确定"按钮，即可将所选索引删除。

（2）使用 T-SQL 删除索引

使用 DROP INDEX 命令可以删除索引，基本语法格式如下：

```
DROP   INDEX   索引名称   ON   表 | 视图   [ , …n]
```

【例 7-22】删除"Students"表中的索引"PK_Students"。

```
USE   StudentElective
GO
DROP   INDEX   PK_Students   ON   Students
```

执行查询语句，数据库引擎将删除索引"PK_Students"。

7.5.2 任务实现

1）启动 SQL Server Management Studio，附加"BookBorrow"数据库。

2）在"对象资源管理器"窗口中依次展开"数据库"→"BookBorrow"→"booksys"→"索引"节点，在"IX_name_authour"索引名称上单击鼠标右键，在弹出的快捷菜单中选择"属性"命令，打开"索引属性"对话框。

3）在"索引属性"对话框中选择"常规"选项页，查看相关属性信息。

4）在"索引属性"对话框中分别选择"选项"和"碎片"选项页，查看相关属性信息。

5）关闭"索引属性"对话框。

6）在"对象资源管理器"窗口中的"ak_no"索引名称上单击右键，在弹出的快捷菜单中选择"重新生成"命令，打开"重新生成索引"对话框。

7）单击对话框顶部的"脚本"按钮，选择"将操作脚本保存到'新建查询'窗口"命令，如图 7-30 所示。

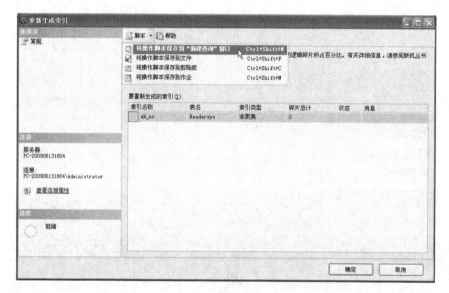

图 7-30

8）操作脚本会保存到新建查询窗口中，单击"确定"按钮关闭对话框。

9）查看并分析"查询编辑器"窗口生成的代码。

10）在"对象资源管理器"窗口中的"ak_no"索引名称上单击右键，在弹出的快捷菜单中选择"重新组织"命令，打开"重新组织索引"对话框。

11）单击"确定"按钮重新组织索引并关闭对话框。

12）分离数据库"BookBorrow"，保存数据库文件。

技能提高训练

一、训练目的

灵活运用 SQL Server Management Studio 和 T-SQL 语句创建和维护视图，建立和管理索引。

二、训练内容

1. 附加数据库

附加数据库"考勤管理"。

2. 创建视图

1）创建以部门排序的员工通讯清单视图，要求显示"部门名称"、"员工姓名"、"住址"和"联系电话"信息，以"v_员工通讯清单"为视图名保存。

2）创建女性职工统计视图，要求显示"部门名称"和"员工姓名"信息，以"v_女性职工统计"为视图名保存。

3）创建职工年龄统计视图，要求显示"部门名称"、"员工姓名"和"年龄"信息，以"v_职工年龄统计"为视图名保存。

4）修改"v_职工年龄统计"视图，要求显示"部门名称"、"员工姓名"和"职工生日"信息，以"v_职工生日"为视图名保存。

5）创建以部门为单位的员工工资汇总视图，要求显示"部门名称"和"工资总额"信息，以"v_员工工资汇总"为视图名保存。

6）创建职工出勤统计视图，要求包括"员工编号"、"员工姓名"、"部门名称"、"年度"、"月份"、"病假天数"、"事假天数"、"旷工天数"、"调休天数"、"迟到天数"、"早退天数"、"出差天数"、"延时加班天数"和"休息日加班天数"信息，以"v_职工出勤统计"为视图名保存。

7）利用"v_职工年龄统计"视图和"v_职工生日"视图创建职工年龄与生日统计视图，要求显示"员工姓名"、"部门名称"、"年龄"和"职工生日"信息，以"v_年龄与生日"为视图名保存。

8）利用"v_年龄与生日"视图和"员工信息表"创建视图，要求显示"部门名称"、"员工姓名"、"职工生日"、"住址"和"联系电话"信息，以"v_员工通讯（生日）"为视图名保存。

3. 创建索引

1）在"员工信息"表中创建基于"联系电话"的非聚集索引"ix_联系电话"。

2）查看"员工信息"表中的索引并重新组织索引。

4. 分离与保存数据库

分离数据库"考勤管理"，保存数据库文件。

习　　题

一、填空题

1. _____中的数据只在使用时产生，平时存储的是它的定义语句，只有_____才可以实现数据的具体化。

2. _____可以改变表中的数据的物理存储位置，因此每个表只能建一个。

3. 表和_____都可以创建索引。

4. 一个表上可以创建多个_____索引，_____索引要求数据字段具有唯一性。

5. 视图可以屏蔽_____的信息，提高安全性。

二、思考题

1. 什么情况下建立视图比较好?
2. 什么情况下建立聚集索引?
3. 简述索引的分类与作用。
4. 设计视图时考虑的内容有哪些方面?
5. 视图如何提高数据和数据库的安全性?

应 用 提 高

1. 将本章自己的学习体会、总结的技巧和习题答案存入数据库中。
2. 创建一个视图,查询每章节学生的所有训练(基本训练、提高训练)的学习记录。
3. 按学号为上述视图创建一个聚集索引。
4. 分离并保存"×××学习记录"数据库文件。

第8章

使用存储过程和游标

数据库的作用在于有结构地存储大量的数据信息，提供一种管理和使用数据的平台和接口。基于数据库的信息应用开发常会涉及用同样的算法反复使用数据库中数据，可以通过将命令发送到数据库服务器上的方法逐条交互式使用数据，这种方法会占用大量的网络资源，信息的安全性也会受到威胁。存储过程可以按照用户的算法要求在数据库中建立使用模块，应用程序只需单一地调用命令就可以获得结果数据，提供了一种节省资源、保障数据安全的方法。当应用程序需要对数据集进行逐行操控时，游标提供了一种能够逐行控制和操作数据的方法。

——学习目标——

- 了解存储过程的实质和作用。
- 掌握存储过程的创建、管理和维护方法。
- 了解游标的作用与分类。
- 掌握 T-SQL 游标的使用方法。

任务8.1 建立和执行存储过程

任务目标

1）了解存储过程的优点和分类。
2）理解系统存储过程的作用。
3）掌握创建存储过程的基本方法。

8.1.1 基本知识和技能

1. 存储过程

存储过程是指封装了可以重用代码的模块或者例程。在应用程序开发中，开发人员通常将能够完成一定功能且需要反复使用的代码序列通过过程或者函数的方式模块化，这种程序模块以整体的方式被反复调用，通过输入参数接收信息，输出参数返回结果和执行状态。存储过程与过程和函数相似，是用 T-SQL 语言写成的代码序列，主要在应用程序和数据库之间完成特定数据操作，提供数据交互接口。

2. 使用存储过程的优点

1）减少了网络通信量。存储过程位于服务器上，调用存储过程只需通过网络传递存储过程的名称以及参数，并将结果集返回应用程序，因此省略了多条命令和中间数据集的传送，大大减少了客户端与服务器之间的网络通信量。

2）加快了系统运行速度。存储过程只在创建时进行编译，以后每次执行存储过程都不需重新编译，而一般 SQL 语句每执行一次就需要编译一次。存储过程一旦执行一次后，其执行的计划就会驻留在计算机的高速缓冲存储器中，其后对同一个存储过程的调用就可以直接利用编译后在高速缓存中的二进制形式来完成操作。因此，使用存储过程可提高数据库执行速度。

3）提高了系统适应性。由于存储过程对数据库的访问是通过存储过程来进行的，因此数据库开发人员可以在不改动存储过程接口的情况下对数据库进行任何改动，而这些改动不会对应用程序造成影响，从而使应用程序具有更强的适应性。

4）加强了系统安全性。系统管理员通过对执行某一存储过程的权限进行限制，从而能够实现对相应的数据访问权限的限制，避免非授权用户对数据的访问，而用户只需要拥有执行存储过程的权限，就可以通过使用存储过程完成对数据库的各种操作，如添加数据、修改数据和删除数据等。

5）增强了代码重用性。存储过程采用模块化设计，提高了代码的重用性和可维护性，有效减少数据库开发人员的工作量，提高开发的质量和效率。

3. 存储过程的分类

（1）系统存储过程

系统存储过程是在安装 SQL Server 2005 时，系统创建的存储过程，以"sp_"为前缀，存储在 Master 数据库中，出现在"对象资源管理器"窗口的对应数据库的"可编程性"→"存储过程"→"系统存储过程"节点中，如图 8-1 所示。

系统存储过程主要用于从系统表中获取信息，也为系统管理员和有权限的用户提供更新系统表的途径。它们中的大部分可以在用户数据库中使用。一般情况下，系统存储过程返回 0 表示操作成功，非零值表示操作失败。

（2）扩展存储过程

扩展存储过程允许用户使用编程语言创建用户的外部例程，它们以动态链接库的形式存在，其前缀为"xp_"，扩展存储过程实现数据库实例在自己的地址空间上动态加载和运行动态链接库。由于扩展存储过程的安全性和可靠性存在缺陷，因此在 SQL Server 2005 之后的版本中将逐渐淘汰这个功能，建议最好不要使用扩展存储过程。

图 8-1

（3）用户自定义存储过程

由数据库用户为完成特定数据库操作功能编写的存储过程，存储在当前数据库中，可以由用户按照标识符的原则取名，通常冠以"pr_"前缀。如果用户自定义存储过程与系统存储过程同名，数据库引擎会自动执行系统存储过程。

💡 **注意**

存储过程可以接收常数或者变量作为输入参数，但是不允许将函数作为参数传递。

4. 使用 T-SQL 创建存储过程

在 SQL Server 中可以使用 CREATE PROCEDURE 语句创建存储过程，其基本语法格式如下：

```
CREATE  PROCEDURE  存储过程名
[{@参数名  数据类型}  [=默认值][[OUT[PUT]][,...n]
[WITH ENCRYPTION]
AS
SQL 语句
```

其中各个参数的含义如下：

1）存储过程名：新建存储过程的名称，必须遵循表示符规则，一般冠以"pr_"前缀。

2）@参数名：存储过程的输入或者输出参数，必须以@开头，且要遵循标识符规则。

3）默认值：为参数指定默认值，默认值允许使用通配符。存储过程定义输入参数，执行时必须为参数指定值，如果没有提供参数值，系统会使用默认值。

4）OUTPUT：指定参数类型为输出参数，否则为输入参数。输出参数可将运行结果返回用户或者应用程序。

5）WITH ENCRYPTION：存储过程的定义以模糊方式存储，对存储过程加密。

6）SQL 语句：完成特定功能的 SQL 语句序列。

【例 8-1】 创建一个不带参数的存储过程，计算每个学生的平均成绩，并使用"pr_Avg"命名存储过程。

```
USE  StudentElective
GO
CREATE  PROCEDURE  pr_Avg
AS
SELECT  a.sno AS 学号, a.sname AS 姓名, AVG（b.degree）  AS 平均成绩
FROM  Students  a, Elective  b
WHERE  a.sno = b.sno
GROUP  BY  a.sno, a.sname
GO
```

执行 SQL 语句，即可在"StudentElective"数据库中创建名为"pr_Avg"的存储过程。

【例 8-2】 创建一个带输入参数的存储过程"pr_StuAvg"，实现查询指定学生的平均成绩。

```
USE    StudentElective
GO
CREATE    PROCEDURE    pr_StuAvg
@ stuno    char（10）
AS
SELECT    @ stuno    AS    学号，AVG（b. degree）    AS    平均成绩
FROM    Students    a，Elective    b
WHERE    a. sno = b. sno    AND    a. sno = @ stuno
GO
```

执行 SQL 语句，即可在"StudentElective"数据库中创建名为"pr_StuAvg"的存储过程。

【例 8-3】创建一个带输入参数和输出参数的存储过程"pr_ScorAvg"，实现返回某一课程的平均成绩。

```
USE    StudentElective
GO
CREATE    PROCEDURE    pr_ScorAvg
@ courseno    char（10），@ courseavg    int    OUTPUT
AS
SELECT    @ courseavg = AVG（b. degree）
FROM    course    a，Elective    b
WHERE    a. cno = b. cno    AND    a. cno = @ courseno
```

执行 SQL 语句，即可在"StudentElective"数据库中创建名为"pr_Scoravg"的存储过程。

几乎所有可以写成批处理的 T-SQL 语句都可以用来创建存储过程，还可以使用 T-SQL 中的控制流程语句控制语句的执行顺序。存储过程可以使用和创建临时表，在存储过程中创建的临时表在运行结束后会自动删除。一个存储过程最多只能有 2100 个参数而且受内存的限制。在 SQL Server 2005 中允许嵌套使用存储过程。

在创建存储过程的时候，需要注意如下几点：

1）每个存储过程应该完成一项单独的工作。

2）一般存储过程都是在服务器上创建和测试，在客户机上使用时，还应该进行测试。

3）为了避免其他用户看到自己所编写的存储过程的脚本，创建存储过程时可以使用参数 WITH ENCRYPTION。

5. 使用 SQL Server Management Studio 创建存储过程

在 SQL Server Management Studio 中创建存储过程的步骤如下：

1）在"对象资源管理器"窗口的对应数据库中展开"可编程性"节点。

2）右键单击"存储过程"，在弹出的快捷菜单中选择"新建存储过程"命令，打开存储过程模板，如图 8-2 所示。

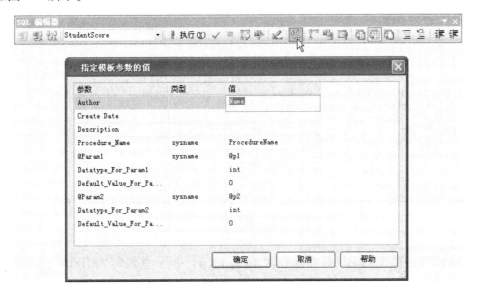

```
PC-20090613...LQuery1.sql
-- ================================================
CREATE PROCEDURE <Procedure_Name, sysname, ProcedureName>
    -- Add the parameters for the stored procedure here
    <@Param1, sysname, @p1> <Datatype_For_Param1, , int> = <Default_Value_For_Param1, , 0>,
    <@Param2, sysname, @p2> <Datatype_For_Param2, , int> = <Default_Value_For_Param2, , 0>
AS
BEGIN
    -- SET NOCOUNT ON added to prevent extra result sets from
    -- interfering with SELECT statements.
    SET NOCOUNT ON;

    -- Insert statements for procedure here
    SELECT <@Param1, sysname, @p1>, <@Param2, sysname, @p2>
END
GO
```

图 8-2

3）在查询工具栏上单击"指定模板参数的值"按钮，打开"指定模板参数的值"对话框，如图 8-3 所示。

图 8-3

4）在"指定模板参数的值"对话框中，输入参数值，如将"Procedure_name"参数值修改为"pr_avg1"，如图 8-4 所示。

5）单击"确定"按钮，关闭对话框。

6）在存储过程模板中，输入如图 8-5 所示 T-SQL 语句。

7）在查询工具栏上，单击"分析"按钮，测试语法。

8）在查询工具栏上，单击"执行"按钮，完成存储过程的创建。

9）如果要保存脚本，可在"文件"菜单上单击"保存"命令，保存脚本文件即可。

6. 执行存储过程

（1）使用 EXECUTE 语句执行存储过程

SQL Server 2005 可以使用 EXECUTE 语句执行存储过程，基本语法格式如下：

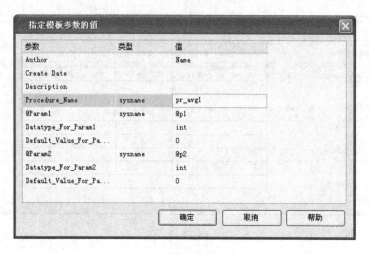

图 8-4

```
PC-20090613...Query2.sql*                                                        ▼ ×
-- ==================================================
CREATE PROCEDURE pr_avg1
    -- Add the parameters for the stored procedure here
    @p1 int = 0,
    @p2 int = 0
AS
BEGIN
    SELECT  a.sno AS 学号, a.sname AS 姓名, AVG(b.degree)  AS 平均成绩
    FROM  Students a , Elective  b
    WHERE  a.sno=b.sno
    GROUP  BY  a.sno, a.sname

END
GO
```

图 8-5

EXECUTE　存储过程名[[@参数1 =] 值 [,...n]] | [@参数2　OUTPUT [,...n]]

其中各个参数的含义如下：

1）@参数 1：存储过程中定义的输入参数名称，参数名称可以省略。如果省略参数名称则要求输入参数值的顺序必须严格按照定义的顺序传递；如果不省略参数名称则可以不按定义顺序传递参数。

2）@参数 2：用于接收来自存储过程的返回参数，使用前必须先定义，而且数据类型和存储过程中定义的输出参数类型相兼容。

【例 8-4】执行例 8-1 创建的不带参数的存储过程"pr_ avg"，计算每个学生的平均成绩。

```
USE   StudentElective
GO
EXECUTE   pr_avg
```

执行结果如图 8-6 所示。

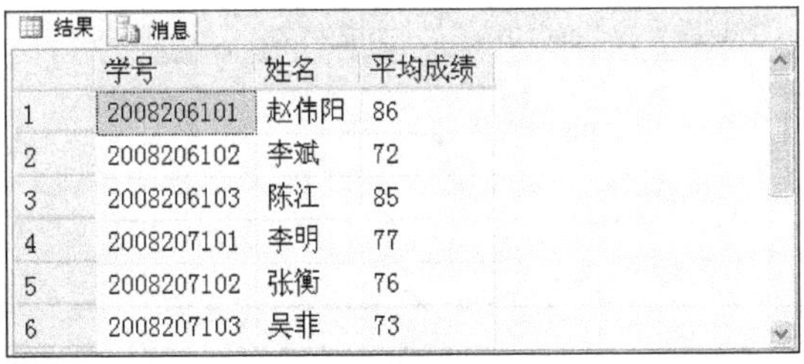

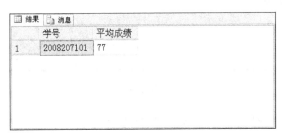

图 8-6

【**例 8-5**】执行例 8-2 创建的带输入参数的存储过程"pr_StuAvg",实现查询学号为"2008207101"的学生的平均成绩。

```
USE    StudentElective
GO
EXECUTE    pr_StuAvg    '2008207101 '
```

执行结果如图 8-7 所示。

图 8-7

【**例 8-6**】执行例 8-3 创建的带输入参数和输出参数的存储过程"pr_Scoravg",实现返回课程号为"090101A"的课程的平均成绩。

```
USE    StudentElective
GO
declare@ courseavg int
EXECUTE    pr_Scoravg    '090101A ', @ courseavg    OUTPUT
SELECT    '课程号为'+' "090101A" '+'的平均成绩为：'+STR（@ courseavg)
```

执行结果如图 8-8 所示。

（2）使用 SQL Server Management Studio 执行存储过程

使用 SQL Server Management Studio 执行存储过程的基本步骤如下：

1）在"对象资源管理器"窗口的对应数据库中展开"可编程性"节点。

2）展开"存储过程"节点，右键单击需执行的存储过程（如"pr_StuAvg"），在弹出的快捷菜单中选择"执行存储过程"命令，打开"执行过程"对话框，如图 8-9 所示。

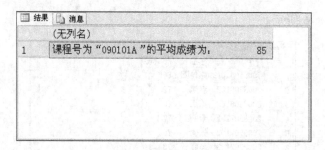

图 8-8

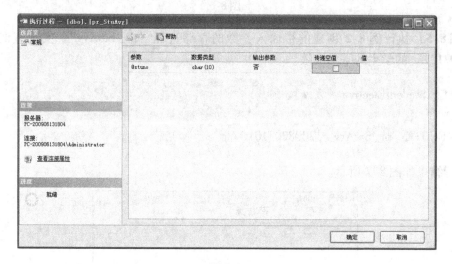

图 8-9

3）在"执行过程"对话框中，根据需要设置参数"输出参数"、"传递空值"和"值"，如图 8-10 所示。

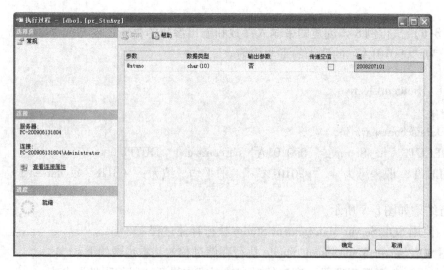

图 8-10

4）单击"确定"按钮，关闭对话框，执行存储过程。执行结果和生成的执行语句将在

"查询编辑器"窗口和"结果"窗口显示，如图 8-11 所示。

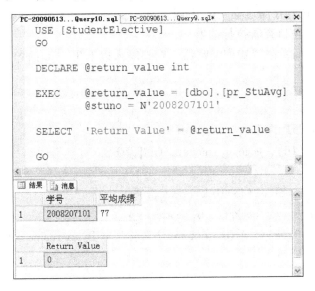

图 8-11

8.1.2　任务实现

1）启动 SQL Server Management Studio，附加"BookBorrow"数据库。

2）新建查询，在"查询编辑器"窗口输入 T-SQL 语句：

```
USE    BookBorrow
GO
CREATE   PROCEDURE   pr_reader
@ reader    char（10）
AS
SELECT   bname, category, author, price
FROM    Readersys  a, booksys   b, borrowsys   c
WHERE   a. rno = c. rno   AND    c. bno = b. bno    AND   a. rname = @ reader
```

3）分析总结该段代码所能实现的功能。

4）检查并执行查询语句，创建存储过程。

5）修改存储过程名称为"pr_book"。修改代码其他部分，实现查询所有读者借阅的图书名称、作者、类别和图书单价。

6）检查并执行查询语句，创建存储过程。

7）清空或者新建一个"查询编辑器"窗口并输入语句：

```
USE   BookBorrow
GO
EXECUTE   pr_reader   '李明'
```

8）在"结果"窗口查看执行结果。

9）修改代码，执行存储过程"pr_book"。

10）在"结果"窗口查看执行结果

11）新建一个查询，在"查询编辑器"窗口输入以下 T-SQL 语句：

```
USE    BookBorrow
GO
CREATE    PROCEDURE    pr_bortotal
@reader    char (10)，@total    money    OUTPUT
AS
SELECT    @total = SUM (ISNULL (price，0))
FROM    Readersys    a，booksys    b，borrowsys    c
WHERE    a. rno = c. rno    AND    c. bno = b. bno    AND    a. rname = @reader
GO
```

☼ 提示

代码中使用了一个函数 ISNULL，用于测试一个表达式是否为空，ISNULL (price，0) 表示如果 price 为空，则用 0 代替，否则就返回 price 的值，这样可以避免 price 为空的计算差错。

12）执行查询语句，创建名为"pr_bortotal"的存储过程。

13）分析"pr_bortotal"存储过程的功能。

14）清空或者新建一个"查询编辑器"窗口并输入语句：

```
DECLARE    @bmoney    money
EXECUTE    pr_bortotal '李明'，@bmoney    OUTPUT
PRINT    @bmoney
```

☼ 提示

代码中首先定义了一个变量@bmoney，它的数据类型与 pr_bortotal 中的输出参数类型一致，用于接收存储过程的输出参数。Print 语句将@bmoney 的内容输出，即名为"李明"的读者借阅的图书总金额。

15）执行该语句，在"结果"窗口中查看输出结果。

16）分离数据库"BookBorrow"，保存数据库文件。

任务 8.2　管理和维护存储过程

任务目标

1）了解管理和维护存储过程的必要性。

2）理解管理和维护存储过程的内容。

3）掌握管理和维护存储过程的基本方法。

8.2.1 相关知识与技能

1. 修改存储过程

（1）用 ALTER PROCEDURE 语句修改存储过程的语法格式如下：

```
ALTER  PROCEDURE  存储过程名
[@参数名  数据类型 [ =默认值][OUTPUT]][ ,…n]
[WITH  ENCRIPTION]
AS
SQL 语句
```

可以看出，除了将关键字 CREATE 改为 ALTER 之外，其他的参数与 CREATE PROCE-DURE 语句中相同，这里不再赘述。

【例 8-7】创建一个名为 "proc_Students" 的存储过程，该存储过程包含学生姓名和地址信息。然后用 ALTER PROCEDURE 语句重新定义该存储过程，使之包含姓名、联系电话和电子邮箱地址信息，并使用 ENCRYPTION 关键字使之无法通过查看 "syscomments" 表来查看存储过程的内容。

创建存储过程代码如下：

```
USE  StudentElective
GO
CREATE  PROCEDURE  pr_Students
AS
SELECT  sname, telephone
FROM  Students
GO
```

修改存储过程代码如下：

```
ALTER  PROCEDURE  pr_Students
WITH  ENCRYPTION
AS
SELECT  sname, telephone, email
FROM  Students
GO
```

（2）通过删除和创建修改存储过程。

ALTER PROCEDURE 语句实际上是重建了一个新的存储过程，因此可以通过删除存储过程再重新创建存储过程的方法修改存储过程。

用删除和创建的方法修改存储过程将丢失与原存储过程有关联的所有权限，影响到与之相关的存储过程或者触发器。用 ALTER PROCEDURE 语句修改存储过程则只是修改了参数或者 T-SQL 语句部分，对于其他与之关联的数据库对象、权限没有任何影响。

（3）使用 SQL Server Management Studio 修改存储过程

在 SQL Server Management Studio 中也可以根据需要修改存储过程，步骤如下：

1）在"对象资源管理器"窗口中，依次展开"数据库"→"存储过程所属的数据库"→"可编程性"节点。

2）展开"存储过程"，右键单击要修改的存储过程（如"pr_Avg"），在弹出的快捷菜单中选择"修改"命令，打开"查询编辑器"窗口，如图 8-12 所示。

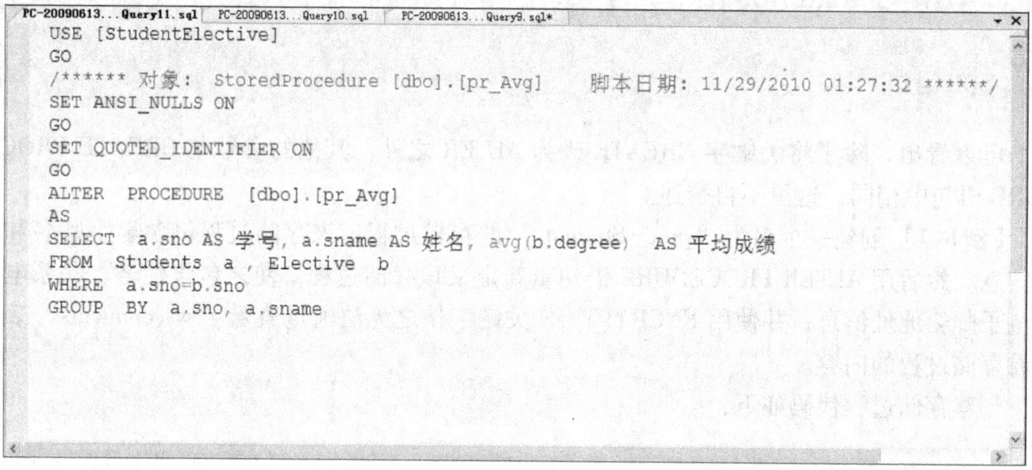

```
PC-20090613...Query11.sql   PC-20090613...Query10.sql   PC-20090613...Query9.sql*              ▼ ×
USE [StudentElective]
GO
/****** 对象:  StoredProcedure [dbo].[pr_Avg]     脚本日期: 11/29/2010 01:27:32 ******/
SET ANSI_NULLS ON
GO
SET QUOTED_IDENTIFIER ON
GO
ALTER   PROCEDURE  [dbo].[pr_Avg]
AS
SELECT  a.sno AS 学号, a.sname AS 姓名, avg(b.degree)  AS 平均成绩
FROM  Students a , Elective b
WHERE   a.sno=b.sno
GROUP   BY  a.sno, a.sname
```

图 8-12

3）在"查询编辑器"窗口中修改存储过程的代码。

4）在查询工具栏上单击"分析"按钮，测试语法正确性。

5）在查询工具栏上单击"执行"按钮，修改当前存储过程。

2. 查看存储过程

查看存储过程主要包括查看存储过程的定义、存储过程的有关信息（如参数、创建时间和代码等）以及与存储过程有关的依赖关系。

（1）查看存储过程的定义

存储过程的定义存储在"sys. sql_modules"中，可以用 SELECT 语句查看，也可以用系统存储过程"sp_helptext"查看。

【例 8-8】用系统存储过程"sp_helptext"返回"pr_StuAvg"的定义。

在"查询编辑器"窗口中输入：

```
USE    StudentElective
GO
EXECUTE    sp_helptext    pr_StuAvg
```

执行 SQL 语句，可以看到存储过程"pr_StuAvg"的定义出现在"结果"窗口中，如图

8-13 所示。

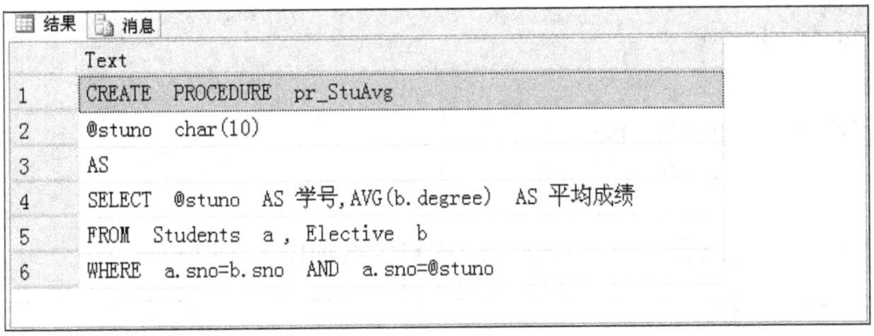

	Text
1	CREATE PROCEDURE pr_StuAvg
2	@stuno char(10)
3	AS
4	SELECT @stuno AS 学号,AVG(b.degree) AS 平均成绩
5	FROM Students a , Elective b
6	WHERE a.sno=b.sno AND a.sno=@stuno

图 8-13

（2）查看存储过程的信息

存储过程的信息存储在“sys. objects”、“sys. procedures”、“sys. parameters”、“sys. numbered_procedures”、“sys. numbered_procedure_parameters”等系统表中，可以用 SELECT 语句查询，也可以用系统存储过程“sp_help”查看。

【例 8-9】查看“sys. objects”中关于“pr_StuAvg”的信息。

在“查询编辑器”窗口中输入：

```
USE StudentElective
GO
SELECT *
FROM sys.objects
WHERE name ='pr_StuAvg'
```

执行 SQL 语句，存储过程“pr_StuAvg”的部分信息即显现在“结果”窗口中，如图 8-14 所示。

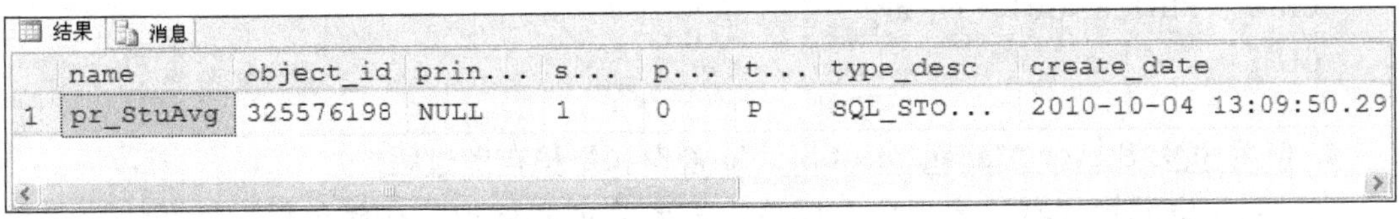

	name	object_id	prin...	s...	p...	t...	type_desc	create_date
1	pr_StuAvg	325576198	NULL	1	0	P	SQL_STO...	2010-10-04 13:09:50.29

图 8-14

（3）查看存储过程的依赖关系

修改和删除存储过程都要影响到对与之关联的数据库对象，查看存储过程的依赖关系很常用。存储过程的依赖关系存储在系统表“sys. sql_dependencies”中，通过 SELECT 语句可以查看，也可以用系统存储过程“sp_depends”查看。“sp_depends”可以查看所有的数据库对象的依赖关系，其语法格式如下：

```
EXECUTE sp_depends[@objname=]'存储过程名称'
```

【例 8-10】用“sp_depends”查看存储过程“pr_avg”的依赖关系。

在"查询编辑器"窗口中输入：

```
USE    StudentElective
GO
EXECUTE   sp_ depends   pr_avg
GO
```

执行 SQL 语句，可以看到"pr_ avg"的依赖关系如图 8-15 所示。

	name	type	updated	selected	column
1	dbo.Students	user table	no	yes	sno
2	dbo.Students	user table	no	yes	sname
3	dbo.Elective	user table	no	yes	sno
4	dbo.Elective	user table	no	yes	degree

图 8-15

3. 删除存储过程

对于不再需要的存储过程可以使用 DROP PROCEDURE 语句将其删除，基本语法格式如下：

```
DROP   PROCEDURE 存储过程名［,...n］
```

【例 8-11】删除存储过程"pr_ avg"。

```
USE    StudentElective
DROP    PROCEDURE   pr_avg
GO
```

4. 使用 SQL Server Management Studio 管理和维护存储过程

在"对象资源管理器"窗口中右键单击需要管理和维护的存储过程，打开快捷菜单，如图 8-16 所示。

在弹出的快捷菜单中提供了"查看依赖关系"、"重命名"、"删除"和"属性"等命令，利用这些命令，可以非常方便地管理和维护存储过程，了解除了定义之外的有关存储过程的信息。

8.2.2　任务实现

1）启动 SQL Server Management Studio，附加"BookBorrow"数据库。

2）新建查询，在"查询编辑器"窗口输入 T-SQL 语句：

图 8-16

```
USE   BookBorrow
GO
ALTER   PROCEDURE   pr_reader
@reader   char（10）
AS
SELECT   bname, category, author, price
FROM   Booksys INNER JOIN Borrowsys ON Booksys. bno = Borrowsys. bno
INNER   JOIN   Readersys   ON   Borrowsys. rno = Readersys. rno
WHERE   （readersys. rname = @reader）   AND   （borrowsys. borrowdate   IS   NOT
NULL）   AND   （borrowsys. Returndate   IS   NULL）
```

3）分析总结代码功能。

4）执行 SQL 语句，修改存储过程"pr_reader"。

5）清空或者新建一个"查询编辑器"窗口并输入代码：

```
USE   BookBorrow
GO
EXECUTE   pr_reader   '李明'
```

6）执行该语句，在"结果"窗口中查看读者"李明"到目前还在借阅的所有书籍的信息。

7）修改代码，实现查询任意截止时间前，某个读者借阅的图书信息。

8）在"对象资源管理器"窗口中依次展开"数据库"→"BookBorrow"→"可编程

性"→"存储过程"节点。

9）右键单击存储过程"pr_bortotal"，在弹出的快捷菜单中选择"查看依赖关系"命令，打开"对象依赖关系"对话框。

10）选择"依赖于'pr_bortotal'的对象"选项，查看依赖于"pr_bortotal"的数据库对象。

11）选择"［pr_bortotal］依赖的对象"选项，查看"pr_bortoal"依赖的数据库对象。

12）单击"确定"按钮，退出对话框。

13）右键单击存储过程"pr_bortotal"，在弹出的快捷菜单中选择"重命名"命令，进入重命名状态，输入"pr_amoutmoney"，按"回车"键确认，完成重命名操作。

14）分离数据库"BookBorrow"，保存数据库文件。

任务8.3　使用游标

任务目标

1）了解游标的概念。

2）理解游标的作用。

3）掌握创建和使用游标的基本方法。

8.3.1　基本知识和技能

1. 游标

数据库中执行的大多数 T-SQL 命令，都是用来处理行的集合的，即针对集合内所有数据的处理。但是在某些情况下，用户也需要使用代码来逐行处理数据，为此 T-SQL 提供了可以逐行遍历记录行集合的游标。

游标实质是系统开设的一个存储缓冲区，用于存放 T-SQL 语句执行的结果集，提供了一种可以让应用程序从包括多条数据记录的结果集中每次提取一条记录的机制，实现逐行控制数据的能力，它由结果集和定位标记构成。通过游标，可以对结果集进行定位、检索和修改。

SQL Server 2005 中包含声明游标、打开游标、使用游标、关闭游标和释放游标 5 个阶段。

2. 使用游标的优点

从游标定义可以看到游标有如下优点，这些优点使游标在实际应用中发挥了重要作用。

1）允许程序对由查询语句 SELECT 返回的行集合中的每一行数据执行相同或不同的操作，而不是对整个行集合执行同一个操作。

2）提供对基于游标位置的表中的行进行更新和删除的能力。

3）游标作为面向集合的数据库管理系统（RDBMS）和面向行的程序设计之间的桥梁，使这两种处理方式通过游标沟通起来。

3. 声明游标

使用游标前首先要声明游标，声明游标时会为游标指定获取数据时所使用的 SELECT 语句。声明游标的语法格式如下：

DECLARE 游标名称 [INSENSITIVE][SCROLL] CURSOR
FOR　T-SQL 语句
　[FOR {READ ONLY | UPDATE [OF 列名 [,...n]]}]

其中各个参数的意义如下：

1）INSENSITIVE：定义游标时，为游标的数据创建一个临时表，所有的操作都在临时表中完成，不允许修改，不能及时体现基表的变化。

2）SCROLL：可以对行实现所有的定位操作，否则只能进行 NEXT 定位操作。

3）T-SQL 语句：生成数据集的 SQL 语句。

4）READ ONLY：表示只读游标。

5）UPDATE [OF 列名 [,...n]]：表示游标可以修改数据，"OF 列名"指定了可以修改的数据列。",...n"表示可以修改多列，每列之间用","分隔。

4. 打开游标

在使用游标读取数据之前，必须打开游标。游标打开，检索数据并填充游标，然后才可以使用游标。打开游标的语法格式如下：

OPEN 游标名 | @游标变量名

可以通过游标名称或者通过一个存储有游标名称的变量打开游标。数据库引擎会根据 T-SQL 语句生成数据集，并用数据集填充游标。

5. 使用游标检索数据

创建并打开游标后，就可以从游标中获取数据。游标位置位于结果集的第一行前，此时可以从结果集中提取行。SQL Server 将沿着游标结果集一行或多行向下移动游标位置，不断提取结果集中的数据，并修改和保存游标当前的位置，直到结果集中的行全部被提取。

读取游标中某一行数据的语法格式如下：

FETCH
　　　[[NEXT | PRIOR | FIRST | LAST | ABSOLUTE {n | @nvar}
　　　| RELATIVE {n @nvar}]
　　　FROM　]
游标名 | @游标变量名
　[INTO　@变量名 [,...n]]

其中参数含义如下：

1）NEXT | PRIOR | FIRST | LAST：表示下一行、前一行、第一行和最后一行

2）ABSOLUTE {n | @nvar}：如果 n 或者@nvar 的值为正数，表示从开始行向后的第 n 或者@nvar 行，如果为负数，表示结束行向前第 n 或者@nvar 行。

3）RELATIVE {n | @nvar：表示从当前行向前或者向后的 n 或者@nvar 行。

4）INTO @变量名：将提取的数据放入@变量名称中。

全局变量@@FETCH_STATUS 和@@rowcount 提供了关于游标活动的相关信息：

1）@@FETCH_STATUS 保存着最后 FETCH 语句执行后的状态信息，其值和含义见表 8-1。

表 8-1   @@FETCH_STATUS 的返回值和含义

返回值	说　明
0	表示成功完成 FETCH 语句
−1	表示 FETCH 语句执行有错误，或者当前游标位置已在结果集中的最后一行，结果集中不再有数据
−2	提取的行不存在

2）@@rowcount 保存着自游标打开后的第一个 FETCH 语句，直到最近一次的 FETCH 语句为止，已从游标结果集中提取的行数。

每个打开的游标都与一特定的@@rowcount 有关，在 FETCH 语句执行后查看这个变量，可得知从游标结果集中已提取的行数。关闭游标时，该@@rowcount 变量也被删除。

6. 关闭游标

在游标使用完毕之后，必须关闭游标。关闭游标并不改变它的定义，还可以使用 OPEN 命令再次打开游标。关闭游标的语法格式如下：

```
CLOSE  游标名 | @游标变量名
```

关闭指定游标的结果集，解除游标上的锁定，但是保留数据结构，被关闭的游标可以重新打开。

7. 释放游标

关闭游标的操作并不能释放游标所占用的系统资源，为了回收游标占用的资源应当释放游标，释放相关内存。释放游标的语法格式如下：

```
DEALLOCATE 游标名 | @游标变量名
```

释放游标和关闭游标不同，游标关闭后不需要声明即可重新打开并使用它，而释放游标后，该游标就不能再使用了，如需再次使用该游标，就必须重新定义。

【例 8-12】创建一个游标，显示所有"信息管理"专业的学生的学号和姓名，并且根据学号显示他们所选修的课程。

```
USE  StudentElective
GO
--定义存放提取出的数据的变量
DECLARE  @id  char（10），  @name  char（10）
--因为要使用学号查询所选修的课程，所以定义了两个变量@id 和@name 存储学号和姓名值。
--声明游标
DECLARE  cur_Students  CURSOR  FOR
SELECT  sno，sname
```

```
FROM   Students
WHERE   professional = '信息管理'
--打开游标
OPEN   cur_Students
--提取游标，查询课程
FETCH   NEXT   FROM   cur_Students   into   @id, @name
WHILE   @@fetch_status =0
BEGIN
  SELECT   @id   AS 学号,    @name AS 姓名
  SELECT cname , credit
  FROM   course, Elective
  WHERE course. cno = Elective. cno   AND   Elective. sno = @id
  FETCH   NEXT   FROM   cur_Students   into   @id, @name
END
--关闭游标
CLOSE cur_Students
--释放游标
DEALLOCATE cur_Students
```

运行结果如图 8-17 所示。

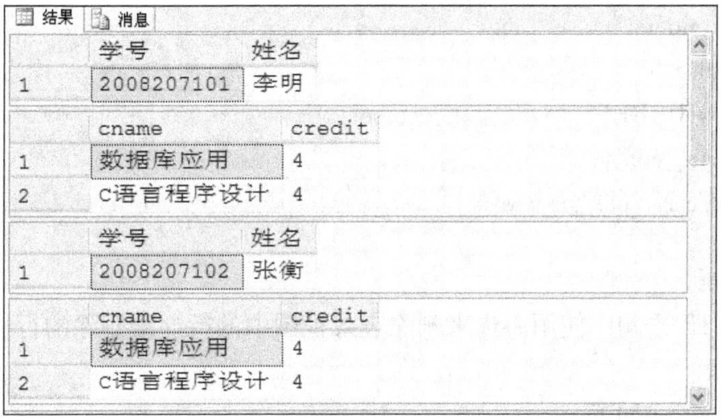

	学号	姓名
1	2008207101	李明

	cname	credit
1	数据库应用	4
2	C语言程序设计	4

	学号	姓名
1	2008207102	张衡

	cname	credit
1	数据库应用	4
2	C语言程序设计	4

图 8-17

技巧

将全局变量@@FETCH_STATUS 与 WHILE 命令配合来使用，可以很容易实现对游标中的行的遍历操作。

8. 使用游标修改数据

可以在 UPDATE 或 DELETE 语句中使用游标来更新、删除表或视图中的行，但不能用来插入新行。

（1）更新数据

通过在 UPDATE 语句中使用游标可以更新表或视图中的行。被更新的行依赖于游标位置的当前值。

更新数据语法形式如下：

```
UPDATE   {表名 | 视图名}   SET  列名 = {新列值}[... n]
WHERE  CURRENT  OF  游标名
```

注意

游标必须是声明为 FOR UPDATE 方式并已打开的游标。

【例 8-13】通过游标将"Course"表中"数据库应用"课程的"credit"修改为"5"。

```
USE  StudentElective
GO
DECLARE  cur_course  SCROLL  CURSOR  FOR
SELECT  cname,  credit  FROM  Course
WHERE  cname = '数据库应用'
FOR  UPDATE  OF  credit
OPEN  cur_course
FETCH  ABSOLUTE  1  FROM  cur_course
UPDATE  Course
SET  credit = 5
WHERE  CURRENT  OF  cur_course
CLOSE  cur_course
DEALLOCATE  cur_course
```

（2）删除数据

通过在 DELETE 语句中使用游标来删除表或视图中的行。被删除的行依赖于游标位置的当前值。

删除数据语法形式如下：

```
DELETE   {表名 | 视图名}
WHERE  CURRENT  OF  游标名
```

注意

使用的游标必须声明为 FOR UPDATE 方式，而且声明游标的 SELECT 语句中不能含有连接操作或涉及多表视图。对使用游标删除行的表，要求有一个唯一索引。

【例 8-14】通过游标删除"Elective"表中学号为"2008206102"学生的成绩记录。

```
USE    StudentElective
GO
DECLARE   cur_Elective   SCROLL   CURSOR   FOR
SELECT   sno,   degree   FROM   Elective
WHERE   sno = '2008206102'
FOR   UPDATE   OF   degree
OPEN   cur_Elective
FETCH   NEXT   FROM   cur_Elective
WHILE   @@fetch_status = 0
BEGIN
  DELETE   Elective
  WHERE   CURRENT   OF   cur_Elective
  FETCH   NEXT   FROM   cur_Elective
END
CLOSE   cur_Elective
DEALLOCATE   cur_Elective
```

8.3.2 任务实现

1）启动 SQL Server Management Studio，附加"BookBorrow"数据库。

2）新建查询，在查询中用 T-SQL 声明一个游标，取名为"cur_reader"。

```
DECLARE   cur_reader   SCROLL   CURSOR   FOR
SELECT   rname, ISNULL（borrownumber, 0）
FROM   Readersys
WHERE   professional = '信息管理'
FOR   READ ONLY
```

3）总结各个参数的意义。

4）输入打开游标的代码。

```
OPEN cur_reader
```

5）定义变量，用于存放单个数据行的读者姓名和借书量。

```
DECLARE @reader_name   char（20）
DECLARE @borrowtotal   tinyint
```

6）输入代码：

```
FETCH NEXT FROM cur_reader INTO @ reader_name，@ borrowtotal
WHILE @ @ fetch_status = 0
BEGIN
PRINT @ reader_name + cast（@ borrowtotal as char（10））
FETCH NEXT FROM cur_reader INTO @ reader_name，@ borrowtotal
END
```

7）总结代码功能。

8）输入关闭游标代码。

```
CLOSE   cur_reader
```

9）输入释放游标代码。

```
DEALLOCATE   cur_reader
```

10）执行代码，检验结果。

11）修改代码，通过游标将"Booksys"表中"数据库应用技术"图书的价格"price"修改为"30"。

12）执行代码，检验结果。

13）分离数据库"BookBorrow"，保存数据库文件。

技能提高训练

一、训练目的

灵活运用 T-SQL 语句创建和维护存储过程，练习 T-SQL 游标的使用方法与步骤。

二、训练内容

1. 附加数据库

附加数据库"考勤管理"。

2. 使用存储过程

1）创建名为"pr_workinf"的存储过程，用于检索所有员工当年中各个月份的全勤天数，要求显示"员工编号"、"姓名"、"月份"和"全勤天数"。

2）修改"pr_workinf"存储过程代码，用于检索所有员工当年中各个月份的全勤天数和实发工资，要求显示"员工编号"、"姓名"、"月份"、"全勤天数"和"实发工资"。

☀ 提示

各个信息按照员工编号相同、月份和年度相同等条件关联。

3）使用"sp_help"、"sp_helptext"和"sp_depends"查看存储过程"pr_workinf"。

4）修改"pr_workinf"存储过程代码，能够检索任一员工当年中任意月份平均出勤日工资。

☀ **提示**

平均出勤日工资应该是员工该月的实发工资除以全勤天数。

需要定义两个输入参数，分别对应员工编号、月份，定义一个输出参数，返回平均出勤日工资。

5）查看"pr_workinf"存储过程的属性。

6）定义一个变量存储"pr_workinf"存储过程的输出参数，带参数执行存储过程，显示查询结果。

3. 使用游标

1）定义一个游标"cur_depart"，用于逐行输出部门名称和部门主管。

2）打开游标。

3）提取第一行数据。

4）如果提取数据无错的情况下，循环显示部门名称和部门主管。

5）关闭游标。

6）释放游标。

4. 分离数据库

将"考勤管理"数据库从数据库服务器中分离出来，并保存数据文件到适当存储器中。

习　题

一、填空题

1. _____可以注册在服务器上，提供批量的数据处理。

2. _____可以逐行进行数据控制处理。

3. 存储过程分为3种，系统存储过程以_____前缀命名；_____过程以"xp"前缀开始命名；_____将逐渐被后面的系统淘汰，最好少用。

4. 存储过程是_____和数据库的桥梁，可以减少网络数据的传输量。

5. 存储过程可以避免_____风险。

6. _____游标不能实时反映基表数据的变化。

二、思考题

1. 什么数据操作适合模块化成存储过程？

2. 为什么说存储过程可以提高数据库的安全性？它和视图提高安全性的方法是否一样？

3. 游标是否可以对基表的数据进行修改？

4. 为什么说游标的实质是带有定位器的缓冲区？

应 用 提 高

1. 附加"×××学习记录"数据库。

2. 将本章自己的学习体会、总结的技巧和习题答案存入数据库中。

3. 建立一个存储过程，统计每个学生的习题完成数量。

4. 分离并保存"×××学习记录"数据库文件。

第9章

使用触发器和事务

触发器是由一系列的 T-SQL 语句组成的子程序，用来满足更高的应用需求。触发器也是一种存储过程，它是一种在基本表被修改时自动执行的内嵌过程。事务是由一系列的数据查询操作或更新操作构成的，可以看做单个处理单元。触发器和事务在 SQL Server 程序设计中具有非常重要的作用，但如果使用不当可能会导致数据库数据丢失。因此，掌握触发器和事务的正确使用方法，对数据库的开发与应用至关重要。

学习目标

- 理解触发器和事务的基本概念和功能。
- 掌握触发器的创建与应用方法。
- 了解事务处理。

任务 9.1 创建触发器

任务目标

1）理解触发器的基本概念和分类。
2）理解触发器的功能。
3）掌握创建触发器的基本方法。

9.1.1 相关知识与技能

1. 触发器

在 SQL Server 中，触发器是一种专用类型的存储过程，它不同于一般的存储过程。一般的存储过程通过存储过程名称被直接调用，而触发器主要是通过事件进行触发而被执行的。

触发器是一个功能强大的工具，它与表格紧密相连，在表中数据发生变化时自动强制执行。如对某个表进行诸如 UPDATE、INSERT 和 DELETE 等操作时，SQL Server 就会自动执行触发器所定义的有关规则，以防止对数据进行不正确、未授权或不一致的修改。

2. 触发器的作用

触发器的主要作用是实现主键和外键所不能保证的复杂的参照完整性和数据一致性。除此之外，触发器还有其他不同的功能。

1）执行更加复杂的约束操作。在 CHECK 约束中不允许引用其他表中的列来完成检查工作，而触发器则可以引用其他表中的列来完成数据完整性的约束。

2）级联更改数据库中相关的数据表。用户可以通过触发器对数据库中的相关表进行级联修改。

3）返回自定义的错误信息。用户有时需要在数据完整性遭到破坏的情况下，发出预先自定义好的错误信息或动态自定义的错误信息。通过使用触发器，用户可以捕获破坏数据完整性的操作，并返回自定义的错误提示信息。

4）比较数据库修改前后数据的状态。触发器提供了访问由 INSERT、UPDATE 和 DELETE 语句引起的数据前后状态变化的能力。用户可以在触发器中引用由于修改所影响的记录行。

5）维护规范化数据。可以使用触发器来保证非规范化数据库中低级数据的完整性。

3. 触发器的分类

在 SQL Server 2005 中，触发器可以分为 DML 触发器和 DDL 触发器两种类型。

DDL 触发器是当数据库服务器中发生数据定义语言（DDL）事件时执行的存储过程。这些事件主要对应于 T-SQL 中的 CREATE、ALTER 和 DROP 语句，以及执行类似 DDL 操作的某些系统存储过程。它们用于执行管理任务，并强制影响数据库的业务规则。如审核和规范数据库操作、防止数据库表结构被修改等。

DML 触发器是当数据库服务器中发生数据操作语言（DML）事件时执行的存储过程。DML 事件包括在指定表或视图中修改数据的 INSERT 语句、UPDATE 语句或 DELETE 语句。DML 触发器有助于在表或视图中修改数据时强制业务规则，扩展数据完整性。DML 触发器可以查询其他表，还可以包含复杂的 T-SQL 语句。系统将触发器和触发它的语句作为可在触发器内回滚的单个事务对待，如果检测到错误（如磁盘空间不足），则整个事务即自动回滚。

DML 触发器又分为 AFTER 触发器和 INSTEAD OF 触发器两种类型。

1）AFTER 触发器在数据变动（INSERT、UPDATE 和 DELETE 操作）完成以后才被触发。它主要是用于记录变更后的处理或检查，一旦发现错误，也可以用 ROLLBACK TRANS-ACTION 语句来回滚本次的操作。AFTER 触发器只能在表上定义。

2）INSTEAD OF 触发器在数据变动以前被触发，并取代变动数据的操作，转而去执行触发器定义的操作。每个 INSERT、UPDATE 和 DELETE 语句最多只能定义一个 INSTEAD OF 触发器。INSTEAD OF 触发器可以在表或视图上定义。

4. 使用 T-SQL 语句创建触发器

使用 T-SQL 语句 CREATE TRIGGER 创建触发器的基本语法格式如下：

```
CREATE TRIGGER 触发器名
ON {表名 | 视图名}
[WITH ENCRYPTION]
{FOR | AFTER | INSTEAD OF}{[INSERT], [UPDATE], [DELETE]}
AS
IF UPDATE（列名）
[{AND | OR} UPDATE（列名）...]
SQL 语句
```

其中各参数含义如下：

1）WITH ENCRYPTION：加密触发器的文本。

2）AFTER：指定在对数据表的相关操作之后，触发器被触发。如果仅指定 FOR 关键字，则 AFTER 是默认设置。

3）INSTEAD OF：指定执行触发器而不是执行触发语句，从而替代触发语句的操作。

4）{[INSERT]，[UPDATE]，[DELETE]}：指定在表或视图上执行哪些数据修改语句时激活触发器的关键字，必须至少指定一个选项。如果指定的选项多于一个选项，需用逗号分隔开，且不限制顺序。

5）IF UPDATE：指定对表内某列做增加或修改内容时，触发器才起作用，它可以指定两个以上列，列名前可以不加表名。

6）SQL 语句：指定触发器执行的条件和动作。触发器条件是除引起触发器执行的操作外的附加条件。触发器动作是指当前用户执行激发触发器的某种操作并满足触发器的附加条件时，触发器所执行的动作。

（1）创建 INSERT 触发器

【例 9-1】在"StudentElective"数据库的"Students"表上创建一个"tr_Students1"触发器，当执行 INSERT 操作时该触发器被触发。

```
USE    StudentElective
GO
CREATE    TRIGGER    tr_Students1
ON    Students
FOR    INSERT
AS
RAISERROR（'成功插入记录'，10，1）
```

执行代码，将生成"tr_Students1"触发器，当向表"Students"中插入数据时将触发该触发器，会显示"成功插入记录"提示。例如，执行如下代码，向表中插入记录内容。

```
USE    StudentElective
GO
INSERT    INTO    Students（sno，sname，sex）    VALUES（'2009206104'，'李丽'，
'女'）
```

当用户查看表内容时，可以发现该条记录已经成功插入，这是由于在定义触发器时，指定的是 FOR 选项，因此 AFTER 成了默认设置，此时触发器只有在触发 SQL 语句 INSERT 中指定的所有操作都已成功执行后才激发。因此用户可以将数据插入"Students"表中。为了能实现触发器被执行的同时，取消触发器的 SQL 语句的操作，可以使用 INSTEAD OF 关键字来实现。

【例 9-2】在"StudentElective"数据库的"Students"表上创建一个"tr_Students2"触发器，当插入数据时触发触发器，不允许插入数据，且显示提示信息。

```
USE    StudentElective
GO
CREATE    TRIGGER    tr_Students2
ON    Students
INSTEAD    OF    INSERT
AS
RAISERROR（'禁止插入数据'，10，1）
```

当插入一条新数据时，在"SQL 编辑器"的消息返回窗口中将出现提示信息"禁止插入数据"，查看表内容时，会发现欲插入的数据记录没有出现在表中。

（2）UPDATE 触发器

在带有 UPDATE 触发器的表上执行 UPDATE 语句时，将触发 UPDATE 触发器。使用该触发器时，可以通过定义 IF UPDATE（列名）。当特定列被更新时触发触发器，而不管更新影响的是表中的一行或是多行。如果需要实现多个特定列中的任意一列被更新或多列同时被更新时触发触发器，可以通过在触发器定义中使用 AND 或 OR 连接多个 IF UPDATE（列名）来实现。

【例 9-3】在"StudentElective"数据库的"Students"表上创建一个"tr_Students3"触发器，该触发器将被 UPDATE 操作激活，该触发器将不允许用户修改表的"professional"列。

```
USE    StudentElective
GO
CREATE    TRIGGER    tr_Students3
ON    Students
FOR    UPDATE
AS
IF    UPDATE（professional）
BEGIN
RAISERROR（'禁止修改 professional 列的数据'，10，1）
ROLLBACK    TRANSACTION
END
```

☀ 提示

ROLLBACK TRANSACTION 的作用是回滚事务，取消刚才 SQL 语句所做的操作。

完成触发器创建后，在 SQL Server Management Studio 的"查询编辑器"窗口中运行如下命令：

```
USE    StudentElective
GO
UPDATE    Students    SET    professional ='计算机应用'
WHERE sno ='2008207101'
```

在"SQL 编辑器"的消息返回窗口中将出现提示信息"禁止修改 professional 列的数据",查看表内容时,会发现欲修改的数据记录并没有被修改,此触发器起到了保护作用。

但是 UPDATE 操作可以对没有建立保护性触发的其他列进行更新而不会激发触发器。

(3) DELETE 触发器

【例 9-4】 在"StudentElective"数据库的"Students"表上创建一个"tr_Students4"触发器,该触发器将被 DELETE 操作激活,该触发器将实现对"Students"表中删除记录的操作给出提示信息,并取消当前的删除操作。

```
USE    StudentElective
GO
CREATE    TRIGGER    tr_Students4
ON    Students
FOR    DELETE
AS
BEGIN
RAISERROR ('禁止删除 Students 表中数据', 10, 1)
ROLLBACK    TRANSACTION
END
```

完成触发器创建后,在 SQL Server Management Studio 的"查询编辑器"窗口中运行如下命令:

```
USE    StudentElective
GO
DELETE    FROM    Students    WHERE    sno = '2008207101'
```

在返回消息中将出现"禁止删除 Students 表中数据"提示信息。查看表内容时,会发现欲删除的数据记录并没有被删除,说明触发器定义中 ROLLBACK TRANSACTION 语句取消了删除操作。

☀ 提示

此例也可使用 INSTEAD OF 方法实现,效果相同。

5. 使用 SQL Server Management Studio 创建触发器

使用 SQL Server Management Studio 创建触发器的基本步骤如下:

1)在"对象资源管理器"窗口中,分别展开"数据库"→"用户数据库"(如"StudentElective"数据库)→"表"节点。

2)单击需创建触发器的数据表(如"Students"),接着右键单击"触发器",在弹出的快捷菜单上选择"新建触发器"命令,则在 SQL 的"查询编辑器"窗口中显示创建触发器的模板文件,如图 9-1 所示。

```
PC-20090613...LQuery1.sql                                                    ▼ ×
-- the definition of the function.
-- =========================================
SET ANSI_NULLS ON
GO
SET QUOTED_IDENTIFIER ON
GO
-- =========================================
-- Author:      <Author,,Name>|
-- Create date: <Create Date,,>
-- Description: <Description,,>
-- =========================================
CREATE TRIGGER <Schema_Name, sysname, Schema_Name>.<Trigger_Name, sysname, Trigger_Name>
   ON  <Schema_Name, sysname, Schema_Name>.<Table_Name, sysname, Table_Name>
   AFTER <Data_Modification_Statements, , INSERT,DELETE,UPDATE>
AS
BEGIN
    -- SET NOCOUNT ON added to prevent extra result sets from
    -- interfering with SELECT statements.
    SET NOCOUNT ON;

    -- Insert statements for trigger here

END
GO
```

图 9-1

3）在触发器模板文件中的相应位置填入创建触发器的 SQL 语句，也可以单击"SQL 编辑器"工具栏上的"指定模板参数的值"按钮，弹出如图 9-2 所示的"指定模板参数的值"对话框，输入模板相关的参数值，然后单击"确定"按钮，更新触发器的参数值。

图 9-2

4）在触发器模板中输入触发器创建代码，如图 9-3 所示。

5）执行"查询"→"分析"菜单命令，测试语法的正确性。

6）执行"查询"→"执行"菜单命令，在数据库中创建该触发器。

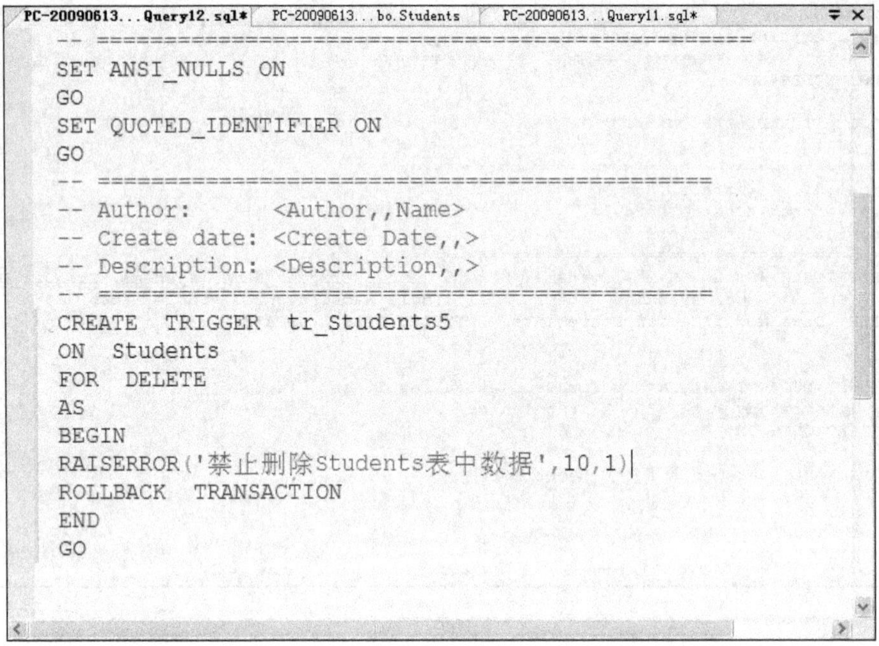

图 9-3

9.1.2　任务实现

1）启动 SQL Server Management Studio，附加"BookBorrow"数据库。

2）新建查询，在"查询编辑器"窗口中输入 T-SQL 语句：

```
USE    BookBorrow
GO
CREATE    TRIGGER    tr_IReadersys
ON    Readersys
FOR    INSERT
AS
SELECT  *    FROM    Readersys
```

3）分析总结代码功能。

4）执行代码，完成触发器创建。

5）执行下列插入语句，验证触发器功能。

```
USE    BookBorrow
GO
INSERT    INTO    readersys（rno，rname）    VALUES（'2010401010'，'李丽'）
```

6）新建查询，在"查询编辑器"窗口中输入代码：

```
USE    BookBorrow
GO
CREATE   TRIGGER   tr_UReadersys
ON   Readersys
FOR   UPDATE
AS
IF   UPDATE（rname）
BEGIN
RAISERROR（'禁止修改 rname 列的数据'，10，1）
ROLLBACK   TRANSACTION
END
```

7）分析总结代码功能。

8）执行代码，完成触发器创建。

9）执行更新语句，修改 rname 列，验证触发器功能。

10）执行下列更新语句：

```
USE    BookBorrow
GO
UPDATE   readersys   SET sex = '男'   WHERE   rno = '2010401010'
```

11）查看结果，分析原因。

12）修改代码，使用"INSTEAD OF"创建实现上述功能的触发器。

13）在表"Readersys"上创建一个"tr_DReadersys"触发器，使得在删除表"Readersys"中记录的同时，自动检查借阅信息表"Borrowsys"中是否有该读者的记录，如果存在该读者记录，则取消删除。参考语句如下：

```
USE    BookBorrow
GO
CREATE TRIGGER tr_DReadersys
ON   Readersys
INSTEAD   OF   DELETE
AS
IF（SELECT   COUNT（*）  FROM   Readersys R，Borrowsys B   WHERE R. rno =
B. rno）> 0
BEGIN
RAISERROR（'由于此人有借阅信息，禁止删除 Readersys 中的此条数据'，10，1）
END
```

14）执行如下语句（在执行前要确保在 Readersys 和 Borrowsys 中都存在 rno =

'2008101001'的记录）：

```
USE    BookBorrow
GO
DELETE   FROM   readersys   WHERE rno =' 2008101001 '
```

15）查看结果，验证触发器功能。

16）当某位学生发生借书行为时，需要向表"Borrowsys"中插入一行数据，此时需要同时更改表"Readersys"中在借书数"borrownumber"的记录值，使其加1。创建一个触发器，实现该功能。

17）分离数据库"BookBorrow"，保存数据库文件。

任务9.2　管理与维护触发器

任务目标

1）掌握查看和修改触发器的方法。

2）掌握如何禁止和启用触发器。

9.2.1　相关知识与技能

1. 查看触发器信息

使用 T-SQL 语句或 SQL Server Management Studio 可以获取表中触发器的类型、触发器名称、触发器所有者以及触发器创建的日期等信息。由于触发器是一种特殊的存储过程，所以触发器被创建以后，它的名称存放在系统表"sysobjects"中，它的创建源代码存放在系统表"syscomments"中。

（1）查看表中的触发器信息

使用系统存储过程"sp_helptrigger"可以查看指定表中所定义的触发器及它们的类型。

【例9-5】查看"Students"表中触发器信息。

```
USE    StudentElective
GO
EXEC   sp_helptrigger   Students
```

执行结果如图9-4所示。

（2）查看触发器定义

使用系统存储过程"sp_helptext"可以查看指定触发器的定义文本。

【例9-6】查看"tr_Students1"触发器的定义代码。

```
USE    StudentElective
GO
EXEC   sp_helptext  ' tr_Students1 '
```

	trigger_name	trigger_owner	isupdate	isdelete	isinsert	isafter	isinsteado
1	tr_Students5	dbo	0	1	0	1	0
2	tr_Students1	dbo	0	0	1	1	0
3	tr_Students2	dbo	0	0	1	0	1
4	tr_Students3	dbo	1	0	0	1	0
5	tr_Students4	dbo	0	1	0	1	0

图 9-4

执行结果如图 9-5 所示。

	Text
1	CREATE TRIGGER tr_Students1
2	ON Students
3	FOR INSERT
4	AS
5	RAISERROR('成功插入记录',10,1)
6	

图 9-5

（3）查看触发器的所有者和创建时间

系统存储过程"sp_help"可用于查看触发器的所有者和创建时间。

【例 9-7】查看"tr_Students1"触发器的所有者和创建时间。

```
USE  StudentElective
GO
EXEC  sp_help  'tr_Students1'
```

执行结果如图 9-6 所示。

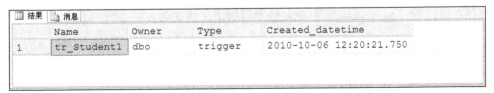

	Name	Owner	Type	Created_datetime
1	tr_Student1	dbo	trigger	2010-10-06 12:20:21.750

图 9-6

 提示

可以使用系统存储过程"sp_depends"查看触发器的相关性，了解触发器所依赖的表或视图。加密后的触发器无法用"sp_helptext"来查看相关信息。

2. 修改触发器

可以通过 SQL Server Management Studio、系统存储过程和 T-SQL 语句，修改触发器的名称和正文。

（1）使用 SQL Server Management Studio 修改触发器定义

使用 SQL Server Management Studio 修改触发器定义的基本步骤如下：

1）在"对象资源管理器"窗口中右键单击需要修改的触发器名称，在弹出的快捷菜单中选择"修改"命令，如图 9-7 所示，在"查询编辑器"窗口中显示希望修改的触发器定义文件。

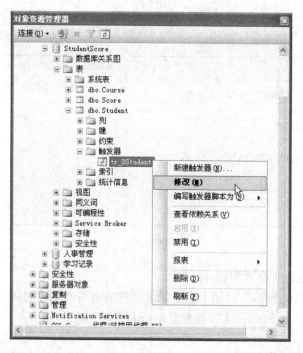

图 9-7

2）修改参数和 SQL 语句。

3）单击工具栏上的"执行"按钮完成触发器修改。

（2）使用存储过程"sp_rename"重命名触发器

使用存储过程"sp_rename"重命名触发器的语法格式为：

> sp_rename　原名称,　新名称

（3）使用 T-SQL 语句修改触发器正文

使用 T-SQL 语句 ALTER TRIGGER 可以修改触发器，SQL Server 可以在保留现在触发器名称的同时，修改触发器的触发动作和执行内容。它的语法与 CREATE TRIGGER 语句类似，具体语法形式如下：

```
ALTER TRIGGER  触发器名
ON {表名 | 视图名}
[WITH ENCRYPTION]
{FOR | AFTER | INSTEAD OF}{[INSERT], [UPDATE], [DELETE]}
AS
IF UPDATE (列名)
[{AND | OR} UPDATE (列名)...]
SQL 语句
```

其中各参数的意义与创建触发器语句中参数的意义相同。

【例 9-8】修改数据库"StudentElective"中的表"Students"上建立的触发器"tr_Students2"，使得用户执行删除、增加和修改操作时，自动给出错误提示并撤销此次操作。

```
USE  StudentElective
GO
ALTER  TRIGGER  tr_Students2
ON  Students
INSTEAD  OF  INSERT, DELETE, UPDATE
AS
RAISERROR ('禁止插入, 删除和修改数据', 10, 1)
```

3. 删除触发器

如果不再需要某个触发器，可以将它从数据库中删除。删除触发器有 3 种方法：

1）使用 SQL 语句 DROP TRIGGER 删除指定的触发器，其语法格式为：

```
DROP  TRIGGER  触发器名
```

2）删除触发器所在的表时，SQL Server 将自动删除与该表相关的触发器。

3）在"对象资源管理器"窗口中右键单击需要删除的触发器名称，在弹出的快捷菜单中选择"删除"命令即可。

4. 禁止和启用触发器

在使用触发器时，用户可能会根据需要暂停触发器发挥作用。例如，学生毕业时，需要清理建有 DELETE 触发器的"Students"表中的部分学生信息。当一个触发器被禁止，该触发器仍然存在于表上，只是触发器的动作将不再执行，直到该触发器被重新启用。使用 T-SQL 语句禁止和启用触发器的基本语法如下：

```
ALTER TABLE 表名
{ENABLE | DISABLE} TRIGGER
{ALL | 触发器名 [,...n]}
```

其中：

1）ENABLE：启用触发器。

2）DISABLE：禁止触发器。

3）ALL：指定启用或禁止表中所有的触发器。

也可以在 SQL Server Management Studio 的"对象资源管理器"窗口中右键单击需要禁止（或启用）的触发器名称，在弹出的快捷菜单中选择"禁止（或启用）"命令即可。

【例 9-9】禁用"StudentElective"数据库中"Students"表中的"tr_Students1"触发器。

```
USE    StudentElective
GO
ALTER TABLE    Students
DISABLE    TRIGGER    tr_Students1
```

9.2.2　任务实现

1）启动 SQL Server Management Studio，附加"BookBorrow"数据库。

2）新建查询，在"查询编辑器"窗口输入 T-SQL 语句：

```
USE    BookBorrow
EXEC sp_helptext    tr_IReadersys
GO
```

3）执行代码，总结代码功能。

4）修改代码，查看触发器的所有者和创建时间。

5）修改表"Readersys"中建立的触发器"tr_Ireadersys"，使得用户执行删除、增加和修改操作时，自动给出错误提示"禁止插入，删除和修改数据"，并撤销此次操作。

6）将表"Readersys"中建立的触发器"tr_Ireadersys"重命名为"tr_Areadersys"。

7）禁用"Readersys"表中的"tr_Areadersys"触发器。

8）删除"Readersys"表中的"tr_Areadersys"触发器。

9）分离数据库"BookBorrow"，保存数据库文件。

任务 9.3　了解事务

任务目标

1）了解事务的基本概念。

2）了解事务的特征。

3）了解事务的模式。

9.3.1　相关知识与技能

多用户并发存取同一数据可能会产生数据的不一致性问题。正确地使用事务可以有效控制这类问题发生的频率甚至能避免这类问题的发生。例如，进行银行转账时，从一个账号扣款并使另一个账号增款，这两个操作或都被执行，或都不被执行，应该把它们看成一个事务。

1. 事务

事务是由一系列的数据查询操作或更新操作构成，可以看做单个处理单元。如果某一事务执行，则在该事务中的所有操作均会执行，记录在数据库中，成为持久的组成部分。如果遇到问题，则必须全部取消或回滚，所有处理均被清除。也就是说，组成事务的操作是一个整体，不能分割。例如，银行转账操作时，如账号 A 转出 10000 元至账号 B，对此业务可分解为账号 A 减去 10000 元和账号 B 增加 10000 元两个操作，当然，要求这两项操作或者同时成功（转账成功），或者同时失败（转账失败）。如果只有其中一项操作成功，则是不可接受的。

2. 事务的特征

事务作为一个逻辑工作单元有以下 4 个特征，这些特征称为 ACID 属性。

1）原子性：事务必须是原子工作单元，对于其数据修改，或全都执行，或全部不执行。

2）一致性：事务结束时，必须使所有数据处于一致性状态。数据库处于一致性状态是指数据库中的数据满足各种完整性规则。在相关数据库中，所有规则都必须应用于事务的修改，以保持所有数据的完整性。事务结束时，所有的内部数据结构都必须是正确的。

3）隔离性：为了提高事务的吞吐率，大多数 DBMS 允许同时执行多个事务，就像分时操作系统为了充分利用系统资源，同时执行多个进程一样。由并发事务所作的修改必须与任何其他并发事务所作的修改隔离，以保证事务查看数据时数据所处的状态，只能是另一并发事务修改它之前的状态或者是另一事务修改它之后的状态，而不能是中间状态的数据。

4）持久性：事务完成之后，它对于系统的影响是永久性的，该修改即使出现系统故障也将一直保持。

3. 事务模式

在 SQL Server 中事务有以下几种模式：

1）自动提交事务：每条单独的语句都是一个事务。

2）显式事务：每个事务均以 BEGIN TRANSACTION 语句显式开始，以 COMMIT 或 ROLLBACK 语句显式结束。

3）隐式事务：在前一个事务完成时新事务隐式启动，但每个事务仍以 COMMIT 或 ROLLBACK 语句显式完成。

4）批处理级事务：只能应用于多个活动结果集（MARS），在 MARS 会话中启动的 T-SQL 显式或隐式事务变为批处理级事务。当批处理完成时没有提交或回滚的批处理级事务自动由 SQL Server 进行回滚。

4. 自动事务

自动事务模式为系统默认的事务管理模式。在自动事务模式下，每个 T-SQL 语句在成功执行完成后，都被自动提交。如果遇到错误，则自动回滚该语句。

【例 9-10】 向表 "Students" 中插入 3 条记录，检验编译错误的批处理。

```
USE    StudentElective
GO
INSERT   INTO   Students（sno，sname）  VALUES（'2000206101'，'马丽敏'）
INSERT   INTO   Students（sno，sname）  VALUES（'2000206102'，'赵慧明'）
INERT   INTO   Students（sno，sname）  VALUES（'2000206103'，'朱朝群'）
/* INERT   INTO 符号错误*/
GO
SELECT * FROM   Students
/*不能返回任何结果 */
GO
```

运行结果如图9-8所示。

图 9-8

由于第三条 INSERT 语句发生编译错误，第二个批处理中的任意 INSERT 语句都没有执行（实际是前两个 INSERT 语句进行了回滚），也没有查询到任何记录。

5. 显式事务

显式事务由用户在其中定义事务的启动和结束。T-SQL 使用 BEGIN TRANSACTION、COMMIT TRANSACTION 和 ROLLBACK TRANSACTION 等语句定义显式事务。

（1）建立事务

建立事务的基本语法格式如下：

> BEGIN   TRANSACTION   ［事务名］

该语句标记一个显式本地事务的起始点。

（2）提交事务

提交事务的基本语法格式如下：

> COMMIT   TRANSACTION   ［事务名］

该语句标志一个成功的显式事务（或隐式事务）的完成。执行该语句将提交当前事务，事务中的所有数据修改在数据库中都将永久有效，占用的资源将被释放。

（3）回滚事务

回滚事务的基本语法格式如下：

> ROLLBACK   TRANSACTION   ［事务名］

该语句将显示事务（或隐性事务）回滚到事务的起点或事务内的某个保存点。在事务执行过程中遇到错误，修改的所有数据都被回滚到事务指定位置的状态，占用的资源将被释放。

【例 9-11】将"StudentElective"数据库中"Students"表中学号为"2008206101"学生信息删除。

```
USE    StudentElective
GO
BEGIN TRANSACTION
    DELETE   Students   WHERE   sno = '2008206101'
    DELETE   Elective   WHERE   sno = '2008206101'
COMMIT TRANSACTION
```

由于学号"sno"出现在"Students"表和"Elective"表中，所以两个表中的信息都要删除，而且必须两个同时删除，不能只删除其中的一个表，通过事务，可以避免数据出现不一致的现象。

【例 9-12】使用事务处理方式对"Elective"表执行更新操作，成功则提交事务，失败则取消事务。

```
USE    StudentElective
GO
BEGIN   TRANSACTION   stud_transaction
    UPDATE   Elective   SET   degree = ROUND（SQRT（degree）* 10, 0）   WHERE
cno = '090101A'
IF @@error！ = 0
    ROLLBACK   TRANSACTION   stud_transaction
ELSE
COMMIT TRANSACTION stud_transaction
```

☀ 提示

在此例中用到一个事务管理的全局变量@@error，它给出最近一次执行的出错语句引发的错误号，@@error 为 0 表示未出错。除此之外，还有一个事务管理的全局变量@@ROW-COUNT，将给出事务中已执行语句所影响的数据行数。

6. 隐式事务

隐式事务是指在当前事务提交或回滚后，自动启动新事务。当 SQL Server 首次执行表 9-1 中语句时，自动启动一个事务。使用 SET IMPLICIT_TRANSACTIONS OFF 语句可以关闭隐式事务模式。

表 9-1　首次执行时自动启动事务的 T-SQL 语句

CREATE	INSERT	SELECT
DROP	FETCH	GRANT

(续)

OPEN	DELETE	UPDATE
ALTER TABLE	REVOKE	TRUNCATE TABLE

【例 9-13】向"Course"表中插入两行记录，验证隐式事务。

```
USE    StudentElective
GO
SET IMPLICIT_TRANSACTIONS   ON              --打开隐式事务
GO
SELECT    COUNT（*）AS 记录数 FROM   Course    --打开事务，输出表中记录数。
INSERT   INTO Course（cno，cname）  VALUES     --插入一条记录
    （'100111A'，'多媒体技术'）
SELECT * FROM   Course
SELECT COUNT（*）AS 记录数 FROM Course         --输出表中记录数
GO
COMMIT TRANSACTION                          --提交事务
GO
INSERT INTO   Course（cno，cname）  VALUES     --插入一条记录
    （'100112A'，'软件工程'）
SELECT * FROM   Course
SELECT COUNT（*）  AS 记录数 FROM Course        --输出表中记录数
COMMIT TRANSACTION                          --提交事务
GO
SET IMPLICIT_ TRANSACTIONS OFF              --关闭隐式事务
```

运行结果如图 9-9 所示。

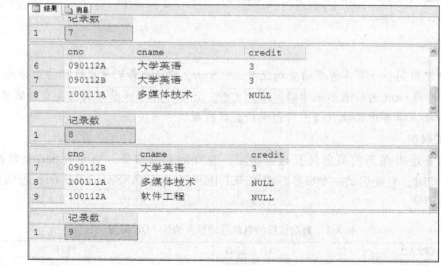

图 9-9

9.3.2　任务实现

1）启动 SQL Server Management Studio，附加"BookBorrow"数据库。

2）新建查询，在"查询编辑器"窗口中输入 T-SQL 语句：

```
USE BookBorrow
GO
BEGIN TRANSACTION    Libra_transaction
    UPDATE Readersys set rno = ' 2005101001 ' where rno = ' 2008101001 '
    UPDATE Borrowsys set rno = ' 2005101001 ' where rno = ' 2008101001 '
COMMIT TRANSACTION    Libra_transaction
```

3）分析代码，总结功能。

4）执行代码，验证功能。

5）如果代码不能执行，查找原因。

6）修改代码，将事务模式改为隐式事务。

7）创建一个事务，实现读者归还图书时，同时修改"Readersys"表中的"borrownum-ber"、"Borrowsys"表中的"returndate"和"Booksys"表中的"hallnumber"。

8）分离数据库"BookBorrow"，保存数据库文件。

技能提高训练

一、训练目的
进一步掌握 SQL Server 中对于触发器的各种操作，灵活运用各种方法管理触发器。

二、训练内容
1. 附加数据库

附加数据库"考勤管理"。

2. 创建触发器

1）在"考勤管理"数据库的部门信息表上编写一个触发器"depart_trigger"，当在部门信息表中删除一个记录时，将触发该触发器。在触发器中需要判断该部门是否还有员工，如果有员工信息，则取消删除操作，并将"无法删除"的信息返回用户。

2）在"考勤管理"数据库的人员信息表上编写一个触发器"person_trigger"，当向人员信息表中插入或修改一个记录时，激活触发器，检查记录的部门编号的值是否存在于部门信息表中，若不存在，则取消插入或修改操作，并向用户提示"此部门不存在"信息。

3. 修改触发器

修改触发器"depart_trigger"的定义，在删除时如果该部门中有员工，仍完成删除操作，只是向用户提示"该部门中还有员工信息"。

4. 事务管理

在"考勤管理"数据库中定义一个事务，向员工信息表输入新的数据记录时，如果所输入的员工编号与表中重复，则回滚事务，否则提交事务。

5. 分离数据库

分离并保存数据库"考勤管理"文件。

习 题

一、选择题

1. 以下语句是用来创建一个触发器的是（　　）。

　　A. CREATE PROCEDURE　　　　　　　B. CREATE TRIGGER

　　C. DROP PROCEDURE　　　　　　　　　D. DROP TRIGGER

2. 触发器创建在（　　）中。

　　A. 表　　　　　　　　　　　　　　　　B. 视图

　　C. 数据库　　　　　　　　　　　　　　D. 查询

3. 以下触发器是当对"Students"表进行（　　）操作时触发。

　　CREATE TRIGGER　 abc

　　ON　 Students

　　FOR　 insert，update，delete

　　AS...

　　A. 修改　　　　　　　　　　　　　　　B. 插入

　　C. 删除　　　　　　　　　　　　　　　D. 插入、修改和删除

4. 当删除（　　）时，与它关联的触发器也同时被删除。

　　A. 视图　　　　　　　　　　　　　　　B. 临时表

　　C. 表　　　　　　　　　　　　　　　　D. 过程

5. 事务有以下四个特征（　　）。

　　A. 原子性、一致性、隔离性和持久性

　　B. 临时表、原子性、过程性和持久性

　　C. 完整性、有效性、分离性和一致性

　　D. 过程性、有效性、分离性和完整性

二、思考题

1. SQL Server 有哪几种类型的触发器？

2. 使用触发器有什么优点？

3. 当一个表同时具有约束和触发器时，如何执行？

4. 简述事务的模式？

5. 简述事务回滚机制？

应 用 提 高

1. 附加"×××学习记录"数据库。

2. 将本章自己的学习体会、总结的技巧和习题答案存入数据库中。

3. 在每个表上创建一个触发器，该触发器将被 DELETE 操作激活，给出提示信息，并取消当前的删除操作，保护数据。

4. 分离并保存"×××学习记录"数据库文件。

第10章

数据库的安全性管理

对任何企业和组织而言，数据安全性问题都是至关重要的。合理有效的数据库安全机制既可以保证被授权用户能够方便地访问数据库中的数据，又能够防止非法用户的入侵。SQL Server 2005 提供了设计完善、操作简单的安全管理机制。

——学习目标——

- 了解安全性对数据库管理的重要性。
- 掌握 SQL Server2005 服务器的安全性机制及其运用。
- 掌握创建和管理安全账户、管理数据库用户、角色及权限的基本方法。

任务10.1　设置验证模式

任务目标

1) 了解 SQL Server 2005 的安全机制。
2) 了解 SQL Server 2005 的两种验证模式机制。
3) 掌握设置验证模式的基本方法。

10.1.1　相关知识与技能

1. SQL Server 2005 的安全机制

SQL Server 2005 的安全控制机制包括 4 个方面，分别为操作系统级的安全控制、服务器级的安全控制、数据库级的安全控制和数据库对象级的安全控制。

操作系统级的安全性指在操作系统层次提供的安全控制。用户使用客户机通过网络实现对 SQL Server 服务器的访问时，首先要获得客户计算机操作系统的使用权。

SQL Server 的服务器级的安全性建立在控制服务器登录账号和密码的基础上。用户在登录时提供的登录账号和密码，决定了用户能否获得 SQL Server 的访问权，以及在登录以后，用户在访问 SQL Server 进程时可以拥有的权利。

在用户通过 SQL Server 服务器的安全性检验以后，将直接面对不同的数据库入口，这是用户接受的又一次安全性检验。默认情况下，只有数据库的所有者才可以访问该数据库内的对象，数据库的所有者可以为其他用户分配访问权限，以便让其他用户也拥有针对该数据库的访问权。

用户登录了数据库后，仍然不能访问数据，必须为其授予访问数据库对象（表、存储过程、视图和函数等）的权限，才能够访问数据。数据库对象级的安全性是核查用户权限的最后一个安全等级。当一个普通用户希望访问数据库内的对象时，必须事先由数据库的所有者赋予该用户关于某指定对象的指定操作权限。例如，一个用户希望访问某数据表的信息，则他必须在成为数据库的合法用户的前提下，获得由数据库所有者分配的针对该表的访问许可。

2. 验证模式

SQL Server 2005 有 Windows 验证机制和 SQL Server 验证机制。由这两种验证机制产生了 Windows 身份验证和 SQL Server 身份验证两种身份验证模式。

Windows 身份验证模式是指要登录到 SQL Server 系统的用户身份由 Windows 系统来进行验证。这是默认的身份验证模式。在这种模式下，用户不必提供登录名或密码让 SQL server 验证。Windows 身份验证通过强密码的复杂性验证提供密码策略强制，提供账户锁定支持，并且支持密码过期。

SQL Server 身份验证模式是指用户登录 SQL Server 系统时，其身份验证由 Windows 和 SQL Server 共同进行。所以 SQL Server 身份验证模式也称混合验证模式。

在 SQL Server 身份验证模式下，使用 Windows 用户账户连接的用户可以使用信任连接。当用户使用指定的登录名称和密码进行非信任连接时，SQL Server 检测输入的登录名和密码是否与系统"sysxlogins"表中记录的登录名和密码相匹配，自己进行身份验证。如果不存在该用户的登录账户，则身份验证失败，用户将会收到错误信息。用户只有提供正确的登录名和密码，才能通过 SQL Server 验证。

3. 设置验证模式

SQL Server 2005 安装成功后，利用 SQL Server 管理控制台可以重新设置身份验证模式，基本步骤如下：

1）打开 SQL Server Management Studio，右击 SQL Server 服务器名称，在弹出的快捷菜单中选择"属性"命令，打开"服务器属性"对话框。

2）在打开的"服务器属性"对话框左侧窗口选择"安全性"选择页，如图 10-1 所示。

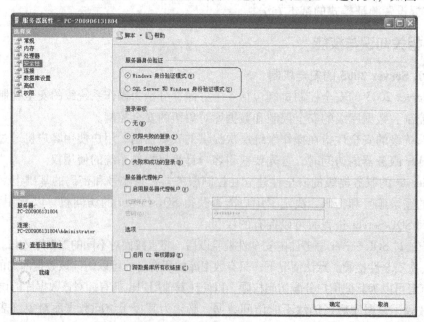

图 10-1

3）根据需要单击"服务器身份验证"区域的"Windows 身份验证模式"或"SQL Server 和 Windows 身份验证模式"单选按钮，也可以设置"登录审核"选项。单击"确定"按钮关闭对话框。

4）打开 SQL Server 配置管理器，单击窗口左侧的"SQL Server 2005 服务"，在窗口右侧右键单击"SQL Server"，在弹出的快捷菜单中选择"重新启动"命令。重新启动服务器，使修改的值生效，如图 10-2 所示。

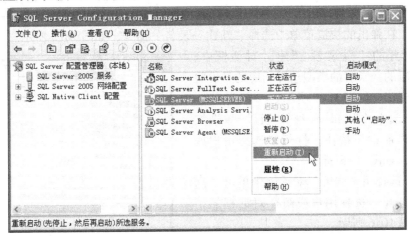

图 10-2

10.1.2　任务实现

1）启动 SQL Server Management Studio，打开"服务器属性"对话框。
2）选择"安全性"选择页。
3）将服务器身份验证模式设置为"Windows 身份验证模式"。
4）关闭对话框，完成设置。
5）重新启动服务器，使修改的值生效。

任务 10.2　登录管理

任务目标

1）了解登录名的概念。
2）掌握创建登录名的方法。
3）掌握查看、修改及删除登录名的基本方法。

10.2.1　相关知识与技能

1. 登录账户

登录名即能登录到 SQL Server 2005 服务器的账号，用于服务器级的安全控制。SQL Server 2005 服务器在安装成功后，已经自动创建了一些登录名，如 sa 是给 SQL Server 2005

系统管理员使用的，它是一个特殊的账户，该账户拥有最高的管理权限，可以执行服务器范围内的所有操作。为了安全起见，sa 在默认情况下是禁用的。另外还有"BUILTIN\Administrators"，是为 Windows 系统管理员管理 SQL Server 2005 服务器而提供的，它也可以执行服务器范围内的所有操作。

2. 使用 SQL Server Management Studio 创建 SQL Server 2005 登录名

使用 SQL Server Management Studio 创建 SQL Server 2005 登录名的基本步骤如下：

1）在"对象资源管理器"窗口中，展开服务器对应的"安全性"选项，在"登录名"上点击右键，在弹出的快捷菜单中选择"新建登录名"命令，如图 10-3 所示。

2）在打开的"登录名-新建"对话框中，根据所要创建的登录名的类型选择相应的身份验证类型单选按钮，如图 10-4 所示。

3）如果选中"Windows 身份验证"单选按钮，再单击"搜索"按钮，打开"选择用户或组"对话框，如图 10-5 所示。

4）在"选择用户或组"对话框中单击"高级"按钮，打开"选择用户或组"对话框的扩展模式，如图 10-6 所示。

5）在"选择用户或组"对话框中，选择 Windows 系统的用户作为 SQL Server 2005 服务器的登录名。

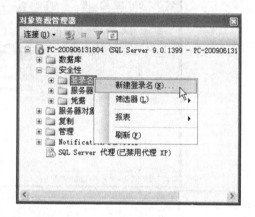

图 10-3

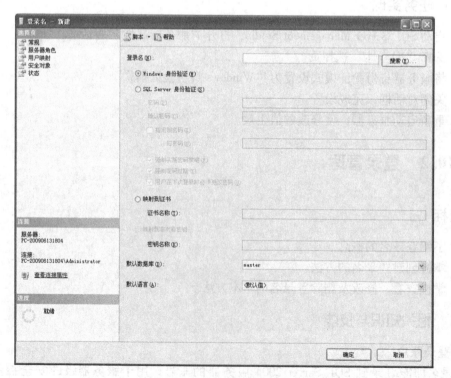

图 10-4

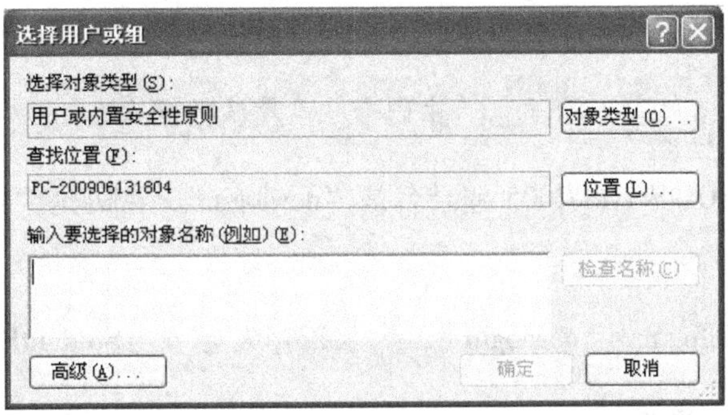

图 10-5

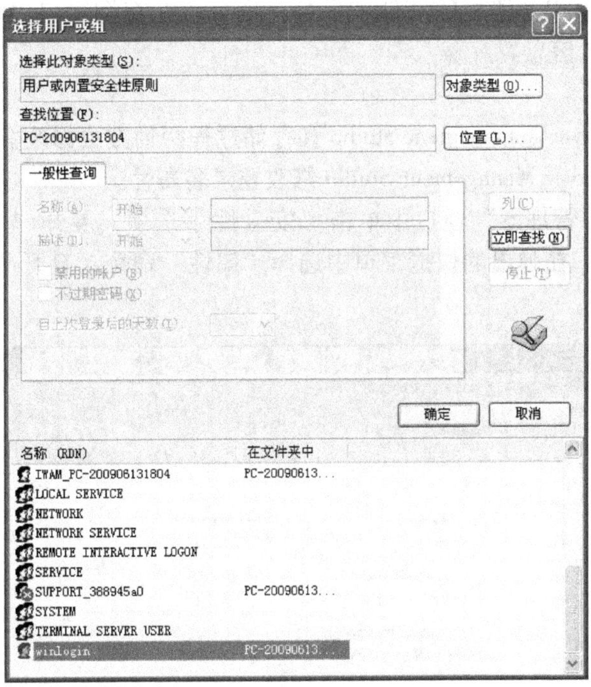

图 10-6

6）单击"确定"按钮返回"登录名-新建"对话框。

☀ 提示

如选择 SQL Server 验证模式，则需要输入登录名、密码及确认密码。

7）单击"服务器角色"选项卡可以查看或更改登录名在固定服务器角色中的成员身份。

8）单击"用户映射"选项卡可以查看或修改 SQL 登录名到数据库用户的映射，并可选择其在该数据库中允许担任的数据库角色。

9）单击"确定"按钮，完成登录名的创建。

3. 使用系统存储过程创建登录名

在 SQL Server 2005 服务器中添加登录名，还可以使用系统存储过程"sp_ addlogin"，基本语法格式如下：

> sp_addlogin　　{'登录名'}[,'密码'[,'默认数据库']]

【例 10-1】建立 SQL Server 2005 登录名是"newlogin"，密码是"123456"，默认数据库是"StudentElective"。

> EXEC　sp_addlogin　'newlogin'，　'123456'，　'StudentElective'

4. 查看服务器的登录名

在"对象资源管理器"窗口中单击"安全性"选项，展开"登录名"节点，即可看到系统创建的默认登录名以及建立的其他登录名。也可以在查询窗口中使用存储过程"sp_helplogins"查看登录名信息。

5. 修改登录名

可以使用 SQL Server Management Studio 和存储过程两种方法修改登录名。

（1）使用 SQL Server Management Studio 修改登录名属性。

1）在"对象资源管理器"窗口中单击"安全性"选项，展开"登录名"节点，右键单击要修改的登录名，在弹出的快捷菜单中选择"属性"命令，打开"登录属性"对话框，如图 10-7 所示。

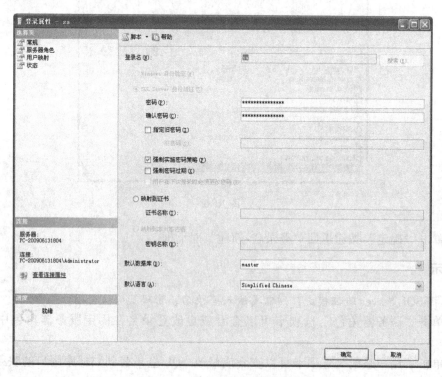

图 10-7

2）选择"常规"选项卡，在"常规"选项卡中可以修改密码和使用的默认数据库和默认语言。

3）单击"服务器角色"选项卡可以修改登录名在固定服务器角色中的成员身份。单击"用户映射"选项卡可以修改 SQL 登录名到数据库用户的映射，并可选择其在该数据库中允许担任的数据库角色。

4）单击"确定"按钮，完成登录名的修改。

（2）用存储过程修改登录名属性。

可以使用存储过程"sp_defaultdb"修改登录的默认数据库，使用存储过程"sp_password"修改登录名的密码，基本语法格式如下：

```
sp_defaultdb    '登录名',    '默认数据库'
sp_password    '旧密码',    '新密码',    '登录名'
```

【例 10-2】将已创建的登录名"newlogin"的默认数据库名称修改为"master"，密码由原来的"123456"改为"123"。

```
EXEC    sp_defaultdb    'newlogin', 'master'
EXEC    sp_password    '123456', '123', 'newlogin'
```

6. 删除登录名

在"对象资源管理器"窗口中右键单击要删除的登录名，在弹出的快捷菜单中选择"删除"命令，即可实现登录名的删除操作。也可以使用存储过程"sp_droplogin"删除登录名，其语法格式如下：

```
sp_droplogin    '登录名'
```

【例 10-3】从数据库"StudentElective"中删除"newlogin"登录名。

```
EXEC    sp_droplogin    'newlogin'
```

注意

不能删除正在使用的登录名。

10.2.2　任务实现

1）启动 SQL Server Management Studio，建立一个名为"book_login"的"Windows 身份验证"登录名。

2）新建"查询编辑器"窗口，使用 T-SQL 创建名称为"Library_login"的登录名，密码为"654321"，默认数据库为"master"。

3）使用存储过程"sp_helplogins"查看登录录名信息。

4）将登录名"Library_login"的默认数据库修改为"BookBorrow"。

5）将登录名"Library_login"的密码修改为"Library 2010"。

6）删除登录名"book_login"。

任务 10.3　用户管理

任务目标

1）了解数据库用户的基本概念。

2）掌握创建数据库用户名的方法。

3）掌握查看和删除数据库用户名的基本方法。

10.3.1　相关知识与技能

1. 数据库用户名和登录名的关系

在 SQL Server 中，登录名和数据库用户名是 SQL Server 进行权限管理的两种不同的对象。

登录名是访问 SQL Server 的通行证，登录名本身并不能让用户访问服务器中的数据库资源。要访问特定的数据库，还必须有数据库用户名。数据库用户在特定的数据库内创建，必须和一个登录名相关联。

一个登录名可以与服务器上的所有数据库进行关联，而数据库用户是一个登录名在某个数据库中的映射，也就是说一个登录名可以映射到不同的数据库，产生多个数据库用户，而一个数据库用户只能映射到一个登录名。

数据库用户名没有密码和它相关联，大多数情况下，登录名和数据库用户名使用相同的名称。

2. 使用 SQL Server Management Studio 创建数据库用户

1）在"对象资源管理器"窗口中，展开"数据库"（如"StudentElective"）→"安全性"→"用户"节点，右键单击"用户"选项，在弹出的快捷键菜单中选择"新建用户"命令，打开"数据库用户-新建"对话框，如图 10-8 所示。

2）选中"登录名"单选按钮，在"用户名"处输入登录名（如"StudentsAmd"）。

3）单击"登录名"右端浏览按钮 ，打开"选择登录名"对话框，如图 10-9 所示。

4）单击"浏览"按钮，打开"查找对象"对话框，如图 10-10 所示。

5）选择已有的系统登录名后确定返回"数据库用户-新建"对话框。这时"登录名"文本框显示为已选的登录名。

6）单击"确定"按钮，完成数据库用户名的创建。

3. 使用存储过程创建数据库用户

使用存储过程"sp_grantdbaccess"创建数据库用户的语法格式为：

```
sp_grantdbaccess '登录名'  [,'用户名']
```

注意

如果第二参数被省略，一个和登录名相同的数据库用户名将被添加到数据库中，通常省略这个参数。

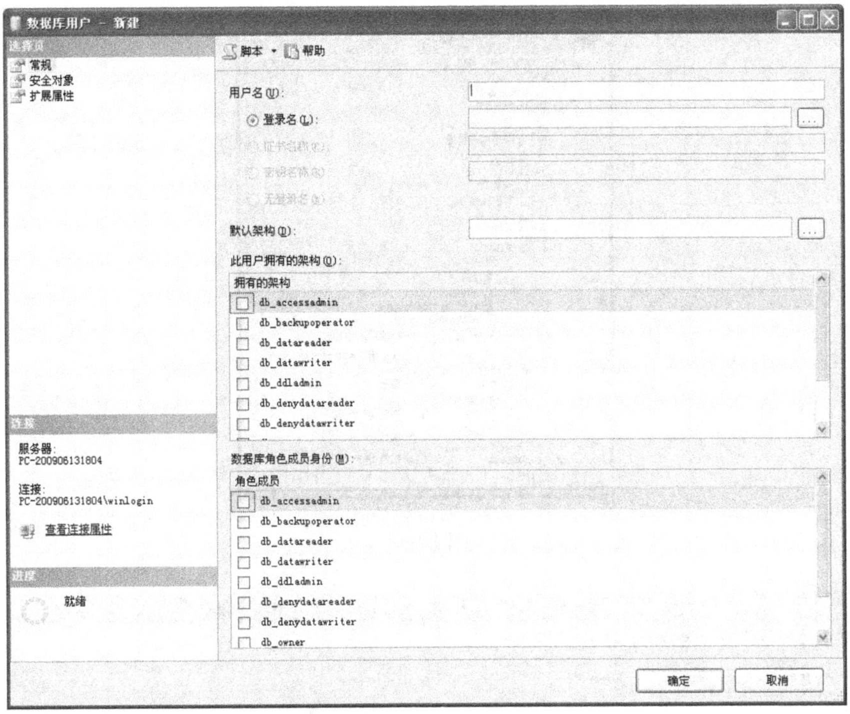

图 10-8

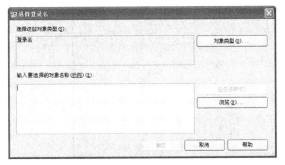

图 10-9

图 10-10

【例 10-4】在"StudentElective"数据库中，添加一个名为"newlogin"的用户。

```
USE   StudentElective
GO
EXEC   sp_grantdbaccess   'newlogin'
```

4. 查看数据库用户

在"对象资源管理器"窗口中，右键单击要查看的数据库用户名，在弹出的快捷菜单中选择"属性"命令，如图 10-11 所示。

在打开的"数据库用户"对话框中，可以查看和修改数据库用户属性，如图 10-12 所示。

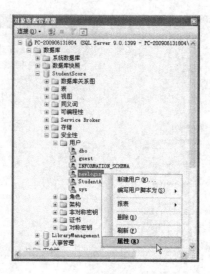

图 10-11

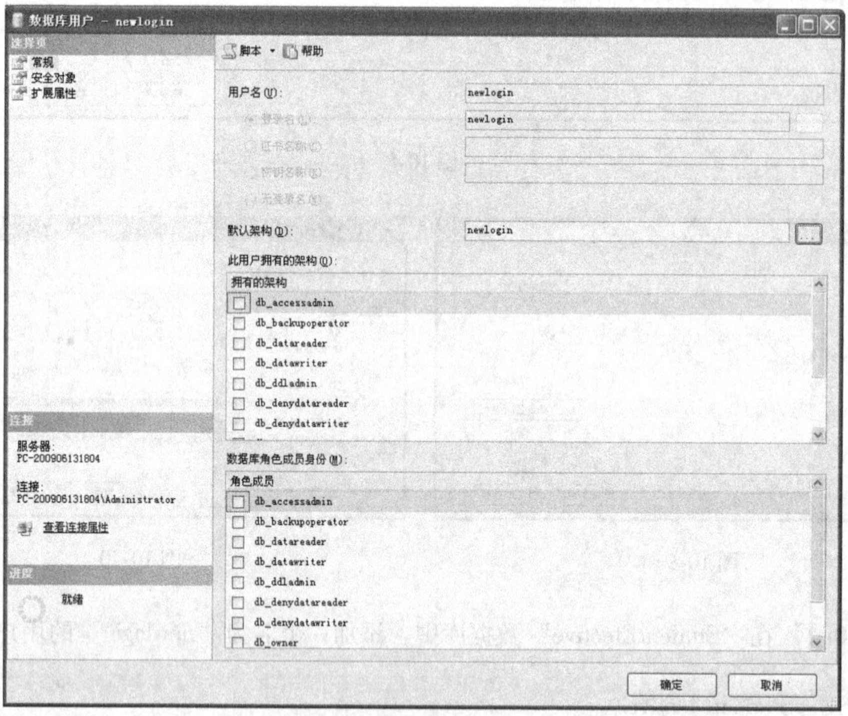

图 10-12

也可利用存储过程"sp_helpuser"查看数据库的用户。

【例 10-5】列出目前"StudentElective"数据库中所有的数据库用户名。

```
USE   StudentElective
GO
EXEC   sp_helpuser
```

执行结果如图 10-13 所示。

结果 | 消息

	UserName	Group...	Login...	DefDBName	DefSche...	Us...	SID
1	dbo	db_owner	NULL	NULL	dbo	1	0x01050000
2	guest	public	NULL	NULL	guest	2	0x00
3	INFORMAT...	public	NULL	NULL	NULL	3	NULL
4	newlogin	public	newlogin	Studen...	newlogin	6	0xE2D16399
5	StudentAmd	public	NULL	NULL	dbo	5	0x01050000
6	sys	public	NULL	NULL	NULL	4	NULL

图 10-13

5. 删除用户

在“对象资源管理器”窗口中右键单击要删除的数据库用户名称，在弹出的快捷菜单中选择“删除”命令，在打开的对话框中，单击“确定”按钮，即可完成数据库用户的删除操作。也可使用存储过程“sp_revokedbaccess”删除数据库用户，其语法格式如下：

```
sp_revokedbaccess  '用户名'
```

【例 10-6】 从“StudentElective”数据库中删除“newlogin”用户。

```
USE  StudentElective
GO
EXEC  sp_revokedbaccess  'newlogin'
```

10.3.2 任务实现

1）启动 SQL Server Management Studio，附加“BookBorrow”数据库。

2）在“BookBorrow”数据库中，使用 SQL Server Management Studio 创建一个名为“book_user”的用户。

3）在“BookBorrow”数据库中，使用存储过程创建一个名为“book_login”数据库用户。

4）在“对象资源管理器”窗口中，显示“BookBorrow”数据库中的所有用户。

5）删除“BookBorrow”数据库的“book_user”用户。

6）分离数据库“BookBorrow”，保存数据库文件。

任务 10.4 角色管理

任务目标

1）了解角色的基本概念。

2）了解固定服务器角色的功能。

3）掌握设置固定服务器角色的方法。

4）掌握创建及设置自定义服务器角色的方法。

10. 4. 1　相关知识与技能

1. 角色

管理用户的任务是要确保用户能够访问到他们需要的数据但又不能获得超出他们权限范围的数据。对于这一复杂任务的管理，可以通过对用户分组来实现。也就是说，可以将在相同数据上具有相同权限的用户放入一个组中进行管理。

在 SQL Server 2005 中，组是通过角色来实现的，可以将角色理解为组。角色允许用户分组接受同样的数据库权限，而不用单独给每一个用户分配这些权限。也就是说，对一个角色授予、拒绝或废除权限适用于该角色中的任何成员。

角色有服务器角色和数据库角色两种。服务器角色是服务器级的一个对象，只能包含登录名。数据库角色是数据库级的一个对象，数据库角色只能包含数据库用户名而不能是登录名。

2. 固定服务器角色

服务器角色只有固定服务器角色，在 SQL Server 安装时就创建了在服务器级别上应用的大量预定义的角色，每个角色对应着相应的管理权限。这些固定服务器角色用于授权给数据库管理员，使其拥有与相应角色对应的服务器管理权限。SQL Server 在安装过程中定义几个固定的服务器角色，其具体权限见表 10-1。

表 10-1　固定服务器角色

固定服务器角色	说　明	对应的权限
sysadmin	系统管理员	可以在 SQL Server 中执行任何活动
serveradmin	服务器管理员	可以设置服务器范围的配置选项，还可以关闭服务器
setupadmin	安装程序管理员	可以管理连接服务器的启动过程
securityadmin	安全管理员	可以管理登录和创建数据库的权限，还可以读取错误日志和更改密码
processadmin	进程管理员	可以管理在 SQL Server 中运行的进程
dbcreator	数据库创建者	可以创建、更改和删除数据库
diskadmin	磁盘管理员	可以管理磁盘文件
bulkadmin	BULK INSERT 操作员	可以执行 BULK　INSERT（大容量插入）语句

3. 使用 SQL Server Management Studio 设置服务器角色

在 SQL Server Management Studio 中，可以按以下步骤为用户分配固定服务器角色，从而使该用户获取相应的权限。

1）在"对象资源管理器"窗口中，展开"服务器"→"安全性"→"服务器角色"节点，在要给用户添加的目标角色上单击鼠标右键，在弹出的快捷菜单中选择"属性"命令，如图 10-14 所示。

2）在打开的"服务器角色属性"对话框中，单击"添加"按钮打开"选择登录名"对话框，从中选择要添加到该服务器角色中的登录名，单击"确定"按钮，返回"服务器角色属性"对话框，如图 10-15 所示。

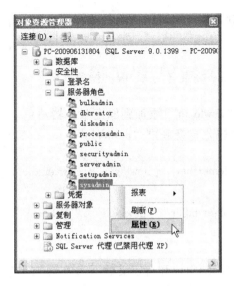

图 10-14

图 10-15

3）单击"确定"按钮，完成服务器角色的设置。

4）如果要从固定服务器角色中删除某登录名，只需从图 10-15 中选择该登录名，然后单击"删除"按钮即可。

4. 使用系统存储过程为登录名指定及收回服务器角色

使用存储过程"sp_addsrvrolemember"可以添加登录名为固定服务器角色的成员，基本语法格式如下：

　　　sp_addsrvrolemember　　{'登录名'}，'服务器角色名'

从固定服务器角色中删除登录名可以使用系统存储过程"sp_dropsrvrolemember", 基本语法格式如下:

```
sp_dropsrvrolemember     {'登录名'},'服务器角色名'
```

【例10-7】 将登录名 "newlogin" 添加到固定服务器角色 "serveradmin" 中, 并从固定服务器角色 "sysadmin" 中删除登录账户 "newlogin"。

```
EXEC   sp_addsrvrolemember   'newlogin','serveradmin'
GO
EXEC   sp_dropsrvrolemember   'newlogin','sysadmin'
```

5. 固定数据库角色

数据库角色分为固定数据库角色和自定义数据库角色。固定数据库角色预定义了数据库的安全管理权限和对数据对象的访问权限, 用户自定义数据库角色由管理员创建并且定义对数据对象的访问权限。

在安装完 SQL Server 后, 系统将自动创建表 10-2 中的 10 个固定数据库角色。

表 10-2　SQL Server 中的固定数据库角色

固定数据库角色	对应的权限
Public	维护默认的许可
db_owner	数据库属主, 在特定数据库内具有全部权限
db_accessadmin	能够添加、删除数据库用户和角色
db_securityadmin	可以管理全部权限、对象所有权、角色和角色成员资格
db_ddladmin	能够添加、删除和修改数据库对象
db_backupoperator	能够备份和恢复数据库
db_datareader	能够从任意表中读出数据
db_datawriter	能够对任意表插入、修改和删除数据
db_denydatareader	不允许从表中读数据
db_denydatawriter	不允许改变表中的数据

Public 角色是一个特殊的数据库角色, 它捕获数据库中用户的所有默认权限。每个数据库均具有这一角色, 包括 Master、Msdb、Tempdb、Model 和所有用户数据库。数据库的所有用户自动属于 Public 角色, 并且不能从 Public 角色中删除。Public 角色也不能被用户删除。

注意

数据库角色在数据库级别上被定义, 存在于数据库之内。不能创建、修改和删除固定数据库角色。

6. 使用 SQL Server Management Studio 设置固定数据库角色

在 SQL Server Management Studio 中, 设置固定数据库角色的基本步骤如下:

1) 在"对象资源管理器"窗口中, 展开"服务器"→"数据库"→"用户数据库(如"StudentElective")"→"安全性"→"角色"→"数据库角色"节点, 在需要给用户

添加的目标角色上单击鼠标右键，在弹出的快捷菜单中选择"属性"命令，如图 10-16
所示。

2）在打开的"数据库角色属
性"对话框中，单击"添加"按
钮，打开"选择数据库用户或角色"
对话框，从中选择要添加到该数据
库角色中的用户名，单击"确定"
按钮，返回"数据库角色属性"对
话框，如图 10-17 所示。

3）单击"确定"按钮，完成
数据库角色的设置。

4）如果要从数据库角色中删除
某用户，只需从图 10-17 中选择该
用户，然后单击"删除"按钮即可。

**7. 使用 SQL Server Manage-
ment Studio 创建用户自定义数据库
角色**

在 SQL Server Management Studio
中，创建用户自定义数据库角色的

图 10-16

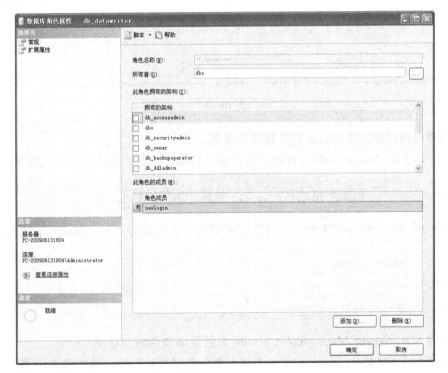

图 10-17

基本步骤如下：

在"对象资源管理器"窗口中，展开"服务器"→"数据库"→"用户数据库（如"StudentElective"）"→"安全性"→"角色"节点，在"数据库角色"上单击鼠标右键，在弹出的快捷菜单中选择"新建数据库角色"命令，打开"数据库角色-新建"对话框，输入相应的角色名称和所有者，选择角色拥有的架构及添加相应的角色成员即可，如图 10-18 所示。

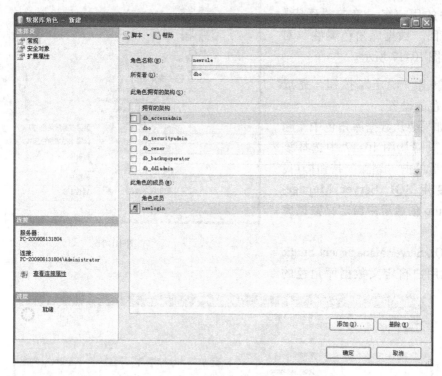

图 10-18

8. 使用存储过程创建用户自定义数据库角色

使用存储过程"sp_addrole"可以创建自定义数据库角色，基本语法格式如下：

sp_addrole '数据库角色名' [, '数据库角色的属主']

【例 10-8】在"StudentElective"数据库中创建一个名称为"Studentsrole"的角色。

```
USE    StudentElective
GO
EXEC    sp_addrole    'Studentsrole', 'dbo'
```

9. 使用 SQL Server Management Studio 为数据库角色增删成员

使用 SQL Server Management Studio 为数据库角色增加及删除成员的具体步骤如下：

1）在"对象资源管理器"窗口中，右键单击需增加及删除成员的角色，在弹出的快捷菜单中选择"属性"命令，打开"数据库角色属性"对话框。

2）如要删除该数据库角色的某个成员，可单击该成员，再单击"删除"按钮即可。

3）如要为该数据库角色添加成员，单击"添加"按钮，在打开的"添加角色成员"对话框中，选择某一用户并单击"确定"按钮将它们加入到组中。

4）单击"确定"按钮，关闭对话框。

10. 使用存储过程为数据库角色增删成员

使用存储过程"sp_addrolemembe"可为数据库角色增加成员，基本语法格式如下：

```
sp_addrolemember { '数据库角色名' } , '数据库用户名'
```

使用存储过程"sp_droprolemember"可删除数据库角色的成员，基本语法格式如下：

```
sp_droprolemember { '数据库角色名' } , '数据库用户名'
```

【例 10-9】将"StudentElective"数据库用户"newlogin"作为成员添加到数据库角色"Studentsrole"中，再将"newlogin"从数据库角色"Studentsrole"中删除。

```
USE    StudentElective
EXEC    sp_addrolemember    'Studentsrole' , 'newlogin'
GO
EXEC    sp_droprolemember    'Studentsrole' , 'newlogin'
```

11. 删除用户自定义数据库角色

用户自定义数据库角色可以删除，但要删除的角色必须没有成员。在"对象资源管理器"窗口中，右键单击要删除的自定义数据库角色，在弹出的快捷菜单中选择"删除"命令，确认"删除"操作即可。如该角色无成员，该角色将被删除，如该角色有成员，系统将给出提示。

使用存储过程"sp_droprole"删除自定义数据库角色的基本语法格式如下：

```
sp_droprole { '数据库角色名' }
```

在执行"sp_droprole"时，被删除角色中的所有成员必须删除或被事先改变到其他的角色中。如果使用"sp_droprole"去删除一个非空的角色时，系统将会给出错误提示信息。

【例 10-10】删除"StudentElective"数据库中的"Studentsrole"角色。

```
USE    StudentElective
GO
EXEC    sp_droprole    'Studentsrole'
```

10.4.2　任务实现

1）启动 SQL Server Management Studio，附加"BookBorrow"数据库。

2）在"BookBorrow"数据库中，使用 SQL Server Management Studio 为登录名"Library_ login"分配固定服务器角色"securityadmin"。

3）使用存储过程从固定服务器角色"securityadmin"中删除登录名"Library_login"。

4）使用 SQL Server Management Studio 将数据库用户"book_login"设置为固定数据库角色"db_ddladmin"的成员。

5）使用 SQL Server Management Studio 创建用户自定义数据库角色"Libraryrole"。

6）将"BookBorrow"数据库用户"book_login"作为成员添加到数据库角色"Libraryrole"中。

7）将数据库用户"book_login"从数据库角色"Libraryrole"中删除。

8）删除"BookBorrow"数据库中的"Libraryrole"角色。

9）分离数据库"BookBorrow"，保存数据库文件。

任务 10.5　权限管理

任务描述

1）理解权限的基本概念和分类。

2）掌握管理权限的基本方法。

10.5.1　相关知识与技能

1. 权限

权限用来指定授权用户可以使用的数据库对象和这些授权用户可以对这些数据库对象执行的操作。用户在登录到 SQL Server 之后，根据其用户账户所属的 Windows 组或角色，决定了该用户能够对哪些数据库对象执行哪种操作以及能够访问和修改哪些数据。

在 SQL Server 中包括 3 种类型的许可权限，即对象权限、语句权限和默认权限。

2. 对象权限

处理数据或执行过程时需要的权限称为对象权限。对象权限决定用户操作的数据库对象，它主要包括数据库中的表、视图、列或存储过程等对象。对象权限及其适用对象见表 10-3。

表 10-3　对象权限及其适用对象

权限	适用对象	说明
SELECT	表、视图和列	该权限授予数据库中某个特定表的用户，具备这种许可的用户才能访问、操作该表的数据
UPDATE	表、视图和列	该权限授予数据库中某个特定表的用户可以对表中的数据进行更新
INSERT	表和视图	该权限授予数据库中某个特定表的用户可以向表中插入数据
DELETE	表和视图	该权限授予数据库中某个特定表的用户可以删除表中的数据
EXECUTE	存储过程	该权限授予数据库中某个特定的用户，具有这种许可的用户可以执行存储过程

3. 语句权限

语句权限通常授予需要在数据库中创建对象或修改对象、执行数据库和事务日志备份的用户。如果一个用户获得某个语句的权限，该用户就具有了执行该语句的权力。需要进行权限设置的语句见表 10-4。

表 10-4　需要进行权限设置的语句

语句	含义
BACKUP DATABASE	备份数据库
BACKUP LOG	备份数据库日志
CREATE DATABASE	创建数据库
CREATE DEFAULT	在数据库中创建默认对象
CREATE FUNCTION	创建函数
CREATE PROCEDURE	在数据库中创建存储过程
CREATE RULE	在数据库创建规则
CREATE TABLE	在数据库中创建表
CREATE VIEW	在数据库中创建视图

语句许可授予用户执行相应命令的能力，语句权限适用于创建和删除对象、备份和恢复数据库。

4. 默认权限

默认权限指系统安装后，固定服务器角色，固定数据库角色和数据库对象所有者所具有的默认的权限，可以对所拥有的对象执行一切活动。例如，拥有表的用户可以查看、添加或删除数据、更改表定义或控制允许其他用户对表进行操作的权限。

5. 使用 SQL Server Management Studio 管理权限

在"对象资源管理器"窗口中，右键单击需要管理权限的对象（如数据库"Student-Elective"），在弹出的快捷菜单中选择"属性"命令，打开"数据库属性"对话框，如图 10-19 所示。

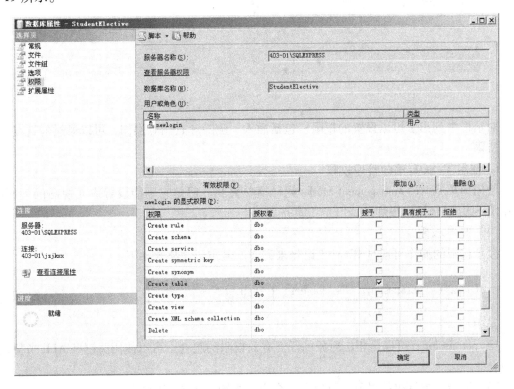

图 10-19

对话框中列出该数据库的所有用户、组和角色以及可以设置的权限，包括创建表、创建视图、创建规则、备份数据库等操作，可以通过勾选复选框设置权限。

同样在"对象资源管理器"窗口中，右键单击需要管理权限的对象（如数据库"StudentElective"中的表"Students"），在弹出的快捷菜单中选择"属性"命令，打开"表属性"对话框，如图 10-20 所示。

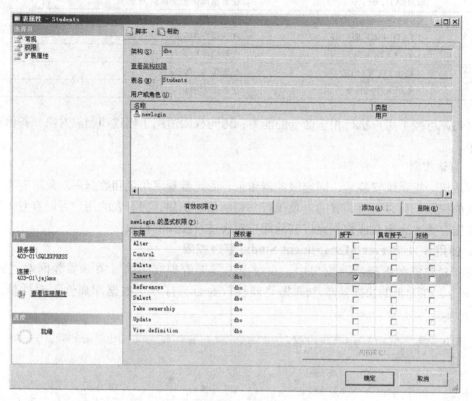

图 10-20

对话框中列出了可以设置的权限，包括插入、删除和查询等操作，可以通过勾选复选框设置权限。

6. 使用 T-SQL 语句管理权限

使用 SQL Server Management Studio 操作简单直观，但是它不能设置表或视图的列权限，使用 T-SQL 语句操作很烦琐，但是功能齐全。

（1）授予权限

授予权限的操作可通过 GRANT 语句来完成。基本语法格式如下：

```
GRANT  permission  ON  object  TO  user
```

其中：

1）permission：可以是相应对象的任何有效权限的组合。可以使用关键字 ALL 来替代权限组合。

2）object：被授权的对象。可以是一个表、视图、列或存储过程。

3）user：被授权的一个或多个用户或组。

【例 10-11】授予用户"newlogin"在数据库"StudentElective"中创建表及对"Students"表具有查询和删除权的许可。

```
USE   StudentElective
GO
GRANT   CREATE   TABLE   TO   newlogin
GRANT   SELECT , DELETE   ON   Students   TO   newlogin
```

（2）撤销权限

要撤销以前给当前数据库内用户授予或拒绝的权限，可通过 REVOKE 语句来完成。撤销权限的语法格式如下：

```
REVOKE   permission   ON   object   FROM   user
```

其中的参数同授予语句。

【例 10-12】撤销授予用户账户"newlogin"的 CREATE TABLE 权限。

```
REVOKE   CREATE   TABLE   FROM   newlogin
```

（3）禁止权限

禁止权限使用的是否认语句，其语法格式如下：

```
DENY   permission   ON   object   TO   user
```

【例 10-13】禁止"newlogin"对"StudentElective"数据库中"Students"表的查询权限。

```
DENY   SELECT   ON   Students   TO   newlogin
```

SQL Server 2005 提供非常灵活的授权机制，数据库管理员拥有对数据库中所有对象的所有权限，并可以根据应用的需要将不同的权限授予不同的用户。

用户对自己建立的表和视图拥有全部的操作权限，并且可以用 GRANT 语句把其中某些权限授予其他用户，被授权的用户如果有"继续授权"的许可，还可以把获得的权限再授予其他用户，所授予出去的权限在必要时又都可以用 REVOKE 语句撤销。REVOKE 操作只适用于当前数据库内的权限。

10.5.2　任务实现

1）启动 SQL Server Management Studio，附加"BookBorrow"数据库。

2）授予用户"Library_login"对"BookBorrow"数据库中"Readersys"表的所有权限。

3）授予用户"Library_login"对"BookBorrow"数据库的备份权限。

4）禁止"Library_login"对"BookBorrow"数据库中"Students"表的删除权限。

5）撤销授予用户"Library_login"对"BookBorrow"数据库的备份权限。

6）分离"BookBorrow"数据库，保存数据库文件。

技能提高训练

一、训练目的

1）进一步掌握创建和管理登录名的基本方法。

2）进一步掌握创建和管理服务器角色和数据库角色的基本方法。

3）进一步掌握授予、拒绝或撤销权限的基本方法。

二、训练内容

1. 附加数据库

附加数据库"考勤管理"。

2. 创建登录账户

1）使用"对象资源管理器"创建通过 Windows 身份验证模式的登录名（对应的 Windows 用户为"person_login"），默认数据库为"考勤管理"。

☀ 提示

首先在 Windows 下创建用户名称是"person_login"，密码是"123456"的用户。

2）在"对象资源管理器"窗口中查看结果。

3. 创建和管理数据库用户和角色

1）创建名为"person_user"，密码是"123456"，默认数据库是"考勤管理"并能连接到"考勤管理"数据库的用户。

2）创建数据库角色，新角色名称是"person_role"，然后将用户"person_user"添加到角色中。

4. 管理权限

1）把对员工信息表的查询权限授予所有用户。

2）把对员工信息表的 INSERT 权限授予用户"person_user"，并允许将此权限再授予其他用户。

5. 分离数据库

分离并保存数据库"考勤管理"文件。

习　　题

一、填空题

1. SQL Server 2005 提供了_____和_____两种身份验证模式。

2. SQL Server 2005 为用户提供了两类角色分别为_____和_____。

3. _____系统过程是用来添加登录账户。

4. SQL Server 2005 权限管理中撤销权限的语句是_____。

二、思考题

1. 在 SQL Server 2005 中，如何添加一个登录名？

2. 什么是角色？服务器角色和数据库角色的区别是什么？

3. 需要给一个用户授予创建表的权限, 应如何操作?

应 用 提 高

1. 附加"×××学习记录"数据库。
2. 将本章自己的学习体会、总结的技巧和习题答案存入数据库中。
3. 分离并保存"×××学习记录"数据库文件。

第11章

备份与还原数据库

Microsoft SQL Server 2005 提供了完善的数据库备份和还原功能，它们是数据库管理员维护数据库的重要工具。SQL Server 2005 同时提供了数据转换服务，用户可以将 SQL Server 2005 数据库中的数据导出到其他数据库系统中，也可以将其他数据库系统中的数据导入到 SQL Server 2005 中。通过本章的学习，掌握数据库备份还原以及数据导入导出的基本方法。

学习目标

- 了解数据库的备份与还原策略。
- 掌握 SQL Server 2005 数据库的备份与还原。
- 掌握 SQL Server 2005 数据的导入与导出。

任务 11.1 备份数据库

任务目标

1）了解数据库备份的基本概念。
2）掌握备份设备的创建方法。
3）掌握备份数据库的基本技能技巧。

11.1.1 相关知识与技能

1. 数据库的备份

由于计算机系统的各种软硬件故障、用户的错误操作以及可能的恶意破坏等都是不可避免的，这些情况将会影响到数据的正确性甚至造成数据损失、服务器崩溃的严重后果。

可能造成数据损失的原因很多，主要原因有以下几点：

- 存储介质故障：保存数据库文件的存储介质（如磁盘）损坏，导致数据彻底丢失。
- 用户的错误操作：用户在数据库上进行了错误的操作，如误删除了重要数据。
- 服务器的彻底崩溃：计算机病毒或自然灾害导致服务器彻底崩溃。

为了有效地防止数据丢失，尽快把数据库从错误的状态恢复到已知的正确状态，应该为数据库创建备份并提供相应的备份和还原策略。数据库的备份是数据的副本，用于在系统发生故障后还原和恢复数据。

2. 备份设备

在进行数据库备份之前首先必须创建备份设备。备份设备是用来存储数据库文件、事务日志或文件组备份的存储介质，备份设备可以是磁盘或磁带。

磁盘备份设备是指被定义成备份文件的硬盘或其他磁盘存储介质。一般情况下尽可能不要将数据库与其备份放在同一个物理磁盘上，否则，当包含数据库的磁盘发生故障时，备份数据库也可能会一起遭到破坏，这将导致数据库无法恢复。

磁带备份设备与磁盘备份设备相同，只是 SQL Server 中仅支持本地磁带设备，不支持远程磁带设备，即使用时必须将其物理地安装到运行 SQL Server 实例的计算机上。

SQL Server 数据库引擎使用物理设备名称或逻辑设备名称标识备份设备。

物理备份设备是操作系统用来标识备份设备的名称，如"C：\Backups\Student Elective. bak"。

逻辑备份设备是用户定义的别名，用来标识物理备份设备。逻辑设备名称永久性地存储在 SQL Server 内的系统表中。例如，名称为"C：\Backups\StudentElective. bak"的物理备份设备，可以定义其逻辑备份设备名称为"StudentElective_ Backup"。物理备份设备名称和逻辑备份设备名称可以互换使用。

图 11-1

（1）使用 SQL Server Management Studio 创建备份设备

1）启动 SQL Server Management Studio，在"对象资源管理器"窗口中展开"服务器对象"选项，右键单击"备份设备"选项，在弹出的快捷菜单中选择"新建备份设备"命令，如图11-1 所示。

2）在打开的"新建备份设备"对话框中，在"设备名称"文本框里输入备份设备的名称，在"文件"文本框里输入备份设备的路径和文件名，如图 11-2 所示。单击"确定"按钮，完成创建备份设备。

注意

只有当前系统中已经安装有磁带机，才能选中磁带作为备份目标，否则只能选择文件作为备份设备。

3）创建备份设备成功后，将在"对象资源管理器"窗口中的"备份设备"选项下出现新建的备份设备名称，如图 11-3 所示。

（2）使用 T-SQL 语言创建备份设备

使用 T-SQL 语言创建备份设备的语法格式如下：

```
sp_ addumpdevice  '设备类型',
   '逻辑名称',
   '物理名称'
```

其中：

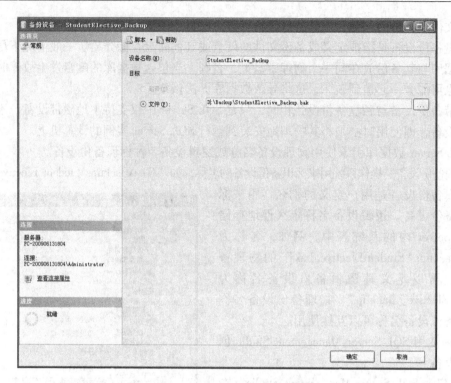

图 11-2

图 11-3

1）设备类型：可以支持的值为 disk 和 tape，其中 disk 为磁盘文件，tape 为 Windows 支持的任何磁带设备。

2）逻辑名称：相当于图 11-2 中的"设备名称"。

3）物理名称：相当于图 11-2 中的"文件"。

【例 11-1】创建一个名为"StudentElective_Backup1"的磁盘备份设备。

```
sp _ addumpdevice    ' disk ',    ' StudentElective_ Backup1 ',    ' D: \ backup\Stu-
dentElective_ Backup1. bak '
```

3. 备份类型

SQL Server 有 4 种备份类型，包括完整数据库备份、差异数据库备份、事务日志备份及文件和文件组备份。

（1）完整数据库备份

完整数据库备份就是备份整个数据库的所有内容，包括所有的数据库对象、数据和事务日志。由于要备份整个数据库的内容，所以备份时间较长，需要比较大的存储空间来存储备份文件。

完整数据库备份代表数据库备份完成时的状态，通过其中的事务日志，可以实时用备份将数据库恢复到备份完成时的状态。完整数据库备份是差异数据库备份和事务日志备份的基础，换句话说，如果没有执行过完整数据库备份，就无法执行差异数据库备份和事务日志备份。

完整备份使用的存储空间比差异备份使用的存储空间大，由于完成完整备份需要更多的时间，因此创建完整备份的频率常常低于创建差异备份的频率。

（2）差异数据库备份

差异数据库备份指只备份自上次完整数据库备份后，发生了更改的数据。因此，在做差异数据库备份前，必须至少做过一次完整数据库备份。差异数据库备份比完整数据库备份更小、备份速度更快，可以更频繁地备份，从而有效降低数据丢失的风险。

差异数据库备份生成的备份文件的大小和备份需要的时间，取决于最近一次完整数据库备份后，数据变化的多少。数据变化越多，备份处理需要的时间越长，备份文件越大。

（3）事务日志备份

事务日志备份只备份自上次备份（完全备份、差异备份或日志备份）后对数据库执行的所有事务日志中的数据。事务日志备份前，至少要有一次完整数据库备份。

事务日志备份所生成的备份文件最小，备份时间也短，对 SQL Server 服务性能的影响也小，适合于经常备份。一般情况下，事务日志备份经常与完整数据库备份和差异数据库备份结合使用。

（4）文件和文件组备份

如果在创建数据库时，为数据库创建了多个数据库文件或文件组，就可以使用文件和文件组备份方式。文件和文件组备份方式只备份数据库中的某些文件。由于每次只备份一个或几个文件或文件组，可以分多次来备份数据库，解决了大型数据库单次备份时间过长的问题。

使用文件和文件组备份可以加快恢复数据库的速度，因为只还原已损坏的文件和文件组，而不是整个数据库。该备份方式在数据库文件非常庞大的时候十分有效。

☀️ 注意

应该根据数据库具体使用情况制定相应的备份策略，如每周进行一次完整备份；每天进行一次差异备份；每小时进行一次日志备份，这样最多可能丢失一个小时的数据。

4. 数据库备份

（1）利用 SQL Server Management Studio 备份数据库

1）启动 SQL Server Management Studio，在"对象资源管理器"窗口中展开"数据库"选项，右键单击要备份的数据库名称，在弹出的快捷菜单中选择"任务"菜单下的"备份"命令，如图 11-4 所示。

2）在打开的"备份数据库"对话框的"常规"选项页中，在"数据库"下拉框中选择要备份的数据库，在"备份类型"下拉框中选择"完整"、"差异"或"事务日志"，备份组件选择"数据库"或"文件和文件组"，在"名称"文本框中填入备份集名称，选择备份集过期时间，如图 11-5 所示。

3）在"目标"选项区域中，指定备份文件的磁盘位置，并可以添加或删除备份目标。

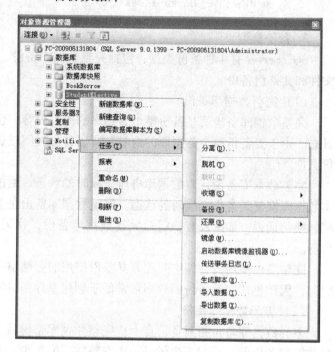

图 11-4

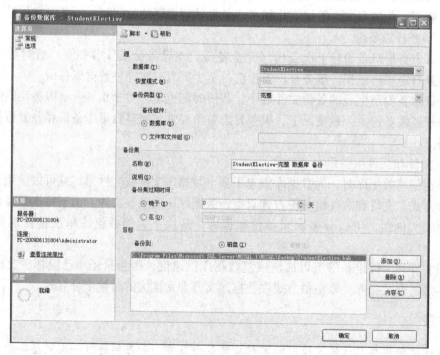

图 11-5

4）单击"删除"按钮，删除现有备份目标。

5）单击"添加"按钮，打开"选择备份目标"对话框，如图11-6所示，可选择备份设备作为备份目标。

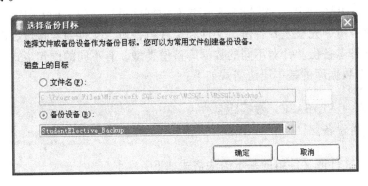

图 11-6

💡 注意

SQL Server 默认的备份目标位于 SQL Server 2005 安装路径下的 "Backup" 文件夹中，建议将备份目标更改到其他物理磁盘中。

6）在"选项"选择页中，根据需要设置各种选项，如是否使用新媒体集，设置数据库备份的可靠性等，如图11-7所示。

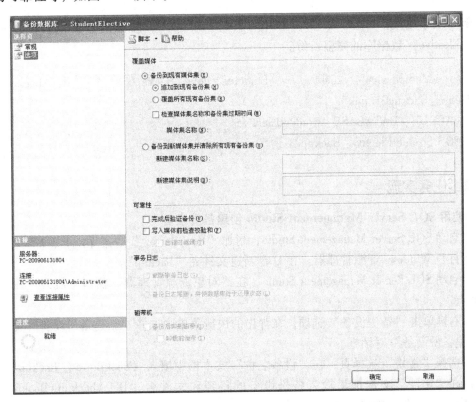

图 11-7

7）单击"确定"按钮，SQL Server 2005 开始执行备份操作，操作成功后，弹出"备份成功"对话框。关闭对话框，完成数据库备份操作。

（2）使用 T-SQL 语句备份数据库

T-SQL 提供了 BACKUP DATABASE 语句对数据库进行备份。BACKUP 命令用来对指定数据库进行完整备份、完整差异备份、文件和文件组备份、文件差异备份、部分备份、部分差异备份和事务日志备份。针对不同的数据库备份类型，有不同的语句格式。

1）备份整个数据库的基本语法格式如下：

```
BACKUP   DATABASE   数据库名
TO  < 备份设备 > [ ,... n ]
```

2）备份特定文件或文件组的基本语法格式如下：

```
BACKUP   DATABASE   数据库名
FILE [ FILEGROUP ] = < 文件或文件组 > [ ,... n ]
TO  < 备份设备 > [ ,... n ]
```

3）备份事务日志的基本语法格式如下：

```
BACKUP   LOG   数据库名
TO  < 备份设备 > [ ,... n ]
```

【例 11-2】创建一个名为"StudentElective_ Backup01"的磁盘备份设备，并完成对"StudentElective"数据库的完整备份。

```
sp_ addumpdevice    ' disk ' ,    ' StudentElective_ Backup01 ' ,    ' d：\backup \Stu-
dentElective_ Backup01. bak '
BACKUP   DATABASE   StudentElective
TO   StudentElective_ Backup01
```

11. 1. 2　任务实现

1. 使用 SQL Server Management Studio 创建备份设备

1）启动 SQL Server Management Studio，附加"BookBorrow"数据库。

2）打开 Windows 资源管理器，在 D 盘新建文件夹"backup"。

3）启动 SQL Server Management Studio，在"对象资源管理器"窗口中展开"服务器对象"节点。

4）右键单击"备份设备"选项，在弹出的快捷菜单中选择"新建备份设备"命令，打开"新建备份设备"对话框。

5）选择"常规"选择页，在"设备名称"文本框中填入"BookBorrow_ Backup"。

6）在"文件"文本框里输入备份设备的路径和文件名"D：\backup \ BookBorrow_ Backup. bak"，单击"确定"按钮。

7）在"对象资源管理器"窗口中展开"备份设备"选项，查看新建的备份设备。

2. 使用 SQL Server Management Studio 备份数据库

1）启动 SQL Server Management Studio，在"对象资源管理器"窗口中展开"数据库"选项。

2）右键单击"BookBorrow"数据库名称，在弹出的快捷菜单中选择"任务"菜单下的"备份"命令，打开"备份数据库"对话框。

3）在"备份数据库"对话框中，在"数据库"下拉列表中选择要备份的数据库"BookBorrow"，在"备份类型"下拉列表中选择"完整"，在"目标"区域，选择备份到"磁盘"，删除原有备份文件，添加备份设备"BookBorrow_Backup"。单击"确定"按钮，完成备份。

4）重复第 3 步操作，但在"备份类型"下拉列表中分别选择"差异"或"事务日志"，备份设备选择"BookBorrow_Backup"。单击"确定"按钮，完成备份。

5）重复第 3 步操作，但"备份组件"选择"文件和文件组"，弹出"选择文件和文件组"对话框，选择所有的文件和文件组。单击"确定"按钮，完成备份。

6）在"对象资源管理器"窗口中展开"服务器对象"选项下的"备份设备"选项，右键单击"BookBorrow"设备名称，在弹出的快捷菜单中选择"属性"命令，打开"备份设备"对话框。

7）在"备份设备"对话框中，选择"媒体内容"，查看当前备份集中的内容。

8）选择适当方式保存"D：\backup"目录下的备份文件。

任务 11.2 还原数据库

任务目标

1）了解数据库还原的基本概念。
2）掌握还原数据库的基本方法。
3）掌握还原文件和文件组操作技巧。

11.2.1 相关知识与技能

1. 数据库还原

数据库备份后，一旦系统发生崩溃或者执行了错误的数据库操作，可以通过数据库还原操作让数据库根据备份的数据恢复到备份时的状态。当 SQL Server 还原数据库时，自动执行安全性检查、重建数据库结构以及完整数据库内容。

2. 数据库还原方式

（1）完整备份的还原

利用完整备份还原数据库的时候，SQL Server 会重新创建数据库及其全部数据文件和事务日志文件，并把它们放置在原来的位置。

（2）差异备份的还原

利用差异备份还原数据库时，SQL Server 只还原数据库中自最近一次完整数据库备份以来数据库发生更新的部分。进行差异备份还原之前，首先应该进行完整备份的还原。

（3）事务日志备份的还原

利用事务日志备份还原数据库时，SQL Server 只还原事务日志中所记录的数据更改。进行事务日志备份还原之前，首先应该进行完整备份的还原，其次进行差异备份的还原，最后进行事务日志备份的还原。

（4）文件和文件组备份的还原

对于超大型数据库以及在特定文件被破坏的情况下，才会利用文件和文件组备份来还原数据库。

3. 还原数据库

通过 SQL Server Management Studio 实现数据库还原操作步骤如下：

1）启动 SQL Server Management Studio，在"对象资源管理器"窗口中右键单击"数据库"选项，在弹出的快捷菜单中选择"还原数据库"命令，如图 11-8 所示。

2）在打开的"还原数据库"对话框中，选择"目标数据库"下拉框，选中要还原的目标数据库，在"源数据库"下拉列表中选择备份集的源和位置，同时会列出所有可用的备份集，在"选择用于还原的备份集"里，可以选择完整备份、差异备份或事务日志备份，如图 11-9 所示。

图 11-8

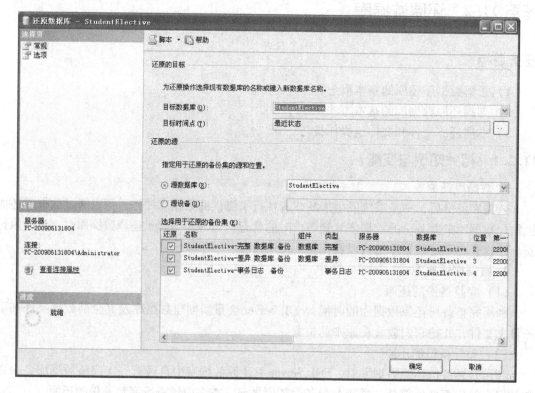

图 11-9

注意

只需要选择希望恢复到的备份集，系统会自动选择要恢复到这个备份集所需的其他备份集。

3）选择"选项"选择页，根据需要设置各种还原选项，如是否覆盖现有数据库，如图11-10 所示。

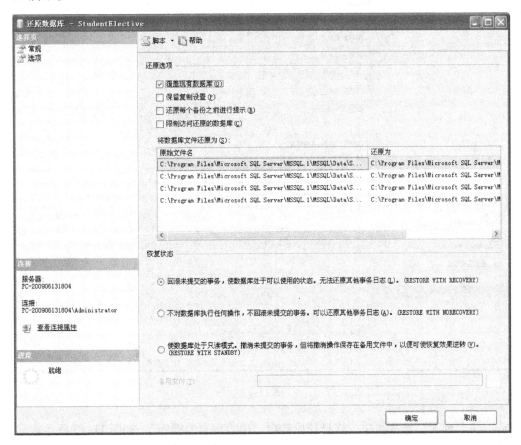

图 11-10

4）完成设置后，单击"确定"按钮，SQL Server 2005 开始执行还原操作，操作成功后，弹出"还原成功"对话框，关闭对话框，完成还原数据库操作。

4. 还原文件和文件组

通过 SQL Server Management Studio 实现文件和文件组还原操作步骤如下：

1）启动 SQL Server Management Studio，在"对象资源管理器"窗口中右键单击"数据库"选项，在弹出的快捷菜单中选择"还原文件和文件组"命令，如图 11-11 所示。

图 11-11

2）在打开的"还原文件和文件组"对话框中，选择"目标数据库"下拉框，选中还原的目标数据库，在"源数据库"下拉框中选择备份集的源和位置，同时会列出所有可用的备份集，在"选择用于还原的备份集"里，选择文件组备份类型，如图 11-12 所示。

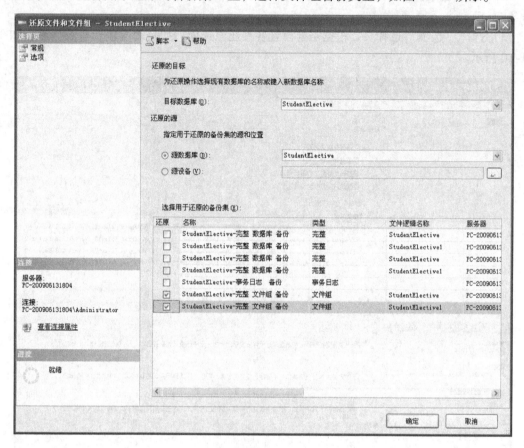

图 11-12

3）在"选项"选择页中，选择还原选项"覆盖现有数据库"，如图 11-13 所示。

4）单击"确定"按钮，SQL Server 2005 开始执行还原操作，操作成功后，弹出"还原成功"对话框。关闭对话框，完成还原文件和文件组操作。

11.2.2 任务实现

1. 使用 SQL Server Management Studio 还原数据库

1）启动 SQL Server Management Studio，附加"BookBorrow"数据库。

2）在"对象资源管理器"窗口中右键单击"BookBorrow"数据库，在弹出的快捷菜单中选择"删除"命令，打开"删除对象"对话框，单击"确定"按钮，删除"BookBorrow"数据库。

3）在"对象资源管理器"窗口中右键单击"数据库"选项，在弹出的快捷菜单中选择"还原数据库"命令，打开"还原数据库"对话框。

4）在"还原数据库"对话框中，选择"目标数据库"下拉框，填入目标数据库

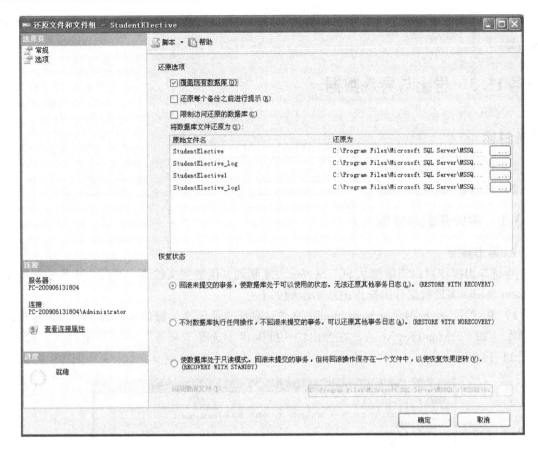

图 11-13

"BookBorrow"，在"还原的源"区域，选择"源设备"，单击"浏览"按钮，指定备份设备 "BookBorrow_Backup"，在"选择用于还原的备份集"区域，选中"完整数据库备份、差异 数据库备份和事务日志备份"。

注意

将备份文件放置到 D 盘"backup"文件夹中。

5）完成设置后，单击"确定"按钮，SQL Server 2005 开始执行还原操作。

6）在"对象资源管理器"窗口中展开"BookBorrow"数据库，查看还原后的数据库相 关信息。

2. 使用 SQL Server Management Studio 还原文件和文件组

1）在"对象资源管理器"窗口中右键单击"数据库"选项，在弹出的快捷菜单中选择 "还原文件和文件组"命令，打开"还原文件和文件组"对话框。

2）在"还原文件和文件组"对话框中，选择"目标数据库"下拉框，选中"BookBor- row"目标数据库，在"还原的源"区域选择"源设备"，单击"浏览"按钮，指定备份设备 "BookBorrow_Backup"。在"选择用于还原的备份集"区域，选中"文件和文件组备份"。

3）在"选项"选择页中，选择还原选项"覆盖现有数据库"。

4）完成设置后，单击"确定"按钮，开始执行还原操作。

5）在"对象资源管理器"窗口中展开"BookBorrow"数据库，查看还原后的数据库相关信息。

任务 11.3　导出与导入数据

任务目标

1）掌握导出数据的操作。

2）掌握导入数据的操作。

11.3.1　相关知识与技能

1. 导出数据

通过导出操作可以将数据从 SQL Server 表复制到其他数据文件中。通过 SQL Server Management Studio 实现数据导出操作的基本步骤如下：

1）在 SQL Server Management Studio 的"对象资源管理器"窗口中，右键单击要导出的数据库（如"StudentElective"），在弹出的快捷菜单中选择"任务"→"导出数据"命令，如图 11-14 所示。

图 11-14

2）在打开的"SQL Server 导入和导出向导"对话框中，单击"下一步"按钮，如图 11-15 所示。

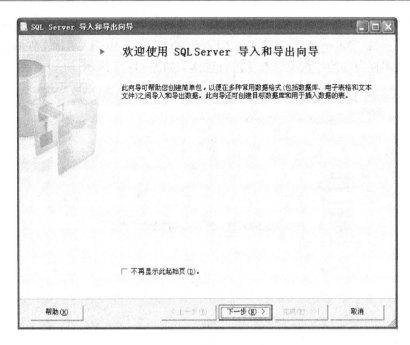

图 11-15

3）在"选择数据源"对话框中，选择数据源为"SQL Native Client"，选择正确的服务器名称，身份验证方式选择"使用 Windows 身份验证"，在"数据库"下拉框中选择要导出的数据库名称，如图 11-16 所示。

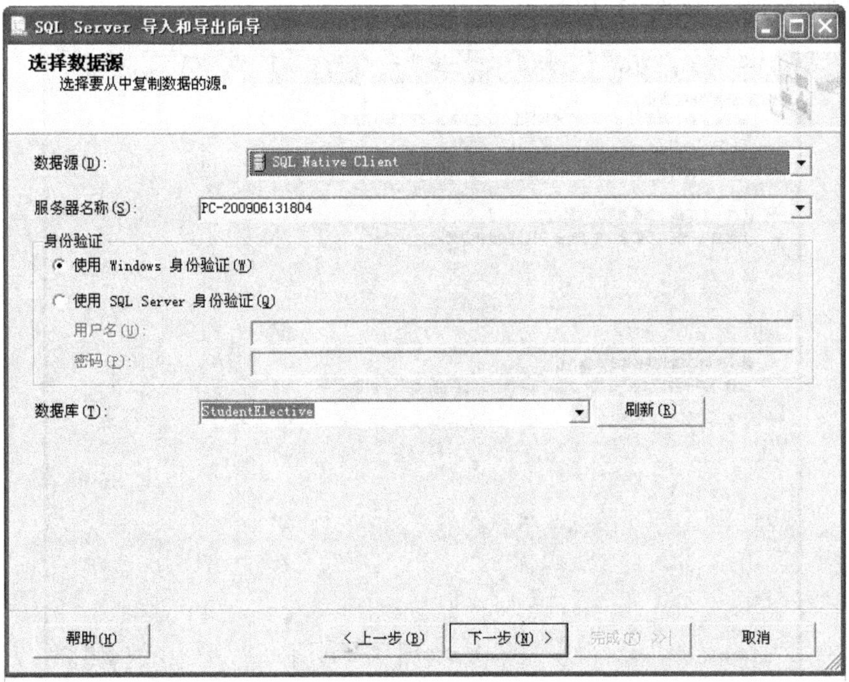

图 11-16

4）单击"下一步"按钮，在"选择目标"对话框中，在"目标"下拉框中选择目标数据库的格式，如"Microsoft Excel"，在"Excel 文件路径"中输入目标文件的路径和名称，也可以单击文本框右边的"浏览"按钮进行选择，如图 11-17 所示。

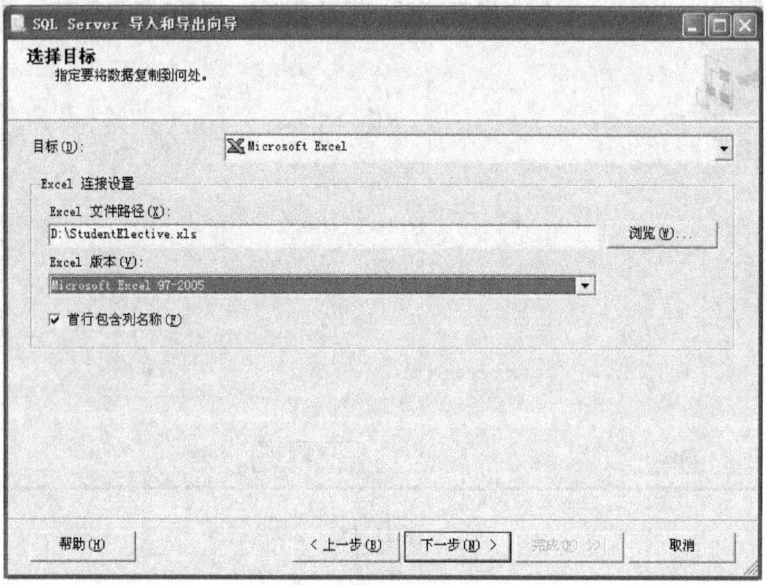

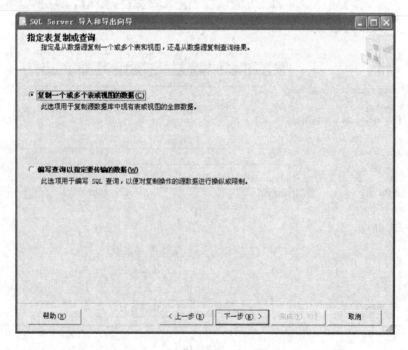

图 11-17

5）单击"下一步"按钮，在"指定表复制或查询"对话框中，选择"复制一个或多个表或视图的数据"，如图 11-18 所示。

图 11-18

6）单击"下一步"按钮，在"选择源表和源视图"对话框中，选中要导出的数据表，如图 11-19 所示。

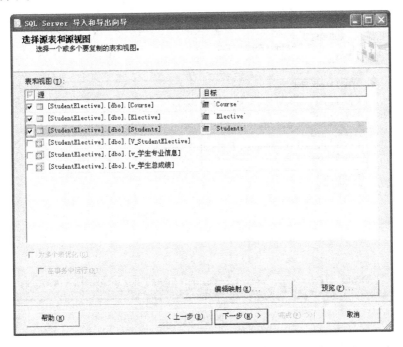

图 11-19

7）单击"下一步"按钮，在"保存并执行包"对话框中，勾选"立即执行"复选框，如图 11-20 所示。

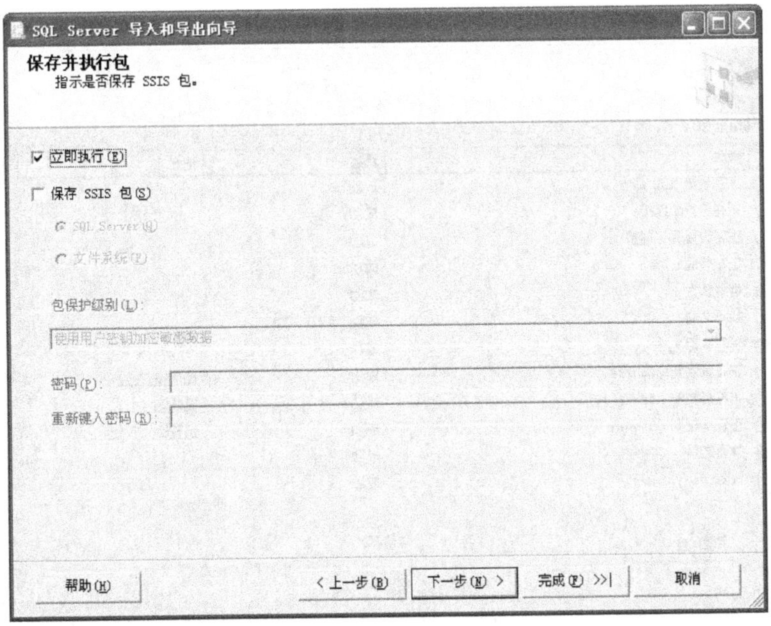

图 11-20

8）单击"下一步"按钮，打开"完成该向导"对话框，如图 11-21 所示，单击"完成"按钮，开始执行数据导出操作。

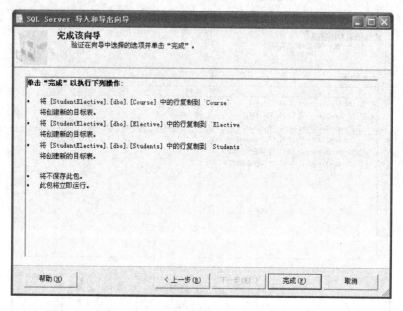

图 11-21

9）数据导出操作执行结果如图 11-22 所示。

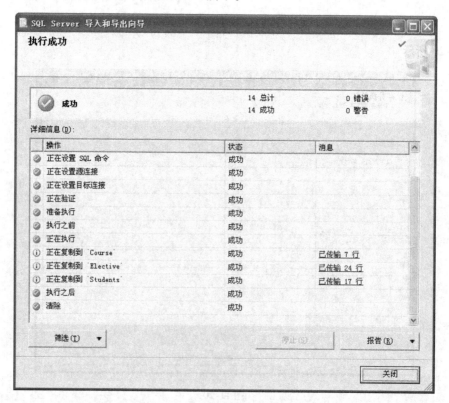

图 11-22

10）导出数据操作执行成功后，可以打开 Excel 文件，查看工作表中的数据，如图 11-23所示。

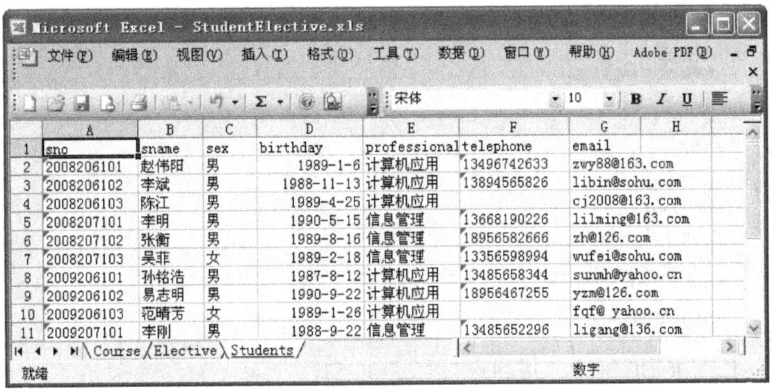

图 11-23

2. 导入数据

通过导入操作可以将数据从其他数据文件加载到 SQL Server 表中，通过 SQL Server Management Studio 实现数据导入操作步骤如下：

1）在 SQL Server Management Studio 的"对象资源管理器"窗口中，右击"StudentElective"数据库，在弹出的快捷菜单中选择"任务"→"导入数据"命令，如图 11-24 所示。

图 11-24

2）在打开的"SQL Server 导入和导出向导"对话框中，单击"下一步"按钮，打开"选择数据源"对话框，如图 11-25 所示。

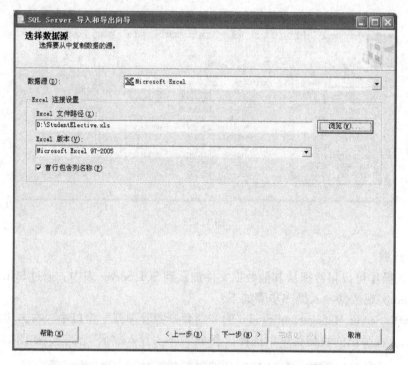

图 11-25

3）在此对话框中可以设置数据源的相关信息，可用的数据源包括 OLE DB 访问接口、SQL 本机客户端、ADO. NET、Excel 和平面文件源。根据数据源的不同，需要设置身份验证模式、服务器名称、数据库名称和文件格式等选项。默认的数据源设置为"SQL Native Client"，根据实际操作中数据源的不同，可以在其后的下拉列表中选择不同的类型。在此选择"Microsoft Excel"，表示作为数据源的是 Microsoft Excel 文件，在"Excel 连接设置"区域中，填入 Excel 文件路径和文件名，也可以单击"浏览"按钮进行选择，在"Excel 版本"下拉框中选择正确的 Excel 版本。勾选"首行包含列名称"复选框，表示该文件中的首行为列名称信息。

4）单击"下一步"按钮，在打开的"选择目标"对话框中，在"目标"下拉列表中选择目标数据库的格式，如"SQL Native Client"，选择正确的服务器名称，身份验证方式选择"使用 Windows 身份验证"，在"数据库"下拉列表中选择要导入的数据库名称，如图 11-26 所示。

5）完成设置后，单击"下一步"按钮，打开"指定表复制或查询"对话框。其中，"复制一个或多个表或视图的数据"选项可以用于指定复制源数据库中现有表或视图的全部数据。"编写查询以指定要传输的数据"选项可以用于编写 SQL 查询，以便对复制操作的源数据进行操纵或限制。在此选择第一项"复制一个或多个表或视图的数据"，如图 11-27 所示。

6）在"选择源表和源视图"对话框中，可以设置数据导入的"源"、"目标"和"映

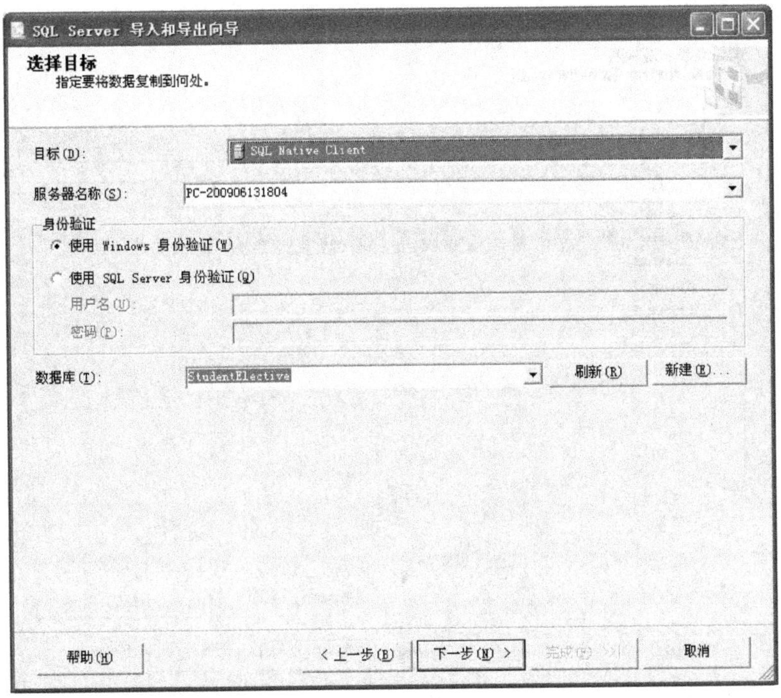

图 11-26

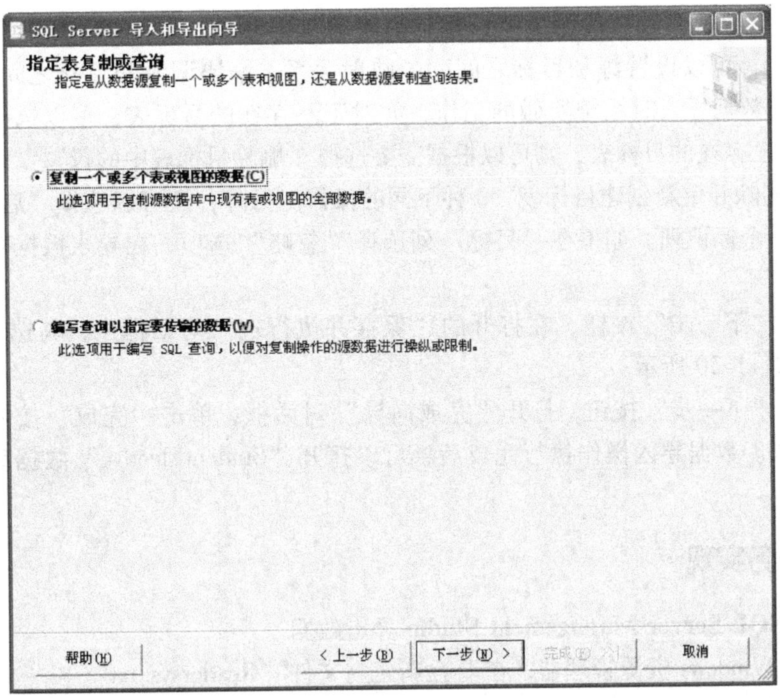

图 11-27

射"等选项。例如，选中数据所在的工作表，"目标"选项中会出现数据导入的默认目标，如图 11-28 所示，可以对其进行修改。

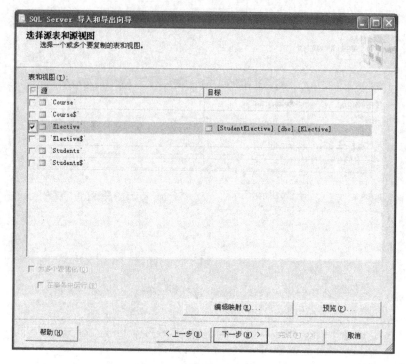

图 11-28

7）单击"编辑映射"按钮，将打开"列映射"对话框，如图 11-29 所示。在"列映射"对话框中，可以设置源和目标之间列的映射关系，来协调源和目标之间类型的差异。还可以设置在数据导入时系统所做的工作，如对于不存在的目标表，可以选择"创建目标表"，而对于已存在的目标表，则可以根据需要选择"删除目标表中的行"、"向目标表中追加行"或"删除并重新创建目标表" 3 种不同的操作。另外，还可以选择"启用标识插入"选项来增加一个标识列。如果在"目标"列选择"忽略"选项，在导入数据时将不导入该列数据。

8）单击"下一步"按钮，在打开的"保存并执行包"对话框中，勾选"立即执行"复选框，如图 11-30 所示。

9）单击"下一步"按钮，打开"完成向导"对话框，单击"完成"按钮，开始执行数据导入操作。数据导入操作执行完成后，可以打开"StudentElective"数据库，查看数据表中的数据。

11.3.2 任务实现

1. 使用 SQL Server Management Studio 导出数据

1）打开 Windows 资源管理器，在 D 盘新建空文件"Readersys. txt"。

2）打开 SQL Server Management Studio，在"对象资源管理器"窗口中，右击"Book-Borrow"数据库，在弹出的快捷菜单中选择"任务"子菜单下的"导出数据"命令。

3）在"SQL Server 导入和导出向导"对话框中，单击"下一步"按钮。

4）在"选择数据源"对话框中，选择数据源为"SQL Native Client"，选择正确的服务

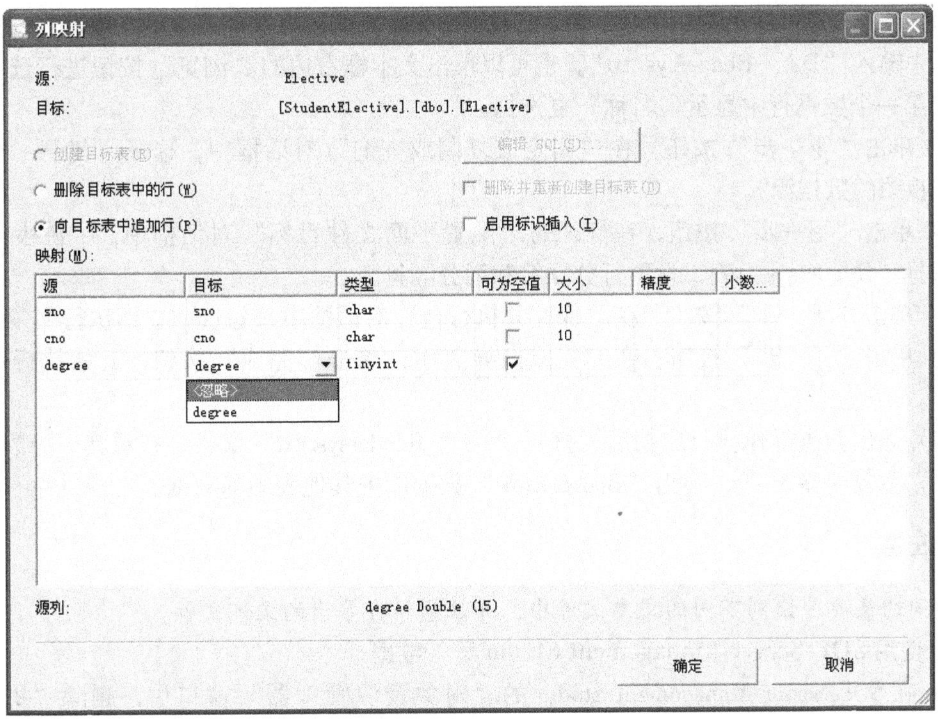

图 11-29

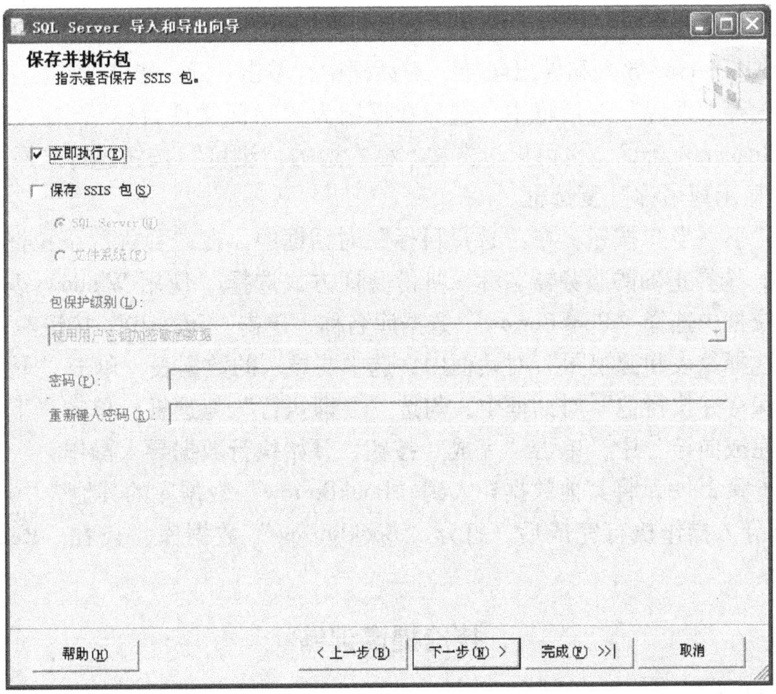

图 11-30

器名称，身份验证方式选择"使用 Windows 身份验证"，在"数据库"下拉框中选择"BookBorrow"数据库名称，单击"下一步"按钮。

5）在"选择目标"对话框中，在"目标"下拉框里选择"平面文件目标"，在文件名文本框中输入"D：\ Readersys. txt"，也可以单击文本框右边的"浏览"按钮进行选择。勾选"在第一个数据行中显示列名称"复选框。

6）单击"下一步"按钮，在"指定表复制或查询"对话框中，选择"复制一个或多个表或视图的数据源"。

7）单击"下一步"按钮，在打开的"配置平面文件目标"对话框中，"源表或源视图"选择"Readersys"表，设置行分隔符和列分隔符。

8）单击"下一步"按钮，在"保存并执行包"对话框中，勾选"立即执行"复选框。

9）单击"下一步"按钮，在"完成向导"中，单击"完成"按钮，开始执行数据导出操作。

10）导出数据操作执行成功后，打开"D：\ Readersys. txt"文件，查看其中的数据。

11）重复步骤1~9，导出"BookBorrow"数据库中其他表中的数据。

注意

不同的表要导出到不同的文本文件中，并注意保存导出的文本文件。

2. 使用 SQL Server Management Studio 导入数据

1）在 SQL Server Management Studio 的"对象资源管理器"窗口中，删除"BookBorrow"数据库中"Readersys"表的所有数据行。

2）在 SQL Server Management Studio 的"对象资源管理器"窗口中，右击"BookBorrow"数据库，在弹出的快捷菜单中选择"任务"子菜单下的"导入数据"命令。

3）在"SQL Server 导入和导出向导"对话框中，单击"下一步"按钮。

4）在"选择数据源"对话框中，选择数据源为"平面文件目标"，在文件名文本框中输入"D：\ Readersys. txt"，也可以单击文本框右边的"浏览"按钮进行选择。勾选"在第一个数据行中显示列名称"复选框。

5）单击"下一步"按钮，在"选择目标"对话框中，在"目标"下拉框中选择"SQL Native Client"，选择正确的服务器名称，身份验证方式选择"使用 Windows 身份验证"，在"数据库"下拉框中选择"BookBorrow"数据库名称，单击"下一步"按钮。

6）在"选择源表和源视图"对话框中，选中要导入的数据表，单击"下一步"按钮。

7）在"保存并执行包"对话框中，勾选"立即执行"复选框，单击"下一步"按钮。

8）在"完成向导"中，单击"完成"按钮，开始执行数据导入操作。

9）重复步骤2~8，将其他数据导入到"BookBorrow"数据库的其他表中。

10）数据导入操作执行完成后，打开"BookBorrow"数据库，查看"Readersys"表中的数据。

技能提高训练

一、训练目的

灵活运用 SQL Server Management Studio 实现备份、还原数据库和数据的导出与导入。

二、训练内容

1. 附加数据库

附加数据库"考勤管理"。

2. 备份数据库

1）启动 SQL Server Management Studio，创建备份设备，设备名称为"考勤管理_Back-up"，设备文件的路径和文件名为"D：\考勤管理_Backup. bak"。

2）将"考勤管理"数据库完整备份到"考勤管理_Backup"备份设备中。

3）打开"部门信息"数据表，删除部分数据行。

4）将"考勤管理"数据库差异备份到"考勤管理_Backup"备份设备中。

5）打开"员工信息"数据表，删除部分数据行。

6）备份"考勤管理"数据库事务日志到"考勤管理_Backup"备份设备中。

7）查看"考勤管理_Backup"备份设备中的媒体内容。

3. 还原数据库

1）利用"考勤管理_Backup"备份设备中的数据把"考勤管理"数据库还原到未删除部分部门信息和部分员工信息时的状态。

2）利用"考勤管理_Backup"备份设备中的数据把"考勤管理"数据库还原到删除了部分部门信息，但未删除部分员工信息时的状态。

3）利用"考勤管理_Backup"备份设备中的数据把"考勤管理"数据库还原到删除了部分部门信息和部分员工信息时的状态。

4. 数据的导出

将"考勤管理"数据库中的数据导出到名为"考勤管理 . xls"的 Excel 表格中。

5. 分离数据库

分离并保存数据库"考勤管理"文件。

习　　题

一、选择题

1. 创建备份设备的 T-SQL 语句为（　　　　）。

    A. sp_disk   B. sp_device

    C. sp_addump   D. sp_addumpdevice

2. 能将数据库恢复到某个时间点的备份类型是（　　　　）。

    A. 完整数据库备份   B. 差异数据库备份

    C. 事务日志备份   D. 文件组备份

3. 文件和文件组备份必须搭配（　　　　）。

    A. 完整备份   B. 差异备份

    C. 事务日志备份   D. 不需要

4. 数据库还原方式有（　　　　）。

    A. 完整备份的还原   B. 大容量文件还原

    C. 简单还原   D. 复杂还原

5. 如果要实现不同数据数据源之间的数据转换，最好使用（　　　　）。

    A. 备份与还原   B. 导入与导出

    C. 分离与附加   D. 复制与粘贴

二、思考题

1. 造成数据丢失的常见原因有哪些?

2. 数据库的备份分为哪几种类型？

3. 在确定数据库备份计划时应考虑哪些因素？

4. 举例说明数据导出和导入操作有何作用？

应 用 提 高

1. 附加"×××学习记录"数据库。

2. 将本章学习过程中的学习体会、总结的技巧和习题答案存入数据库中。

3. 打开 Windows "资源管理器"，在 D 盘中新建文件"实现任务记录.txt"、"提高训练记录.txt"和"习题记录.txt"。

4. 将数据库中的所有数据导出到对应文本文件中。

5. 分离并保存"×××学习记录"数据库文件，保存导出的文本文件。

6. 附加"×××学习记录"数据库。

7. 将其他同学的"学习记录"数据库导入自己的数据库中。

8. 查看数据库内容。

参 考 文 献

［1］龚小勇. 关系数据库与 SQL Server 2005 ［M］. 北京：机械工业出版社，2009.

［2］刘志成. SQL Server 2005 实例教程 ［M］. 北京：电子工业出版社，2009.

［3］邱国英. 数据库技术与 SQL Server 2005 实用教程 ［M］. 北京：中国电力出版社，2008.

［4］仝春灵. 数据库原理与应用——SQL Server 2005 ［M］. 北京：中国水利水电出版社，2009.

［5］李岩，张瑞雪. SQL Server 2005 实用教程 ［M］. 北京：清华大学出版社，2008.

［6］高冬梅. SQL Server 2008 数据库程序设计 ［M］. 北京：机械工业出版社，2009.